Zustandsschätzung und adaptive Regelung mit mikroelektronischen Mitteln

Zustandsschätzung und adaptive Regelung mit mikroelektronischen Mitteln

Herausgegeben von

Prof. Dr. rer. nat. habil. K.-H. SCHMELOVSKY
Institut für Kosmosforschung der AdW der DDR

Mit 54 Abbildungen und 1 Tabelle

AKADEMIE-VERLAG · BERLIN 1983

Autorenkollektiv unter Federführung
von Prof. Dr. rer. nat. habil. Karl-Heinz Schmelovsky

Dr.-Ing. Lothar Hausfeld
Dr.-Ing. Andre Rompe
Dipl. Phys. Fritz Rollenhagen
Dr.-Ing. Alfred Link
Dr. rer. nat. Hartwig Hetzheim
Dr.-Ing. Wilfried Kirmse

Erschienen im Akademie-Verlag, DDR-1086 Berlin, Leipziger Str. 3—4
Lektor: Dipl.-Phys. Ursula Heilmann

Lizenznummer: 202 · 100/508/82
Umschlaggestaltung: Rolf Kunze
Gesamtherstellung: VEB Druckhaus „Maxim Gorki“, 7400 Altenburg
Bestellnummer: 763 033 3 (6663) · LSV 3535
Printed in GDR
DDR 38,— M

Vorwort des Herausgebers

Die Tatsache, daß durch die Bauelemente der modernen Mikroelektronik mit geringem materiellen Aufwand direkt am Gerät eine hohe Verarbeitungskapazität realisiert werden kann, hat zur Entstehung weitgehend neuartiger Gebiete der Signalverarbeitung geführt. Der Schwerpunkt dieses Buches konzentriert sich auf die Signalerkennung mit digitalen Mitteln im Echtzeitbetrieb, wobei es sich im allgemeinen um die Verarbeitung primär analoger Signale handelt, die natürlich in der einen oder anderen Form digitalisiert werden müssen, um den digitalen Bauelementen zugänglich zu sein. Auf die Abgrenzung dieses Gebietes gegenüber der EDV einerseits und der klassischen Digitalelektronik andererseits wird in der Einleitung zu dem theoretischen Beitrag näher eingegangen. Hier sei nur erwähnt, daß sich sowohl aus der Echtzeitforderung als auch aus der Tatsache, daß die Eingangsdaten den Charakter eines Zufallsprozesses besitzen, weitgehende Folgerungen auf Methoden und Mittel der Programmentwicklung und auf die Wechselwirkung zwischen Theorie und technischer Realisierung ergeben.

Ich hielt es deshalb für richtig, in diesem Sammelband nicht nur Anwendungsbeispiele zusammenzufassen, sondern ihm einen Beitrag über die theoretischen Grundlagen voranzustellen und auch einen Beitrag über technische Hilfsmittel zur Programmentwicklung unter dem Aspekt der Echtzeitfragen aufzunehmen. Die Anwendungsbeispiele stammen aus Arbeiten des Instituts für Kosmosforschung der AdW der DDR. Es handelt sich dabei um Lösungen, die bereits realisiert und praktisch erprobt wurden. Eine Ausnahme bildet der Beitrag von A. Link, bei dem zwar die Einzelfunktionen ebenfalls erprobt sind, die Gesamterprobung zum heutigen Zeitpunkt jedoch noch aussteht. Rein spekulative Lösungsmöglichkeiten wurden nicht aufgenommen. Im Interesse einer Begrenzung auf die Probleme der digitalen Signalbehandlung wurden auch reine Steuerungsaufgaben, also Ablaufsteuerungen ohne Rückwirkung vom Objekt bzw. Steuerungen, bei denen die Rückwirkung in sehr einfacher Form erfolgt, nicht aufgenommen. Berücksichtigt wurden vielmehr nur solche Regelungsprobleme, bei denen die Aufarbeitung der Rückkopplungsdaten aus dem zu steuernden Objekt einen wesentlichen Teil der Gesamtaufgabe darstellt.

Lediglich der Beitrag über die Prüfung digitaler Bauelemente überschreitet etwas die hier gesteckten Grenzen. Er wurde jedoch aufgenommen, weil die dabei benutzten Methoden und die Betrachtungsweise in Zustandsvariablen sehr eng mit der Methodik der anderen Beispiele verwandt sind. Das Buch soll sich vorwiegend an Physiker und Diplomingenieure in der technischen Entwicklung richten. Es wurde deshalb darauf verzichtet, mathematische Methoden, wie die Maßtheorie u. ä., die diesem Personenkreis fremd sind, zu benutzen. Wo dies zur Fundierung der Grundlagen notwendig ist, werden die Ergebnisse ohne weiteren Beweis von den entsprechenden Grundlagenarbeiten übernommen.

Es ist mir ein Bedürfnis, an dieser Stelle den Mitarbeitern zu danken, die den technischen Hintergrund für die Durchführung der Arbeit geschaffen haben, jedoch nicht explizit als Autoren in Erscheinung treten. Besonderen Dank schulde ich hierbei Kollegen E. Orlicek für die sachkundige Redaktion des Manuskripts, Kollegen H. Kober, der mit seinem Kollektiv den Hauptteil der Hardwarebasis geschaffen hat und Kollegin S. Terpelle für die sorgfältige Ausführung der schriftlichen Arbeit.

Berlin, den 15. 6. 1981 K.-H. Schmelovsky

Inhalt

1. Theoretische Grundlagen der Signalerkennung

K.-H. Schmelovsky

1.1. Einleitung

Es mag etwas ungewöhnlich erscheinen, wenn ein Buch über Anwendungen der Mikroelektronik mit einem theoretischen Kapitel beginnt, noch dazu auf einem Gebiet, welches auf den ersten Blick nichts mit Rechnerprogrammierung, Problemsprachen u. ä. zu tun hat. Was mich dazu bewogen hat, ist die Tatsache, daß durch die explosive Entwicklung der Mikroelektronik Möglichkeiten für Systemlösungen geschaffen wurden, die beträchtlich über das hinausgehen, was sich mit dem normalen Handwerkszeug der Signaltheorie überblicken läßt. Nun gibt es bereits seit längerem ausgearbeitete theoretische Grundlagen für das Gebiet der Behandlung stochastischer Signale. Die Schwierigkeit besteht jedoch darin, daß die exakte Behandlung der hierbei auftretenden Grundlagenprobleme der mathematischen Statistik einen recht diffizilen Apparat erfordert. Leider ist es üblich geworden, diese hohe Sprachebene auch bei abgeleiteten Problemen beizubehalten. Dadurch werden diese Arbeiten wohl für die Mehrzahl der mehr praktisch orientierten Wissenschaftler und Techniker schwer lesbar. Um dieser Behauptung jede mögliche Spitze zu nehmen, möchte ich freimütig gestehen, daß auch für mich die Beschäftigung mit maßtheoretischen Problemen nicht gerade zu den geistigen Vergnügungen zählt. Ich meine, daß es durchaus legitim ist, gesicherte mathematische Grundlagenkenntnisse als solche zu übernehmen. Ich habe deshalb versucht, mit einer mittleren mathematischen Ebene auszukommen, die etwa mit den Begriffen Differentialgleichungen; Laplace-Transformation und Matrixrechnung umrissen ist, und schwierige Existenzbeweise auszuklammern. Man muß dann allerdings ehrlicherweise auf die Beweise für einige Grundgleichungen, wie zum Beispiel die Fokker-Planck-Gleichung, verzichten und Plausibilitätsbetrachtungen als solche kennzeichnen. Wer sich hier tiefer informieren möchte, sei auf die Bücher von V. Kempe [1, 2] verwiesen, die in einer noch relativ leicht lesbaren Form diese Fragen behandeln. Eine weitere Erleichterung wird dadurch erzielt, daß wir uns von vornherein auf Probleme beschränken, bei denen die Messung nur zu diskreten Zeitpunkten und nicht kontinuierlich durchgeführt wird. Bei der Verwendung von Mikroprozessoren ergibt sich dies zwangsläufig aus der Arbeitsweise, in vielen weiteren Fällen auch bereits aus der Art der Messung. Man kann durch diese Einschränkung eine Reihe von recht diffizilen mathematischen Problemen umgehen [3]. Es muß allerdings betont werden, daß sich einfache Aussagen darüber, ob die Meßdatenrate den Informationsinhalt im wesentlichen ausschöpft, nicht finden lassen. Das Sampling-Theorem ist in unserem Fall nicht anwendbar, da meist keine exakt bandbegrenzten Prozesse vorliegen.

Die Anwendung der Mikroelektronik auf Probleme der Signalerkennung und der Regelung unter stochastischen Bedingungen steht an der Schnittstelle zweier Entwicklungen. Der Signaltheorie einerseits und der Rechentechnik andererseits. Ich muß dabei vorausschicken, daß es sich bei allen im Buch behandelten Problemen ausschließlich um die Erkennung und Filterung gestörter Signale bzw. die Bestimmung des Ist-Zustandes eines zu regelnden Objektes, aus Messungen, die für eine deterministische Bestimmung nicht hinreichen, handelt. Probleme der klassischen digitalen Signalbehandlung, wie die Fehlerkorrektur, auf Grund einer vorgegebenen Struktur spielen nur am Rande eine Rolle. Mit Ausnahme des Beitrages über die Prüfung digitaler Bauelemente hat bei diesen Aufgaben immer mindestens ein Teil der zu bestimmenden Größen und des Eingangssignals analogen Charakter. Scheinbare Ausnahmen sollten nicht täuschen. So kann z. B. — wie dies in einem Beispiel hier geschieht — anstelle des analogen Korrelationsabstandes zwischen Eingangssignal und Vergleichssignal der digitale Abstand zwischen letzterem und dem digitalisierten fehlerbehafteten Eingangssignal als Näherung benutzt werden. Wir werden später sehen, daß sich alle diese Aufgaben im Kern auf die möglichst genaue Bestimmung der Lage des Untersuchungsobjekts im Zustandsraum zurückführen lassen. Wir werden dementsprechend von der Theorie der Zustandsschätzung oder kurz „Schätzungstheorie" sprechen. Die statistische Signaltheorie ist ein breiteres Gebiet, welches z. B. auch die Probleme der Analyse von Schaltungen unter dem Einfluß statistischer Störungen behandelt [4, 5, 6], auf die hier nicht eingegangen wird. Da kein Unterschied zwischen analogen Messungen, digitalen Rückmeldungen und sonstigen Beobachtungen gemacht wird, wird in Zukunft nicht mehr von Eingangssignalen oder Meßgrößen, sondern von „Beobachtungswerten" gesprochen. Gleichgültig, in welcher Form die Meßgrößen angeboten werden, und welchen Charakter die Zustandsgrößen besitzen, in allen hier infragekommenden Fällen dienen die mikroelektronischen Bauelemente primär nicht der Lösung von Rechenaufgaben mit vorgegebenen Zahlenwerten, sondern der Verknüpfung von Signalen. Dies kann natürlich auch mit analogen Bauelementen erfolgen, und wurde in der Vergangenheit ja auch ausschließlich so durchgeführt. Lediglich in der leichteren Handhabbarkeit schwieriger Verknüpfungen und in den enorm gewachsenen Möglichkeiten bestehen die Unterschiede zur klassischen Signalbehandlung. Trotz dieser Gemeinsamkeiten erfordern die quantitativen Unterschiede meiner Meinung nach ein qualitativ neues Herangehen an die Probleme.

Die klassische Signalbearbeitung kann sich in vielen Fällen auf unmittel-Bare physikalische oder wenigstens mathematische Analogien zwischen den bewegungsgleichungen des Untersuchungsobjekts (Sender) und der Signalverarbeitung (Empfänger) stützen. So begründet sich die Selektion eines Rundfunkempfängers hauptsächlich auf der physikalischen Analogie zwischen Senderschwingkreisen und Empfängerschwingkreisen, ein Quantenlichtempfänger erhält seine Selektivität aus der Analogie zwischen Lichterzeugung und Lichtempfang. Dies ist ja auch der ursprüngliche Sinn des Wortes Analogtechnik, wie er in der Zusammensetzung „Analogrechner" noch gebraucht wird. Heute bedeutet „Analog" allerdings einfach eine Größe mit kontinuierlichem Amplitudenbereich und wird auch hier in dieser Bedeutung verwandt. Es liegt mir nun fern, den Wert derartiger Analogien zu bestreiten, und ich halte auch nicht sehr viel von — zurecht weitgehend vergessenen — Richtungen der Kybernetik, die derartige elementare Zusammenhänge umständlich neu definieren, ohne damit zu den eigentlichen Realisierungsfragen beizutragen. Ich meine jedoch auch, daß es nicht gerechtfertigt ist, Funktionen, die sich bisher aus den technischen Mitteln von selbst ergaben, auf einer höheren Ebene künstlich nachzuahmen, wenn dies die Aufgabe nicht erfordert. So gibt es keinen mathematischen Grund der Fourier-Transformation gegenüber der Darstellung in einen beliebigen anderen Orthogonalsystem einen Vorzug einzuräumen. Lediglich die Tatsache, daß das Sinus/Cosinus-System Eigenlösung der wichtigsten nachrichtentechnischen Differentialgleichungen ist, begründet seinen Vorrang. Es erscheint mir sinnvoll, unvoreingenommen zu fragen, welche Signalverknüpfungen für die Lösung einer Aufgabe nötig sind, und wie, mit welchem Aufwand und in welcher Qualität diese Verknüpfungen technisch realisiert werden können. Daß sich dabei auch die Nachbildung von Funktionen ergibt, welche bisher mit Spule und Kondensator realisiert werden konnten, liegt auf der Hand. Schließlich ist die Sinus/Cosinus-Funktion tief in der Nachrichtentechnik verwurzelt. Ich meine jedoch, daß sich entscheidende Vorteile mikroelektronischer Lösungen nur dann erzielen lassen, wenn ein wesentlicher Teil der Verknüpfungen über das hinausgeht, was in der klassischen HF-Technik problemlos realisierbar ist. Man darf nicht vergessen, daß der Verzicht auf die direkte Analogie auch wesentliche Nachteile in bezug auf Geschwindigkeit und Aufwand mit sich bringt.

Diese algorithmische Betrachtungsweise, die in den Baugruppen im wesentlichen Realisierungsmöglichkeiten für bestimmte Verknüpfungen sieht, und dabei weitgehend von ihren physikalischen Eigenschaften abstrahiert, ist nun keinesfalls auf die Anwendungen der digitalen Mikroelektronik beschränkt. Bereits bei komplizierten Analogmodulationsproblemen erwies sie sich als äußerst vorteilhaft [7], und ich meine, daß getastete Regelungen vorwiegend in dieser Weise betrachtet werden sollten. Zwingend wird diese Anschauungsweise allerdings erst bei Verwendung digitaler mikroelektronischer Bauelemente, die ja in voller Absicht so konzipiert werden, daß sie ohne Detailkenntnisse über den inneren Ablauf eingesetzt werden können. Diese Anschauungsweise setzt allerdings auch ein enges Verhältnis zwischen theoretischer Konzeption und technischer Realisierung voraus. Bereits in der Konzeptionsphase muß ein Gefühl für die „Machbarkeit" mitspielen. Probleme, die sich streng mathematisch lösen lassen und dann als fertiges Rezept an den Techniker übergeben werden können, sind längst abgearbeitet und meist so trivial, daß sie der modernen technischen Mittel nicht bedürfen.

Die Abgrenzung zur klassischen Digitalelektronik und zur Rechentechnik wurde bereits mit dem Begriff „vorgegebene Struktur" angedeutet. Natürlich sind auch die Grammatiken künstlicher Sprachen Widerspiegelungen bestimmter Realitätsaspekte, man könnte nämlich sonst auf die mathematische Ausbildung von Naturwissenschaftlern und Technikern verzichten. Der Abstraktionsgrad ist jedoch so hoch, daß man sich auf den vorhandenen Algorithmus „logische Widerspruchsfreiheit" verlassen kann. Dies erklärt meiner Meinung nach die großen Erfolge, die mit der axiomatischen Methode bei der Modellierung und Substitution voll bewußter Vorgänge der menschlichen Informationsverarbeitung, von der numerischen Mathematik über Rechnersprachen bis hin zu Lösungsalgorithmen für nicht numerische Probleme, erzielt werden.

Bekanntlich führen Fortschritte gerade auf diesem Gebiet immer wieder zu Diskussionen über die Frage, ob Maschinen denn denken könnten. Nun kann es im Rahmen eines materialistischen Weltbildes keinen Zweifel geben, daß jede beliebige Einzelfunktion biologischer Systeme prinzipiell erkennbar und damit nachahmbar ist. Dies gilt erst recht für äußere Parameter biologischer Informationsverarbeitungssysteme, wie Packungsdichte, Energieaufwand pro Verknüpfung u. ä. Was sich in absehbaren Zeiten nicht nachahmen läßt, ist die „Software" und „Firmware" dieses Algorithmus, welche ja nicht nur die bewußten Denkvorgänge, sondern auch die sehr viel umfangreicheren unbewußten Informationsverarbeitungsprozesse von der Verarbeitung der Sinneswahrnehmungen bis hin zu den sozialen Kommunikationsprozessen umfaßt. Eine derart subtile Widerspiegelung der Realität kann offenbar nur in einem sehr langen Entwicklungsprozeß entstehen.

Es ist nun keinesfalls erwiesen, daß die axiomatische Vorgehensweise auch bei der Substitution der nächst älteren Informationsverarbeitungsebene noch gültig ist. Ich meine damit, das Auffinden von Zusammenhängen aus der zeitlichen Abfolge von Ereignissen. Man muß sich hier nach aller Erfahrung sehr viel stärker physikalischer Denkweisen bedienen und auch die dauernde

Kontrolle durch die Realität in die Entwicklung einbeziehen. Keinesfalls kann man sich auf die logische Richtigkeit allein verlassen. Natürlich wird dadurch die Logik und ihre Ableitung die Mathematik nicht falsch, die Schwierigkeiten entstehen jedoch bei der Übersetzung der realen Gegebenheiten in den formalen Ausdruck. Jedermann kann bei einiger mathematischer Vorbildung aus der Definition eines Dreiecks, eines Kreises usw. ersehen, auf welche realen Gebilde die mathematischen Aufgaben in etwa zutreffen. Ich wage zu bezweifeln, daß dies bei Begriffen, wie „stochastischer Prozeß", „Stationarität" u. ä. der Fall ist. Ich meine, daß die Formulierung statistischer Modelle ein schöpferischer Akt mit einem Rest nicht formalisierbarer Intuition ist, der sich durch Prüfung auf mathematische Richtigkeit nicht mehr voll absichern läßt.

Qualitativ sehe ich keinen Unterschied zur Formulierung eines physikalischen Gesetzes, wenn auch die Anspruchshöhe glücklicherweise bedeutend niedriger ist.

Diese Unterschiede führen zu einer deutlich anderen Herangehensweise mit Folgerungen bis ins technische Detail. Die Vorstellung, daß im Rahmen der Programmentwicklung auch die Gültigkeit des Grundalgorithmus zu prüfen und evtl. zu korrigieren ist, muß den numerischen Mathematiker absurd erscheinen. Es liegt hier stets ein fixierter Algorithmus vor, der in eine Serie von Maschinenbefehlen zu übersetzen ist. Nur die Korrektheit dieser Übersetzungsschritte und evtl. Genauigkeitsfragen bei der Realisierung eines nichtfiniten Algorithmus durch endlich viele Schritte sind zu prüfen.

Beim Einsatz in unserem Gebiet muß zunächst gefordert werden, daß die Rechnungen, die beim Einlaufen des j-ten Meßwertes begonnen wurden, unbedingt vor dem Einlaufen des $(j + 1)$-ten beendet sind. Da eine Verlangsamung der eingehenden Daten schwierig, ja bei geschlossenen Regelsystemen schlechterdings unmöglich ist, sind auch die Möglichkeiten der Programmkontrolle im Schrittbetrieb äußerst begrenzt und beschränken sich im wesentlichen auf die Beseitigung grober Fehler. Was sich in keiner Weise damit kontrollieren läßt, ist die Frage, ob der Algorithmus im ganzen und in seinen gewählten Parametern der Realität entspricht. Wie wir später sehen werden, lassen sich bei anspruchsvollen Problemen nur relativ grobe Näherungen realisieren, und auch das Modell kann auf Grund der mangelhaften A-priori-Information nur die wesentlichen Züge des Objekts wiedergeben. Die Kontrolle auf gute Funktion kann letztlich nur unter realistischen Bedingungen erfolgen. Dabei kann man sich natürlich nicht damit begnügen, Erfolg oder Mißerfolg zu konstatieren, sondern muß versuchen, Einblick in den zeitlichen Ablauf der Meßwerte, der inneren Zustände des Algorithmus und der Regelaktionen zu gewinnen. Viele dieser Größen ließen sich bei diskreten Lösungen durch Messung an einzelnen Punkten der Schaltung problemlos ermitteln. Ein Ansatz zur Wiederherstellung dieses Status quo ante auf höherer Ebene bieten Echtzeitentwicklungssysteme, denen deshalb hier ein breiter Raum gewidmet wird. Noch in einer anderen Beziehung unterscheidet sich der Einsatz der Mikroelektronik für diesen Problemkreis von der klassischen Rechentechnik. Während auf dem Rechner sehr verschiedene Algorithmen mit determinierten Eingangswerten realisiert werden, wird hier ein einmal gefundener stationärer Algorithmus immer wieder durchlaufen. Dies gilt selbst dann, wenn verschiedene Programmteile in Abhängigkeit von Entscheidungsgrößen durchlaufen werden. Dies geschieht nämlich nicht in Abhängigkeit von der expliziten Zeit, sondern ausschließlich in Abhängigkeit von der Meßwertgröße und den inneren Zuständen des Gerätes. Da die ankommenden Meßwerte ein Zufallsprozeß sind, ist natürlich auch der konkrete Programmablauf ein Zufallsprozeß, übrigens der einzige nicht stationäre, der im Rahmen dieses Gebietes betrachtet wird, da hier der Zeitpunkt des Meßbeginns eine ausgezeichnete Rolle spielt.

Im Grund haben also beide Einsatzfälle kaum etwas miteinander zu tun. Gemeinsam ist nur die technische Basis. Man tut also gut daran, derartige Einsatzfälle nicht primär unter dem Blickwinkel des Rechners zu betrachten, und dem Mikroprozessor keine Vorzugsstellung gegenüber anderen mikroelektronischen Bauelementen einzuräumen.

Die nachfolgenden Untersuchungen gelten ausschließlich für originäre Zeitprozesse, das heißt für Prozesse, bei denen die Gültigkeit einer gerichteten Kausalitätsbeziehung vorausgesetzt werden kann. Auch die Abtastung eines Bildes ist natürlich ein Zeitprozeß, besitzt jedoch nicht diese Eigenschaft. Deswegen können derartige Prozesse nur dann in Betracht gezogen werden, wenn sie in Zusammenhängen auftreten, wo es auf Feinheiten nicht ankommt, z. B. als Modulationssignal einer Übertragungsstrecke. Mit Sicherheit würden die hier entwickelten Vorstellungen versagen, wenn man sie auf Fragen der Bilderkennung u. ä. Probleme anwenden würde.

1.2. Bayessche Schätzung über Markov-Prozessen

Wir gehen davon aus, daß zu diskreten — nicht notwendig äquidistanten — Zeiten t_j bestimmte Wirkungen des zu untersuchenden Objekts beobachtet werden. Diese Wirkungen bezeichnen wir als *Beobachtungsgröße* $y(t_j) = y_j$. Dabei kann y_j ein Skalar (einzelner Meßwert); ein Vektor (mehrere gleichzeitige Meßwerte); eine Booleсche Variable (Ja-Nein-Aussage) oder eine Kombination aus diesen Fällen sein. Während dieser Zeit durchläuft das Objekt eine kontinuierliche Folge von *Zuständen* $z(t)$. Es ist nun keinesfalls eine Einschränkung der Allgemeinheit, sondern lediglich die Umsetzung eines

Grundaxioms aller exakten Naturwissenschaften, wenn wir annehmen, daß alle Wirkungen nach außen — und damit auch die Beobachtungsgröße y_j — nur von diesen Zuständen abhängen. Wir wollen allerdings zunächst weitergehen und annehmen, daß y_j nur vom Zustand zur Zeit t_j; $z(t_j) = z_j$ abhängt. Außerdem soll eine äußere, nicht zum System gehörende, Störung $N_j = N(t_j)$ zugelassen werden, die jedoch auch verschwinden kann.

Falls nun der physikalische Zusammenhang zwischen dem Zustand z_j und der Störung N_j einerseits und der Beobachtungsgröße y_j andererseits bekannt ist, kann aus der Statistik der Störung die bedingte Wahrscheinlichkeit dafür angegeben werden, daß y_j beobachtet würde, wenn z_j vorläge. Diese bedingte Wahrscheinlichkeit $P(y_j \mid z_j)$ wird als Likelihood bezeichnet, der physikalische Zusammenhang wird als Beobachtungsmodell, der zugehörige formale Ausdruck als Beobachtungsfunktion

$$y_j = Y(z_j; N_j) \tag{1}$$

bezeichnet. Dabei ist der Begriff „Funktion" im allgemeinen Sinne zu verstehen. Im allgemeinen hängt y_j nicht vom gesamten Zustand, sondern nur von einem Teil einer Projektion oder ähnlichem ab. Auch eine Abbildungsvorschrift auf BOOLEsche Variable, z. B. $y_j = L$, wenn $z_j > N_j$, sonst $\emptyset$ ist eine Beobachtungsfunktion. Für die bedingte Wahrscheinlichkeit gilt

$$P(y_j \in \Delta y_j \mid z_j) = P(N_j \in \Delta N_j), \tag{2}$$

wobei $P(N_j \in \Delta N_j)$ die Aufenthaltswahrscheinlichkeit der Störung im Bereich ΔN_j und ΔN_j dasjenige Gebiet ist, welches bei fixiertem z_j durch Y auf Δy_j abgebildet wird. Um meine Leser nicht gleich zu verwirren, sei ein Beispiel gebracht.

Wenn die Beobachtungsfunktion

$$y_j = Y(z_j) + N_j \tag{3}$$

gegeben ist, so gilt

$$p(y_j \mid z_j)\,\mathrm{d}y_j = p\big(N_j = y_j - Y(z_j)\big)\,\mathrm{d}y_j, \tag{4}$$

wobei p die Wahrscheinlichkeitsdichte ist, die im folgenden immer durch p zur Unterscheidung von der Wahrscheinlichkeit P bezeichnet wird. Es wird nun eine weitere Einschränkung eingeführt. Wir setzen voraus, daß die Störungen zu verschiedenen Beobachtungszeiten voneinander unabhängig sind, so daß in Wahrscheinlichkeitsdichten gilt

$$p(N_j; N_k) = p(N_j) \cdot p(N_k). \tag{5}$$

Damit läßt sich die Likelihood für eine Folge von Beobachtungen $(y_0 \cdots y_n)$ bei einer gegebenen Folge von Zuständen $(z_0 \cdots z_n)$ schreiben als

$$p(y_n \cdots y_0) \mid z_n \cdots z_0) = \prod_{\nu=0}^{n} p(y_\nu \mid z_\nu). \tag{6}$$

Für Boolesche Beobachtungsgrößen gilt sinngemäß derselbe Ausdruck in Wahrscheinlichkeiten statt in Wahrscheinlichkeitsdichten.

Gesucht wird natürlich nicht die Aussage, mit welcher Wahrscheinlichkeit eine Beobachtungsfolge auftreten würde, wenn die Zustandsfolge gegeben wäre, sondern umgekehrt eine Aussage über die Zustandsfolge des Objekts bei gegebenen Beobachtungswerten. Hierzu benötigen wir den Bayesschen Satz. Ein Verbundereignis „A und B" tritt genau dann ein, wenn A eintreten würde, falls B eintritt und B tatsächlich eintritt. Die entsprechende Wahrscheinlichkeitsaussage lautet

$$\begin{aligned} P(A; B) &= P(A \mid B) \cdot P(B) \\ P(A; B) &= P(B \mid A) \cdot P(A) \end{aligned} \tag{7}$$

da A und B vertauschbar sind. Setzt man für A das Ereignis, daß sich der Zustand zu den Zeiten t_0 bis t_n in den Volumenelementen $d\mathfrak{z}_0$ bis $d\mathfrak{z}_n$ um z_0 bis z_n befindet und für B das entsprechende Ereignis bezüglich der Folge der Beobachtungswerte, so erhält man aus Gl. (7) (wir schreiben im folgenden immer die Ausdrücke in den Wahrscheinlichkeitsdichten, sollten Variable auftreten, die nur diskret viele Werte annehmen, so sind die Ausdrücke sinngemäß als Wahrscheinlichkeit zu formulieren)

$$p(z_0 \cdots z_n \mid y_0 \cdots y_n) = \frac{p(y_0 \cdots y_n \mid z_0 \cdots z_n) \cdot p(z_0 \cdots z_n)}{p(y_0 \cdots y_n)}. \tag{8}$$

Der Nenner ist offensichtlich das Integral des Zählers über den gesamten Wertebereich der Variablen z_0 bis z_n. Damit kann er durch eine Normierungskonstante C und die zusätzliche Normierungsbedingung, daß das Integral der linken Seite über alle Werte von z_0 bis z_n gleich 1 ist, ersetzt werden. Wir erhalten also

$$p(z_0 \cdots z_n \mid y_0 \cdots y_n) = C_n \cdot p(y_0 \cdots y_n \mid z_0 \cdots z_n) \cdot p(z_0 \cdots z_n). \tag{9}$$

Dieser Ausdruck gibt die maximale Aussage an, die aus der A-priori-Kenntnis über den Zustandsprozeß und den Beobachtungswerten gewonnen werden könnte. Selbst wenn es gelingen würde, diese Wahrscheinlichkeit relativ kompakt darzustellen (etwa durch einige Koeffizienten), wäre damit kein autonomes technisches Gerät realisierbar. Mit jeder neuen Beobachtung steigt nämlich die Dimension und damit der Speicherbedarf, so daß ein derartiges

Gerät nach einiger Zeit seine Ressourcen erschöpft hätte. Wir müssen uns deshalb mit einer bescheideneren Aussage begnügen. Die wichtigste ist zweifellos die Aussage über den jeweils aktuellen Zustand z. Z. t_j unter Nutzung aller Beobachtungen bis zu diesem Zeitpunkt. Daneben kann noch eine Aussage über den zu erwartenden Zustand zu einem späteren Zeitpunkt interessieren, wir werden auf dieses Problem zurückkommen. Schließlich gibt es noch die Möglichkeit, eine — verbesserte — Aussage über einen inmitten der Beobachtungsreihe liegenden Zeitpunkt zu gewinnen. Da dies für unsere Aufgaben von geringem Interesse ist, wird nicht näher darauf eingegangen.

Um jetzt weiterzukommen, müssen einige Begriffserklärungen eingeführt werden. Der Zustand wird im allgemeinen nicht durch eine skalare Größe, sondern durch eine Vielzahl von Größen charakterisiert, von denen einige auch nur diskret viele Werte annehmen können (z. B. Boolesche Variable).

Die Gesamtheit dieser Größen — unabhängig von deren Charakter — wird als Zustandsvektor bezeichnet, dies muß also nicht notwendig ein Vektor im physikalischen Sinne sein. Der untere Index gibt hierbei die Größe dieses Vektors zu den diskreten Zeiten an, die Komponenten werden mit einem oberen Index in Klammern gekennzeichnet, also z. B. $z_j^{(\nu)} = \nu$-te Komponente des Zustandsvektors zur Zeit t_j. Im Interesse einer einfachen Schreibweise wird auch dort, wo der Zustandsvektor diskrete Komponenten enthält, symbolisch von Wahrscheinlichkeitsdichten gesprochen. Wenn z. B. der Zustandsvektor z_j aus einem analogen Teil $(z_j^{(1)}\cdots z_j^{(n-1)})$ und der Booleschen Variablen $z_j^{(n)}$ besteht, so bedeutet

$$p(z_j) = \begin{matrix} p_L(z_j^{(1)}\cdots z_j^{(n-1)}) & \text{für} & z_j^{(n)} = L, \\ p_\emptyset(z_j^{(1)}\cdots z_j^{(n-1)}) & \text{für} & z_j^{(n)} = \emptyset. \end{matrix} \tag{10}$$

Dementsprechend wird unter dem Integral über den Zustandsraum

$$\int\limits_E p(z)\, \mathrm{d}\mathfrak{z} \quad \text{mit} \quad \mathrm{d}\mathfrak{z} = \mathrm{d}z^{(1)}, \mathrm{d}z^{(2)}, \ldots, \mathrm{d}z^{(n)} \tag{11}$$

die Summe der Integrale über den kontinuierlichen Teil des Zustandsraums für alle Kombinationen der diskreten Variablen verstanden. Es gilt:

$$\begin{aligned} \int\limits_E p(z_k; z_l)\, \mathrm{d}\mathfrak{z}_l &= p(z_k), \\ \int\limits_E p(z_k)\, \mathrm{d}\mathfrak{z}_k &= 1. \end{aligned} \tag{12}$$

Damit ergibt sich aus Gl. (9) nach Umwandlung des Index n in den Laufindex j

$$p(z_j \mid y_j\cdots y_0) = p_j(z_j) = C \cdot \int\limits_E\int\limits_E \cdots \int\limits_E p(z_j\cdots z_0 \mid y_j\cdots y_0)\, \mathrm{d}\mathfrak{z}_{j-1}\cdots \mathrm{d}\mathfrak{z}_0 \tag{13}$$

und daraus

$$p_j(z_j) = C \cdot \int\limits_E \int\limits_E \cdots \int\limits_E p(y_j \cdots y_0 \mid z_j \cdots z_0)\, p(z_j \cdots z_0)\, \mathrm{d}\mathring{z}_{j-1} \cdots \mathrm{d}\mathring{z}_0 . \tag{14}$$

Daraus läßt sich, wie STRATONOWITSCH [8, 9] gezeigt hat, eine Rekursionsformel finden, welche von $p_{j-1}(z_{j-1})$ nach $p_j(z_j)$ führt und die Grundlage der gesamten Schätzungstheorie darstellt.

Dazu wird in das erste rechte Glied des Ausdrucks (14) der Ausdruck (6) eingesetzt und das zweite Glied nach dem BAYESschen Satz entwickelt

$$p(\underset{A}{z_j}, \underbrace{z_{j-1}, \cdots z_0}_{B}) = p(z_j \mid z_{j-1} \cdots z_0)\, p(\underset{A}{z_{j-1}}, \underbrace{z_{j-2} \cdots z_0}_{B}) \cdots . \tag{15}$$

Nun muß eine Voraussetzung eingeführt werden, die oft mißverstanden wird. Wir fordern nämlich, daß die Wahrscheinlichkeit von z_j nur von dem Zustand zum vorhergehenden Zeitpunkt z_{j-1} abhängt:

$$p(z_j \mid z_{j-1} \cdots z_0) = p(z_j \mid z_{j-1}) . \tag{16}$$

Diese sogenannte MARKOV-Bedingung ist keine Einschränkung der Allgemeinheit, sondern die Umsetzung eines Axioms der modernen Naturwissenschaft, welches mehr oder weniger unausgesprochen die Grundlage jeder modernen Naturbetrachtung darstellt. Es wird nämlich nur gefordert, daß gleiche Ursachen unter gleichen Umständen zu den gleichen Folgen führen, oder mit anderen Worten, daß sich sämtliche Wirkungen der Vergangenheit auf die Zukunft aus dem gegenwärtigen Zustand ableiten lassen müssen. Hier von „Prozessen ohne Gedächtnis“ zu sprechen, ist genau so unsinnig, als wenn man einen Zustandsautomaten (z. B. einen Großrechner) als „Gerät ohne Gedächtnis“ bezeichnen würde. Allerdings setzt der Zustandsbegriff voraus, daß alle wesentlichen Kausalzusammenhänge durch den Zustandsvektor erfaßt werden. Der Zustandsvektor kann also nicht willkürlich — etwa auf die Größen deren Bestimmung interessiert — reduziert werden. Es muß auch betont werden, daß der Beobachtungsprozeß keinen MARKOV-Charakter hat, was auch von der Theorie nirgends gefordert wird. Die Betonung liegt allerdings auf wesentlich. Es ist immer möglich, sekundäre Einwirkungen unter den Zufallsstörungen zu subsummieren. Ohne diese Näherung wäre die technische Nutzung der Signaltheorie überhaupt nicht möglich, da der Aufwand bei komplizierten Problemen sehr stark mit der Dimension des Zustandsvektors ansteigt.

Durch Einsetzen der Gln. (6), (15) und (16) in (14) erhält man

$$p_j(z_j) = C_j \cdot p(y_j \mid z_j) \int\limits_E p(z_j \mid z_{j-1})\, p(y_{j-1} \mid z_{j-1}) \cdot \int\limits_E \cdots \mathrm{d}\mathring{z}_0 \cdots \mathrm{d}\mathring{z}_{j-1} . \tag{17}$$

Durch Vergleich mit dem dementsprechenden Ausdruck für $j-1$ erhält man die Rekursionsformel

$$p_j(z_j) = C'p(y_j \mid z_j) \cdot \int\limits_E p(z_j \mid z_{j-1})\, p_{j-1}(z_{j-1})\, \mathrm{d}\mathfrak{z}_{j-1} \tag{18a}$$

mit der Nebenbedingung zur Bestimmung von C'

$$\int\limits_E p_j(z_j)\, \mathrm{d}\mathfrak{z}_j = 1\,. \tag{18b}$$

Wegen der zentralen Bedeutung dieser Rekursion sollen noch einmal die Voraussetzungen zusammengefaßt werden. Wichtigste Voraussetzung ist die Formulierung des Objektmodells und des Beobachtungsmodells in Zustandsvariablen auf Grund kausaler Zusammenhänge. Der MARKOV-Charakter ist dann keine weitere Einschränkung.

Es verbleiben zunächst noch folgende Einschränkungen: Die Beobachtung darf nur vom momentanen Zustand abhängen, und die Störungen zu verschiedenen Zeiten müssen statistisch unabhängig sein. Im folgenden werden auch diese Einschränkungen beseitigt.

Auf welche Weise man vom Beobachtungsmodell zu der Likelihood gelangt, wurde schon gezeigt. Es ist nun noch auf die Ermittlung der Übergangswahrscheinlichkeiten $p(z_j \mid z_{j-1})$ einzugehen. Zunächst soll der Fall betrachtet werden, daß alle Komponenten des Zustandsvektors analoge Größen sind und auch die Bewegung des Objektes im Zustandsraum kontinuierlich erfolgt. Hierzu muß das Objekt durch ein System von Differentialgleichungen mit zufälligen Störungen modelliert werden. Die Gewinnung dieses Modells aus den realen Gegebenheiten ist eines der schwierigsten Probleme der Signaltheorie und kann deshalb erst weiter unten behandelt werden. Zunächst soll deshalb festgelegt werden, daß die zufälligen Störungen der Bewegung weiße Prozesse sein sollen, die als Ableitung des WIENERschen elementaren Diffusionsprozesses aufgefaßt werden können [10, 11, 12]. Ich möchte hier die anschauliche Schreibweise anstelle der mathematisch-exakten benutzen, will aber darauf aufmerksam machen, daß eine Transformation des Zeitmaßstabes in diesen Gleichungen nicht erlaubt ist, sie kann erst in der FOKKER-PLANCK-Gleichung bzw. den daraus abgeleiteten Gleichungen erfolgen. Die Gleichungen sind in ein System von gewöhnlichen Differentialgleichungen erster Ordnung umzuformen, die dann lauten:

$$\frac{\mathrm{d}z^{(\nu)}}{\mathrm{d}t} = F_\nu(z) + \sum_\mu b_{\nu\mu}\xi_\mu;\ \langle \xi_l(t) \cdot \xi_k(t') \rangle = \delta_{lk}\delta(t-t') \tag{19a}$$

bzw. in Matrix-Schreibweise

$$\frac{dz}{dt} = F(z) + B \cdot \xi . \tag{19b}$$

Es können jetzt auch die oben verbliebenen Einschränkungen beseitigt werden. Wenn zwischen dem Ausgang des Objekts und der Beobachtung ein physikalischer Zusammenhang besteht, der sich durch Differentialgleichungen bzw. Rekursionsgleichungen beschreiben läßt, so lassen sich diese Gleichungen natürlich auch in ein System von Gleichungen erster Ordnung umformen. Die Zustandsvariablen dieses Zusatzsystems werden mit dem ursprünglichen Zustandsvektor vereinigt und geben einen neuen Zustandsvektor. Selbst wenn an beliebigen Stellen zusätzliche weiße kontinuierliche Störungen eingespeist werden, besitzt das Gesamtgleichungssystem für diesen neuen Zustandsvektor dann die Form der Gl. (19) (evtl. ergänzt durch Rekursionsgleichungen erster Ordnung). Da die Ausgangsgröße dieses Zwischensystems dann direkt beobachtet wird, gilt die erste der o. g. Voraussetzungen.

Andererseits läßt sich nichtweißes zeitdiskretes Rauschen immer als Abtastung eines gefilterten zeitkontinuierlichen Rauschens auffassen (dies gilt nicht für zeitdiskretes weißes Rauschen). Selbst Verteilungen, die von der Gaussschen abweichen, lassen sich durch nichtlineare Verzerrung approximieren. Die Zustandsvariablen dieser Filterung und Verzerrung lassen sich wiederum dem ursprünglichen Zustandsvektor hinzufügen, so daß wieder ein System der Form (19) entsteht. Die Beobachtung ist dann rauschfrei, d. h., es wird eine reine Funktion der Zustandsvariablen beobachtet. Damit ist die Bedingung der Gl. (5) trivialerweise erfüllt. Es bleibt somit als einzige Bedingung für die Gültigkeit der Gl. (18) die kausale Modellierbarkeit von Objekt und Beobachtungsvorgang. Es ist übrigens interessant, daß in beiden Fällen die Beobachtung rauschfrei ist, d. h., daß die Störungen in den Zustandsvektor eingehen. Diese Betrachtungsweise ergibt sich bei korrekter Behandlung des Problems eigentlich immer. Sie bedeutet natürlich nicht, daß die interessierenden Teile des Zustandsvektors exakt bestimmbar sind.

Lediglich aus pragmatischen Gründen wird an der recht künstlichen Konstruktion des zeitdiskreten weißen Rauschens beibehalten. Die oben erläuterte Einsetzungsmethode führt natürlich zu einer Erweiterung der Dimension des Zustandsvektors und zu einer Erhöhung des technischen Aufwandes bei der Realisierung des Algorithmus. Sie wird deshalb nur angewandt, wenn wirklich entscheidende Einflüsse der zeitlichen Korrelation in der Störung zu erwarten sind. In einem späteren Beispiel wird versucht, eine Fehlerabschätzung zwischen dem exakten Modell und einer Approximation mit weißem zeitdiskreten Rauschen zu geben [13, 14, 15, 16].

Um den Rekursionsalgorithmus der Gleichung (18) zu schließen, muß jetzt noch der Zusammenhang zwischen den Bewegungsgleichungen (19) und der Gleichung für die Übergangswahrscheinlichkeit, der sogenannten FOKKER-PLANCK-Gleichung hergestellt werden. Da die Ableitung der FOKKER-PLANCK-Gleichung mit einfachen mathematischen Mitteln nicht möglich ist, soll hier nur das Ergebnis angegeben werden [11, 17]. Für die Wahrscheinlichkeit $p(z_t)$ zur Zeit t gilt

$$\frac{\mathrm{d}}{\mathrm{d}t}\{p(z(t))\} = -\sum_\nu \frac{\partial}{\partial z^{(\nu)}}\left\{\lim_{\Delta t\to 0}\frac{1}{\Delta t}\langle z^{(\nu)}(t+\Delta t) - z^{(\nu)}(t)\rangle\right\} + \frac{1}{2}\sum_\nu\sum_\mu \frac{\partial^2}{\partial z^{(\nu)}\,\partial z^{(\mu)}} \times\left\{\lim_{\Delta t\to 0}\frac{1}{\Delta t}\langle[z^{(\nu)}(t+\Delta t) - z^{(\nu)}(t)]\,[z^{(\mu)}(t+\Delta t) - z^{(\mu)}(t)]\rangle\right\}. \tag{20}$$

Nur in dem Sonderfall, daß $\boldsymbol{B}$ nicht von z abhängt, lassen sich die oben in der Gleichung auftretenden Grenzwerte anschaulich ableiten. Da dieser Sonderfall für unsere Zwecke genügt, beschränken wir uns darauf, ansonsten siehe [3, 12]. Es gilt:

$$\langle z^{(\nu)}(t+\Delta t) - z^{(\nu)}(t)\rangle = \int_t^{t+\Delta t} F_\nu(z)\,\mathrm{d}t + \left\langle\int_t^{t+\Delta t}\xi(t)\,\mathrm{d}t\right\rangle = \Delta t\cdot F_\nu[z(\bar t)], \tag{21}$$

da $\xi(t)$ mittelwert-frei ist. Ferner gilt:

$$\frac{1}{\Delta t}\langle[z^{(\nu)}(t+\Delta t) - z^{(\nu)}(t)]\cdot[z^{(\mu)}(t+\Delta t) - z^{(\mu)}(t)]\rangle$$

$$= \frac{1}{\Delta t}\left\langle\left(F_\nu(z)\,\Delta t + \sum_\eta b_{\nu\eta}\int_t^{t+\Delta t}\xi_\eta\,\mathrm{d}t\right)\left(F_\mu(z)\cdot\Delta t + \sum_k b_{\mu k}\int_t^{t+\Delta t}\xi_k\,\mathrm{d}t'\right)\right\rangle. \tag{22}$$

Das einzige Glied der Ordnung Δt, welches beim Grenzübergang nicht verschwindet, ist

$$\left\langle\sum_\eta b_{\nu\eta}\int_t^{t+\Delta t}\xi_\eta\,\mathrm{d}t'\cdot\sum_k b_{\mu k}\int_t^{t+\Delta t}\xi_k\,\mathrm{d}t'\right\rangle. \tag{22a}$$

Es gilt nun,

$$\left\langle\int_t^{t+\Delta t}\xi_\eta\,\mathrm{d}t'\cdot\int_t^{t+\Delta t}\xi_k\,\mathrm{d}t'\right\rangle = \left\langle\int_t^{t+\Delta t}\int_t^{t+\Delta t}\xi_\eta(t')\,\xi_k(t'')\,\mathrm{d}t'\,\mathrm{d}t''\right\rangle$$

$$= \delta_{\eta k}\int_t^{t+\Delta t}\int_t^{t+\Delta t}\delta(t'-t'')\,\mathrm{d}t'\,\mathrm{d}t'' = \delta_{\eta k}\cdot\Delta t \tag{23}$$

und damit endgültig

$$\frac{\mathrm{d}}{\mathrm{d}t}\{p(z_t)\} = -\sum_\nu \frac{\partial}{\partial z^{(\nu)}}\{F_\nu(z)\,p(z)\} + \frac{1}{2}\sum_\nu\sum_\mu \frac{\partial^2}{\partial z^{(\nu)}\,\partial z^{(\mu)}}\{R_{\nu\mu}p(z)\}, \tag{24}$$

$$R_{\nu\mu} = \sum_\eta b_{\nu\mu}b_{\mu\eta}. \tag{24a}$$

In der erweiterten Matrix-Schreibweise (siehe nächstes Kapitel) läßt sich dies schreiben als

$$\{R_{\nu\mu}\}\,\delta(t-t') = R\cdot\delta(t-t') = \langle B\cdot\xi(t)\cdot\xi^{\mathrm{T}}(t)\cdot B^{\mathrm{T}}\rangle. \tag{24b}$$

Die FOKKER-PLANCK-Gleichung läßt sich nun in zwei verschiedenen Weisen auffassen. Zunächst ist sie die Gleichung für die Übergangswahrscheinlichkeit $p(z_t \mid z_{t'})$, wobei die δ-Verteilung als Anfangsbedingung eingesetzt wird. In dieser Weise wird sie auch meist abgeleitet. Sie kann aber auch als Gleichung für die Wahrscheinlichkeit $p(z_t)$ bei beliebigen Anfangsbedingungen zur Zeit $t' < t$ aufgefaßt werden. Die Übergangswahrscheinlichkeit ist also GREENsche Funktion der FOKKER-PLANCK-Gleichung, die ja stets eine lineare Differentialgleichung ist. Wir schreiben jetzt Gl. (18) noch etwas um, in

$$p_{\mathrm{A}}(z_j) = \int_E p(z_j \mid z_{j-1})\cdot p_{\mathrm{P}}(z_{j-1})\,\mathrm{d}\mathring{z}_{j-1}, \tag{25a}$$

$$p_{\mathrm{P}}(z_j) = C\cdot p(y_j \mid z_j)\cdot p_{\mathrm{A}}(z_j), \tag{25b}$$

$$\int_E p_{\mathrm{P}}(z_j)\,\mathrm{d}\mathring{z}_j = 1, \tag{25c}$$

wobei P für posteriori und A für apriori steht.

Dann gilt nämlich auf Grund des vorher Gesagten, daß $p_{\mathrm{A}}(z_j)$ die Lösung der FOKKER-PLANCK-Gleichung zur Zeit t_j mit $p_{\mathrm{P}}(z_{j-1})$ als Anfangsbedingung zur Zeit t_{j-1} ist.

Es bleibt nun noch der Fall zu untersuchen, daß der Zustandsvektor diskrete Komponenten enthält. Wir beschränken uns hier auf den Fall einer zweiwertigen diskreten Komponente, die Erweiterung ist trivial, erfordert jedoch viel Schreibarbeit. Das System der Schwankungsgleichungen muß in diesem Fall natürlich durch Aussagen über die Übergangswahrscheinlichkeiten dieser Variablen ergänzt werden. Wir bezeichnen mit z den gesamten Zustandsvektor, mit $z^{(\alpha)}$ seinen analogen Teil und mit a die zweiwertige Komponente, also $a = L$ oder $\emptyset$, $z = \{z^{(\alpha)}; a\}^{\mathrm{T}}$. Auch hier wird wieder eine geringfügige Einschränkung der Allgemeinheit zugelassen, um zu einfachen Ausdrücken zu gelangen. Der allgemeine Fall führt nämlich auf Prozesse, die nicht mehr voll von der FOKKER-PLANCK-Gleichung erfaßt werden [1]. Auch hier muß jedoch betont werden, daß diese Einschränkung nur aus pragmatischen Gründen erfolgt, der allgemeine Fall ist prinzipiell behandelbar. Wir nehmen an, daß sich die diskrete Variable nur zu den Abtastzeitpunkten ändern kann und andererseits in diese Änderung nur der Wert des kontinuierlichen Teils zum letzten Abtastzeitpunkt eingeht. Wir schreiben also

$$\left.\begin{aligned} \frac{dz^{(\alpha)}}{dt} &= F(z^{(\alpha)}; a_j) + B \cdot \xi, \\ P(a_{j+1}) &= G(z_j^{(\alpha)}; a_j), \end{aligned}\right\} \quad t_{j+1} > t > t_j. \tag{26}$$

Diese Einschränkung hat übrigens kaum praktische Bedeutung. Aus dem ersten Teil der Gl. (26) ergeben sich durch Einsetzen der Werte für a zwei FOKKER-PLANCK-Gleichungen, deren GREENsche Funktionen die partiellen Übergangswahrscheinlichkeiten

$$p(z_{j+1}^{(\alpha)} \mid z_j^{(\alpha)}; a_j) \tag{27a}$$

sind. Der zweite Teil nimmt die Form einer Übergangsmatrix

$$\begin{Bmatrix} P(L \mid L; z_j^{(\alpha)}); & P(\emptyset \mid L; z_j^{(\alpha)}) \\ P(L \mid \emptyset; z_j^{(\alpha)}); & P(\emptyset \mid \emptyset; z_j^{(\alpha)}) \end{Bmatrix} \tag{27b}$$

an. Damit ergibt sich

$$\begin{aligned} p_A(z_{j+1}^{(\alpha)}; L) = \int_{E_\alpha} \{ & p(z_{j+1}^{(\alpha)}/z_j^{(\alpha)}; L)\, P(L \mid L; z_j^{(\alpha)}) \cdot p_P(z_j^{(\alpha)}; L) \\ & + p(z_{j+1}^{(\alpha)}/z_j^{(\alpha)}; \emptyset)\, P(L \mid \emptyset; z_j^{(\alpha)})\, p_P(z_j^{(\alpha)}; \emptyset)\}\, dz_j^{(\alpha)} \end{aligned} \tag{28a}$$

(entsprechend für $a_{j+1} = \emptyset$)

und fernerhin

$$\begin{aligned} p_P(z_{j+1}^{(\alpha)}; L) &= C \cdot p(y_{j+1} \mid z_{j+1}^{(\alpha)}; L) \cdot p_A(z_{j+1}^{(\alpha)}; L) \\ p_P(z_{j+1}^{(\alpha)}; \emptyset) &= C \cdot p(y_{j+1} \mid z_{j+1}^{(\alpha)}; \emptyset) \cdot p_A(z_{j+1}^{(\alpha)}; \emptyset) \end{aligned} \tag{28b}$$

mit der Normierungsbedingung

$$\int_{E_\alpha} p_P(z_{j+1}^{(\alpha)}; L) + p_P(z_{j+1}^{(\alpha)}; \emptyset)\, dz_{j+1}^{(\alpha)} = 1. \tag{28c}$$

Praktische Bedeutung haben eigentlich nur zwei Sonderfälle. Im Fall $F(z_j^{(\alpha)}, a_j) = F(z_j^{(\alpha)})$ ist die analoge Bewegung unabhängig von der binären Zustandsvariablen. Dies ist typisch für Probleme digitaler Datenstrecken, bei denen eine Analogvariable — z. B. die Bitphase, die optimale Schwelle — zu schätzen ist. Meist kann man dann ohne weitere Vernachlässigung auch annehmen, daß die Übergangswahrscheinlichkeit der digitalen Zustandsvariablen umgekehrt unabhängig von der analogen Zustandsvariablen ist. Das heißt, das Objektmodell ist völlig entkoppelt. Die Kopplung erfolgt lediglich über die Beobachtung. Der zweite Sonderfall wird durch $P(a_j; a_{j-1}) = 1$ für $a_j = a_{j-1}$ bzw. 0, sonst, beschrieben. Es handelt sich hier um die Adaption auf ein Alternativmodell. Theoretisch können in dieser Betrachtungsweise zwei — und bei Erweiterung natürlich auch mehrere — völlig verschiedenartige Modelle gekoppelt werden, in dem ihnen die Werte $a = L$ bzw. $\emptyset$ zugeordnet werden. Bei der Schätzung wird dann gleichzeitig mit der Ermittlung der Verteilung des analogen Zustandsvektorteils eine Wahrscheinlichkeitsaussage über die beiden Alternativen getroffen. Es ist zu beachten, daß in beiden Fällen weder A-priori- noch Posteriori-Wahrscheinlichkeit separierbar sind.

Es ist nun noch die Extrapolation über das Ende des Meßintervalls hinaus zu behandeln. Man kann die Extrapolation als Grenzfall einer beliebig schlechten Messung für t_k; $k > j$ auffassen. Die Likelihood geht hierbei gegen die Gleichverteilung. Damit ergibt sich

$$p_j(z_{j+1}) = \int_E p(z_{j+1} \mid z_j)\, p_j(z_j)\, \mathrm{d}\mathring{z}_j. \tag{29}$$

Dieser Schritt kann beliebig oft wiederholt werden. Damit ergibt sich folgende Aussage:

Die extrapolierte Wahrscheinlichkeit

$$p_j(z_{j+k}) = p(z_{j+k} \mid y_j \cdots y_0) \tag{30}$$

ist die Lösung der FOKKER-PLANCK-Gleichung zum Zeitpunkt t_{j+k} mit $p_P(z_j)$ als Anfangsbedingung bei t_j.

Es ist nun noch zu klären, mit welcher Verteilung $p_A(z_0)$ die Rekursion zu beginnen hat. Mathematisch ist natürlich jede Verteilung gleichwertig. Man kann jedoch folgende Argumentation benutzen. Wenn die FOKKER-PLANCK-Gleichung für $t \to \infty$ eine stationäre Lösung $p_\infty(z)$ besitzt, welche unabhängig von den Anfangsbedingungen ist, so geht auch die extrapolierte Verteilung nach langem Aussetzen der Beobachtung gegen diese Lösung. Da genau dies bei Beginn der Schätzung der Fall ist, muß bei widerspruchsfreier Formulierung des Problems gelten

$$p_A(z_0) = p_\infty(z) \qquad \text{(natürliche A-priori-Verteilung).} \tag{31}$$

Nun spielt die erste A-priori-Verteilung be itechnischen Schätzproblemen allerdings keine sehr große Rolle, da man meist sehr weit vom Beginn der Schätzung entfernt ist.

Man kann die Argumentation jedoch auch umkehren und fordern, daß die asymptotische Verteilung, die sich aus dem Modell ergibt, nicht im Widerspruch zu vorhandenen A-priori-Aussagen über die Verteilung im Zustandsraum bzw. einer seiner Projektionen stehen darf. Dies ist ein wichtiges Hilfsmittel bei der Modellbildung. Allerdings muß dabei beachtet werden, daß bestimmte Vereinfachungen des Modells sich wenig auf den Schätzalgorithmus, jedoch stark auf die asymptotische Verteilung auswirken können. Ferner dürfen natürlich nur solche A-priori-Aussagen herangezogen werden, die für das unbeobachtete System längere Zeit gültig bleiben, und nicht etwa Werte, die aus einer unmittelbar vorangehenden Schätzphase ermittelt wurden. Im folgenden wird dies als „Methode der natürlichen Anfangsbedingungen" bezeichnet.

1.3. Anwendung der Zustandsschätzung auf die adaptive Regelung

Bei deterministischer Bewegungsgleichung, bekannter Lage des Objekts im Zustandsraum und gegebenen Kostenkriterien lassen sich für jede erlaubte Steuerstrategie der Bewegungsablauf und damit die Kosten dieser Strategie angeben. Auf dieser Basis wird bekanntlich das Problem der optimalen Steuerung im Zustandsraum behandelt, welches, insbesondere durch die Arbeiten von Pontrjagin [18], als gelöst betrachtet werden kann. In unserem Fall ist nur die statistische Bewegungsgleichung bekannt, im Prinzip kann jedoch für jede Steuerstrategie die Wahrscheinlichkeitsverteilung der Trajektorien bei gegebenem Anfangspunkt und damit der Erwartung der Kosten für diese Strategie und diesen Anfangspunkt angegeben werden. Eine weitere Mittelung über die A-posteriori-Verteilung der Anfangspunkte im Zustandsraum führt zum Erwartungswert der Kosten dieser Strategie bei optimaler Schätzung des Anfangswertes. Prinzipiell könnte auf diese Weise durch Aufsuchen des Minimums die optimale Strategie im Sinne des Erwartungswertes der Kosten ermittelt werden. In der Praxis muß man sich natürlich mit Näherungen begnügen. Wir bezeichnen als quasideterministische Näherung die Optimierung derjenigen Strategie, welche die Kosten der Trajektorie des Erwartungswertes ausgehend vom Schätzwert des Zustandes betrachtet. In dieser Näherung ist das Regelungsproblem jedoch voll separierbar in das Problem der Schätzung des Ist-Zustandes und der optimalen Steuerung einer deterministischen Bewegung im Zustandsraum. Auf letzteres braucht dann nicht mehr eingegangen zu werden, da wie erwähnt, hierfür ausgearbeitete Methoden existieren. Diese Näherung ist allerdings nur erlaubt, wenn die Kostenfunktion im Streubereich der Zustandsvariablen hinreichend glatt und nicht all zu asymmetrisch ist. Da zwischen Zustandsvariablen im klassischen Sinne und unbekannten Parametern kein Unterschied besteht, ergeben sich auch qualitativ keine Unterschiede zwischen gewöhnlichen und adaptiven Regelungsproblemen.

Konkret ist also folgendermaßen vorzugehen: Nach Einlaufen der Beobachtungsgröße wird der Schätzwert $\hat{z}(t_j)$ des Zustandes zum Zeitpunkt t_j ermittelt. Daraus ergibt sich nach den Regeln der optimalen Steuerung die durchzuführende Strategie $u(t)$ für $t > t_j$. In den Bewegungsgleichungen des Objekts muß dabei natürlich der Einfluß vorhergehender — und damit bekannter — Steuerschritte berücksichtigt werden, da sich sonst falsche Schätzwerte ergeben. Im Grenzfall verschwindender statistischer Störungen würde $\hat{z}(t_{j+1})$ dann exakt mit dem Wert übereinstimmen, der sich aus der Bewegung mit der Strategie $u(t)$ ergäbe. Es würde also keinen Unterschied machen, ob $u(t)$ über t_{j+1} weitergeführt oder auf Grund von $\hat{z}(t_{j+1})$ neu berechnet wurde. Bei der Kombination mit der Schätzung muß dann konsequenter Weise im Rahmen dieser Näherung für $t > t_{j+1}$ eine neue Strategie auf Grund des neuen Schätzwertes berechnet werden, die dann bis t_{j+2} durchgeführt wird. Bei der üblichen Realisierung getasteter Regelungen, bei denen die Steuergröße auch nur an den Punkten t_j geändert werden kann, führt dies dazu, daß von der n-schrittigen Optimalstrategie nur der jeweils erste realisiert zu werden braucht.

Bei der Mehrzahl der Regelungsaufgaben besteht die optimale Strategie bekanntlich einfach aus der schnellstmöglichen Ansteuerung des Sollzustandes. In diesen Fällen läßt sich ohne großen Aufwand noch eine gewisse Verbesserung der o. a. Näherung erzielen, wenn das Kostenkriterium zwar hinreichend glatt, jedoch stark asymmetrisch ist. Da sowieso nach jedem Schätzschritt die Strategie neu bestimmt wird, spielt nur die statistische Verbreiterung des Trajektorien-Feldes im Zeitraum $t_j < t < t_{j+1}$ eine wesentliche Rolle.

Falls jedoch die Meßpunkte genügend dicht gewählt wurden, muß diese Streuung klein gegenüber der A-posteriori-Streuung sein. Anderenfalls ließe sich eine wesentliche Verbesserung durch dichtere Wahl der Meßpunkte erzielen. Damit ist die Mittelung über den Bewegungsablauf gegenüber der Mittelung über die A-posteriori-Verteilung vernachlässigbar.

Betrachtet man fernerhin das Verhalten in der Nähe des Regelsolls, so zeigt sich, daß eine verbesserte Strategie gewonnen werden kann, wenn anstelle des Mittelwertes $\hat{z}$ der optimale Schätzwert auf Grund des gegebenen Kriteriums $\tilde{z}$ benutzt wird und ansonsten wie oben verfahren wird. Da der optimale Schätzwert sich in vielen Fällen nur durch eine Bias vom Erwartungswert unterscheidet (siehe weiter unten), und diese Bias häufig ein für allemal berechnet werden kann, ergibt sich in diesen Fällen nur ein geringer Mehraufwand bei der Realisierung bei allerdings beträchtlichem Mehraufwand bei der Konzeption.

1.4. Lineare Schätzung

In den bisherigen Kapiteln wurde größter Wert auf Allgemeingültigkeit gelegt. Dabei wurde die Meinung vertreten, daß es kaum eine physikalisch-korrekt formulierte Aufgabe aus unserem Problemkreis geben kann, die der BAYESschen Schätzung über MARKOV-Prozessen prinzipiell verschlossen ist. Auf einem ganz anderen Blatt steht natürlich die Frage, welche Aufgaben mit den derzeitigen technischen Mitteln bei vertretbarem Aufwand lösbar sind. Abschätzungen zeigen, daß eine Lösung der FOKKER-PLANCK-Gleichung bzw. eine Ausführung des Faltungsintegrals entsprechend den Formeln der vorhergehenden Abschnitte in Echtzeit weit jenseits der absehbaren technischen Möglichkeiten liegt. Es wird sich später erweisen, daß mitunter sehr grobe Näherungen notwendig sind, um zu machbaren Lösungen zu gelangen. Eine wichtige Stelle nimmt hierbei die GAUSSsche Näherung ein, bei der nach jedem Schätzungsschritt die A-posteriori-Verteilung erneut durch eine GAUSSsche-Verteilung approximiert wird. Wir werden uns deshalb zunächst mit solchen Fällen beschäftigen, bei denen die GAUSSsche Verbundverteilung die exakte Lösung des Problems darstellt. Da hierbei sowohl das Objektmodell als auch das Beobachtungsmodell linear sind, werden diese Fälle als „lineare Schätzung" bezeichnet. Dies bedeutet jedoch nicht notwendig, daß auch der Schätzalgorithmus selbst linear ist.

Um späterhin den Fluß der Ableitungen nicht dauernd stören zu müssen, werden zunächst einige allgemeine Voraussetzungen zusammengestellt. Leser, denen diese Begriffe geläufig sind, können sofort beim Punkt 1.4.3. fortfahren.

1.4.1. Allgemeine Matrix-Multiplikation

Im Interesse einer kompakten Schreibweise für quadratische Formen wird die Definition der normalen Matrix-Multiplikation, auf nicht-quadratische Matrizen erweitert.
Für das Produkt quadratischer Matrizen

$$A \cdot B = C \tag{32}$$

gilt bekanntlich

$$c_{ik} = \sum_{\nu} a_{i\nu} b_{\nu k} \quad = \text{Skalar-Produkt der } i\text{-ten Zeile von } A \text{ mit der } k\text{-ten Spalte von } B. \tag{32a}$$

In Erweiterung dessen wird das Produkt einer $m \times n$-Matrix A mit einer $l \times m$-Matrix B (erste Zahl Anzahl der Spalten, zweite Zahl Anzahl der Zeilen) als $l \times n$-Matrix definiert, deren Element c_{ik} das Skalar-Produkt der i-ten Zeile von A und der k-ten Spalte von B ist. Man kann sich leicht überzeugen, daß das assoziative Gesetz auch weiterhin gilt. Versteht man fernerhin unter A^{T} diejenige Matrix, welche sich aus A durch Ersatz der i-ten Zeile durch die i-te Spalte ergibt, so gilt auch allgemein

$$(A \cdot B)^{\mathsf{T}} = B^{\mathsf{T}} \cdot A^{\mathsf{T}}. \tag{33}$$

Insbesondere ist also das Produkt eines m-Zeilenvektors mit einem m-Spaltenvektor ein Skalar, das eines m-Spaltenvektors mit einem m-Zeilenvektor jedoch eine $m \times m$-Matrix.

Der Zustandsvektor wird immer als Spaltenvektor aufgefaßt, der später noch zu erklärende Vektor der LAPLACE-Variablen s als Zeilenvektor. Die quadratische Form $\sum_{\nu} \sum_{\mu} a_{\nu\mu} z^{(\nu)} z^{(\mu)}$ kann dann als $z^{\mathsf{T}} \cdot A \cdot z$ geschrieben werden. Das Produkt $\sum_{\nu} c_\nu z^{(\nu)} \cdot \sum_{\mu} d_\mu z^{(\mu)}$ läßt sich als $(c \cdot z) \cdot (d \cdot z)$ schreiben. Wegen $(c \cdot z) = \text{Skalar} = (c \cdot z)^{\mathsf{T}}$ kann dies auch als $z^{\mathsf{T}} \cdot [c^{\mathsf{T}} \cdot d] \cdot z$ geschrieben werden.

1.4.2. *Charakteristische Funktion und Kumulanten*

Der Erwartungswert der Größe $\exp [i \sum \omega_\nu z^\nu]$ wird als charakteristische Funktion bezeichnet. Anstelle von $i\omega_\nu$ schreiben wir s_ν und führen den Zeilenvektor $\{s_1 \cdots s_n\} = s$ ein. Falls eine Wahrscheinlichkeitsdichteverteilung existiert und diese die Bedingungen der LAPLACE-Transformation erfüllt, gilt:

$$Ch(s) = \int_E e^{s \cdot z} \cdot p(z) \, d\mathfrak{z}. \tag{34}$$

Durch Differentiation erhält man:

$$\frac{\partial}{\partial z^{(\nu)}} Ch(s) \bigg|_{s=0} = \int_E z^{(\nu)} p(z) \, d\mathfrak{z} = \langle z^{(\nu)} \rangle \tag{35}$$

und entsprechend

$$\frac{\partial}{(\partial z^{(\nu)})^\alpha} Ch(s) \bigg|_{s=0} = \langle (z^{(\nu)})^\alpha \rangle. \tag{36}$$

In gleicher Weise lassen sich die gemischten Mittelwerte durch die charakteristische Funktion darstellen. Der Normierungsbedingung entspricht die Bedingung

$$Ch(\emptyset) = 1. \tag{37}$$

In der modernen Statistik werden für die Beschreibung der Verteilung bevorzugt die Ableitungen des Logarithmus der charakteristischen Funktion an der Stelle $s = 0$ benutzt, welche als Kumulanten bezeichnet werden. Die lassen sich nach den Regeln der gewöhnlichen Differentialrechnung natürlich immer als Kombination der gemischten Mittelwerte ausdrücken. So gilt zum Beispiel für die ersten beiden

$$\begin{aligned} \frac{\partial}{\partial s^{(\nu)}} \ln Ch(s)\Big|_{s=0} &= \langle z^{(\nu)} \rangle \\ \frac{\partial^2}{\partial s^{(\nu)}\, \partial s^{(\mu)}} \ln Ch(s)\Big|_{s=0} &= \langle z^{(\nu)} \cdot z^{(\mu)} \rangle - \langle z^{(\nu)} \rangle \langle z^{(\mu)} \rangle = k^{(\nu,\mu)}. \end{aligned} \tag{38}$$

Wir wollen hier nicht weitergehen, da praktisch nur die ersten beiden Kumulanten im folgenden benutzt werden. Es sei allerdings vermerkt, daß die höheren Kumulanten nicht identisch mit den entsprechenden zentrierten Momenten sind. Diese Kumulanten haben einige bemerkenswerte Eigenschaften, welche sie als Erweiterung der Autokorrelationsfunktion auf nicht-Gaussche Verteilungen ausweisen [1]. Für uns ist hier nur die Tatsache wichtig, daß eine Gausssche Verteilung durch eine endliche Anzahl von Kumulanten exakt beschrieben werden kann. Es muß hier noch erwähnt werden, daß unsere Schreibweise von der, der oft zitierten Referenz [1] abweicht. Wir bezeichnen die erste Kumulante als

$$\hat{z} = \{\langle z^{(1)} \rangle; \cdots \langle z^{(\eta)} \rangle\}^{\mathrm{T}}. \tag{39}$$

Obwohl sie identisch mit dem Vektor der Mittelwerte ist, wird diese abweichende Bezeichnung gewählt, um anzudeuten, daß wir sie in erster Linie als Beschreibungsgröße der Verteilung auffassen. Die Matrix der zweiten Kumulanten wird mit

$$K = \{k^{(\nu,\mu)}\} = \{\langle z^{(\nu)} \cdot z^{(\mu)} \rangle - \langle z^{(\nu)} \rangle \cdot \langle z^{(\mu)} \rangle\} \tag{40}$$

bezeichnet. Für die n-dimensionalen Matrizen der höheren Kumulanten haben wir keine einfache Bezeichnungsweise.

Logischer ist die Schreibweise in [1]. Hier wird die n-te Kumulante mit K_n und deren Element mit $k_{n;\nu;\mu\ldots}$ bezeichnet. Wir haben die abweichende Schreibweise gewählt, um ebenso wie beim Zustandsvektor die unteren Index-Plätze für den Zeitindex j und den Status-Index A bzw. P freizuhalten.

Für eine Gausssche Verteilung, welche sich in unserer Schreibweise als

$$p(z) = C \cdot \exp\left\{-\frac{1}{2}\,(z - \hat{z})^{\mathrm{T}} \cdot M \cdot (z - \hat{z})\right\} \tag{41}$$

darstellen läßt, ergibt sich für die charakteristische Funktion der Ausdruck

$$Ch(s) = C \cdot \int\limits_E e^{s \cdot z} \cdot \exp\left\{-\frac{1}{2}(z - \mathring{z})^{\mathsf{T}} \cdot M \cdot (z - \mathring{z})\right\} \mathrm{d}\mathring{z}. \tag{42}$$

In ausgeschriebener Form ist dies ein n-faches Integral, wobei im Exponenten eine Summe von quadratischen Termen steht. Mit der Substitution $\eta = z - \mathring{z}$ erhält man

$$Ch(s) = C \cdot e^{s \cdot \hat{\mathring{z}}} \cdot \int\limits_E \exp\left[s\eta - \frac{1}{2}\eta^{\mathsf{T}} M \eta\right] \mathrm{d}\mathring{\eta}. \tag{43}$$

Derartige Integrale lassen sich bekanntlich durch quadratische Ergänzung auf die Form

$$\int\limits_E \exp\left[-\frac{1}{2}\eta'^{\mathsf{T}} M \eta'\right] \mathrm{d}\mathring{\eta}' \tag{44a}$$

führen, wobei nur Glieder der Form

$$\exp\left[a_{\nu\mu} s_\nu s_\mu\right] \tag{44b}$$

vor das Integral treten. Der Wert des Integrals selber interessiert nicht mehr, da es nicht von s abhängt und somit durch die Normierungsbedingung ersetzt werden kann. Damit ergibt sich also

$$Ch(s) = \exp\left[s \cdot \mathring{z} + \sum_\nu \sum_\mu a_{\nu\mu} s_\nu s_\mu\right]. \tag{45}$$

Die Konstante ist offenbar gleich 1. Damit ist zunächst gezeigt, daß im Exponenten der charakteristischen Funktion höchstens Glieder zweiter Ordnung in s auftreten und damit die Entwicklung nach Kumulanten mit der zweiten abbricht. Aus der Symmetrie von M, der Definition von $k^{(\nu,\mu)}$ ergibt sich $a_{\nu,\mu} + a_{\mu,\nu} = k^{(\nu,\mu)}$ und damit endgültig

$$Ch(s) = \exp\left[s\mathring{z} + \frac{1}{2} s \cdot K \cdot s^{\mathsf{T}}\right]. \tag{46}$$

Um umfangreiche Rechnungen zu sparen, wird aus [1] ohne Beweis die Beziehung

$$K \cdot M = \mathrm{E} \tag{47}$$

übernommen, wobei E die Einheitsmatrix in $n \times n$ ist. Wegen der Symmetrie von K und M gilt fernerhin

$$K^{\mathsf{T}} = K; \quad M^{\mathsf{T}} = M. \tag{48}$$

Es interessieren jetzt noch die Kumulanten der bedingten GAUSS-Verteilung, welche sich ergibt, wenn eine oder mehrere Komponenten des Zustandsvektors festgehalten werden (bekannt sind). Es soll hier nur das Ergebnis für eine festgehaltene Komponente abgeleitet werden. Diese Komponente wird zur besonderen Kennzeichnung mit $z^{(0)}$ bezeichnet. Wir werden diese Bezeichnungsweise im späteren auch verwenden, wenn nur eine Komponente in den Beobachtungsprozeß eingeht und dadurch ausgezeichnet ist.

Wir führen zunächst die zentrierten Variablen

$$\eta_\nu = z^{(\nu)} - \hat{z}^{(\nu)} \tag{49}$$

ein. Die Zufallsvariablen η_ν mit $\nu \neq 0$ werden als Summe eines voll mit η_0 korrelierten und eines voll dazu unkorrelierten Teils aufgefaßt

$$\eta_\nu = \alpha_\nu \eta_0 + \xi_\nu; \quad \langle \xi_\nu \cdot \eta_0 \rangle = 0; \quad \langle \xi_\nu \rangle = 0. \tag{50}$$

Daraus ergibt sich:

$$k^{(\nu,\mu)} = \alpha_\nu \alpha_\mu \langle \eta_0^2 \rangle + \langle \xi_\nu \cdot \xi_\mu \rangle; \quad \nu, \mu \neq 0, \tag{51}$$

$$\begin{aligned} k^{(0,\nu)} &= \langle \eta_0 \cdot \eta_\nu \rangle = \alpha_\nu \langle \eta_0^2 \rangle, \\ \alpha_\nu &= \frac{k^{(0,\nu)}}{k^{(0,0)}}. \end{aligned} \tag{52}$$

Falls nun η_0 festgehalten wird, ist es keine Zufallsgröße mehr, sondern ein determinierter Wert. Damit gilt für den bedingten Erwartungswert

$$\langle \eta_\nu \mid \eta_0 \rangle = \alpha_\nu \eta_0 + \langle \xi_\nu \rangle = \frac{k^{(0,\nu)}}{k^{(0,0)}} \cdot \eta_0 \tag{53}$$

und daraus durch Einsetzen

$$\bar{z}^{(\nu)} = \langle z^{(\nu)} \mid z^{(0)} \rangle = \hat{z}^{(\nu)} - \frac{k^{(0,\nu)}}{k^{(0,0)}} (z^{(0)} - \hat{z}^{(0)}). \tag{54}$$

Für den Erwartungswert der bedingten Größe

$$l^{(\nu,\mu)} = \langle (z^{(\mu)} \mid z^{(0)}) \cdot (z^{(\nu)} \mid z^{(0)}) \rangle - \langle \hat{z}^{(\nu)} \mid z^{(0)} \rangle \langle z^{(\mu)} \mid z^{(0)} \rangle \tag{55}$$

gilt

$$
\begin{aligned}
l^{(\nu,\mu)} &= \langle(\alpha_\nu\eta_0 + \xi_\nu)\,(\alpha_\mu\eta_0 + \xi_\mu)\rangle - \alpha_\nu\eta_0 \cdot \alpha_\mu\eta_0\,, \\
\langle\xi_\nu\xi_\mu\rangle &= k^{(\nu,\mu)} - \alpha_\nu\alpha_\mu\langle\eta_0^2\rangle.
\end{aligned} \tag{56}
$$

Wie man sieht, ergibt sich derselbe Ausdruck für die nicht zentrierte Variable

$$
l^{(\nu,\mu)} = k^{(\nu,\mu)} - \frac{k^{(0,\nu)}k^{(\mu,0)}}{k^{(0,0)}}. \tag{57}
$$

Die allgemeine Ableitung benutzt die charakteristische Funktion [1]. Es soll hier nur das allgemeine Ergebnis für m-fixierte Variable in unserer Schreibweise dargestellt werden. Wir führen den Ausdruck $z^{(\alpha)}$ für den Vektor der m-fixierten Variablen und $z^{(\beta)}$ für den Vektor der $(n - m)$ freien Variablen ein

$$
\begin{aligned}
z^{(\alpha)} &= \{z^{(1)}\cdots z^{(m)}\}^{\mathsf{T}}, \\
z^{(\beta)} &= \{z^{(m+1)}\cdots z^{(n)}\}^{\mathsf{T}}.
\end{aligned} \tag{58}
$$

Entsprechend werden Untermatrizen der K-Matrix definiert

$$
\begin{aligned}
K^{(\alpha,\alpha)} &= \{k^{i,j}\}, && i, j = 1\cdots m, \\
K^{(\beta,\beta)} &= \{k^{i,j}\}, && i, j = m + 1\cdots n, \\
K^{(\alpha,\beta)} &= \{k^{i,j}\}, && j = 1\cdots m; \quad i = m + 1\cdots n, \\
K^{(\beta,\alpha)} &= [K^{(\alpha,\beta)}]^{\mathsf{T}}.
\end{aligned} \tag{59}
$$

Es gilt dann

$$
\bar{z}^{(\beta)} = \langle z^{(\beta)}/z^{(\alpha)}\rangle = \hat{z}^{(\beta)} - K^{(\beta,\alpha)}[K^{(\alpha,\alpha)}]^{-1} \cdot (z^{(\alpha)} - \hat{z}^{(\alpha)}), \tag{60}
$$

$$
L^{(\beta,\beta)} = K^{(\beta,\beta)} - K^{(\beta,\alpha)}[K^{(\alpha,\alpha)}]^{-1} \cdot K^{(\alpha,\beta)}. \tag{61}
$$

1.4.3. Rekursionsformeln der linearen Schätzung

Damit können wir endgültig an die Bearbeitung unseres Problems gehen. Wir gehen aus von der linearen Bewegungsgleichung

$$
\frac{\mathrm{d}z}{\mathrm{d}t} = Az + B\xi. \tag{62}
$$

Die zugehörige Fokker-Planck-Gleichung lautet

$$
\frac{\mathrm{d}p}{\mathrm{d}t} = -\sum_\nu \frac{\partial}{\partial z^{(\nu)}} \overbrace{\left\{\sum_\mu \alpha_{\nu\mu} z^{(\mu)} p(z)\right\}}^{①} + \frac{1}{2} \sum_\nu \sum_\mu R_{\nu,\mu} \frac{\partial^2}{\partial z^{(\nu)}\,\partial z^{(\mu)}}. \tag{63}
$$

Multiplikation mit $z^{(n)}$ und Integration über E führt zu

$$\int\limits_{E} z^{(n)} \frac{\mathrm{d}p}{\mathrm{d}t} \,\mathrm{d}\hat{z} = \frac{\mathrm{d}}{\mathrm{d}t}\, \hat{z}^{(n)}. \tag{64}$$

Auf der rechten Seite wird zunächst ein Glied der ersten Summe betrachtet. Falls $\eta \neq \nu$, kann von den n-Integralen zunächst dasjenige über $\mathrm{d}z^{(\nu)}$ durchgeführt werden und liefert

$$\underbrace{\int\int\cdots\int}_{(n-1)\ \text{Integrale}} z^{(n)} \left\{①\right\}_{z^{(\nu)}=-\infty}^{z^{(\nu)}=+\infty} \mathrm{d}z^{(0)}\ldots\mathrm{d}z^{(\nu-1)}\,\mathrm{d}z^{(\nu+1)}\ldots\mathrm{d}z^{(n)}. \tag{65}$$

Falls $p(z)$ im Unendlichen genügend schnell gegen Null geht, verschwindet dies. Für $\eta = \nu$ erhält man durch partielle Integration unter den gleichen Voraussetzungen

$$\sum a_{\nu,\mu}\hat{z}^{(\mu)}. \tag{66}$$

Die Glieder, welche sich aus der Doppelsumme ergeben, verschwinden sämtlich. Für $\eta \neq \nu$ und $\eta \neq \mu$ ist dies sofort einzusehen, für $\eta = \nu = \mu$ erhält man dies durch partielle Integration unter den oben genannten Voraussetzungen. Die gemischten Erwartungswerte werden in ähnlicher Weise behandelt. Von der einfachen Summe liefern nur die beiden Glieder $\eta = \nu$ und $k = \nu$ einen Beitrag, von der Doppelsumme bleiben die Glieder $\eta = \nu$ und $k = \mu$ sowie $\eta = \mu$ und $k = \nu$ die Beiträge $R_{\eta,k}$ und $R_{k,\eta}$. Da R nach seiner Definition symmetrisch ist, können sie zusammengefaßt werden. Drückt man schließlich die gemischten Momente durch die Kumulanten aus, so sieht man nach einigen Rechnungen, daß sich für die zweiten Kumulanten dieselben Gleichungen wie für die zweiten gemischten Momente ergeben. Unter Berücksichtigung der Symmetrie von K läßt sich dies schließlich zusammenfassen in

$$\frac{\mathrm{d}}{\mathrm{d}t}\,\hat{z} = A\hat{z} \tag{67}$$

$$\frac{\mathrm{d}}{\mathrm{d}t}\,K = AK + (AK)^{\mathsf{T}} + R; \qquad R\cdot\delta(t-t') = \langle B\cdot\xi(t)\cdot\xi^{\mathsf{T}}(t')\cdot B^{\mathsf{T}}\rangle. \tag{68}$$

Die Gleichungen für die höheren Kumulanten lassen sich unter Benutzung der charakteristischen Funktion mit dem üblichen Handwerkszeug der LAPLACE-Transformation ableiten. Da sie technisch sowieso nicht realisiert werden können, interessiert hier nur die Feststellung, daß für eine lineares stabiles System sämtliche höheren Kumulanten gegen Null streben. Wenn also im zweiten

Schritt der Schätzungsgleichung keine höheren Kumulanten introduziert werden, bleibt die Verteilung eine GAUSSsche, wenn sie es vorher war, und sie nähert sich einer GAUSSschen, wenn sie es nicht war. Dies gilt natürlich nur dann, wenn auch die Likelihood eine GAUSSsche ist. Im anderen Fall entsteht ja durch die Multiplikation der Apriori-Verteilung mit der Likelihood eine nicht GAUSSsche Verteilung, welche höhere Kumulanten besitzt.

Die Kombination eines linearen Objektmodells mit einer — in z — GAUSSschen Likelihood ist bei Zustandsvektoren mit kontinuierlichen Komponenten meines Wissens nach der einzige Fall, welcher sich mit endlichem Aufwand exakt realisieren läßt. Wir setzen dementsprechend voraus, daß auch das Beobachtungsmodell linear und die Störung eine GAUSSsche ist, also:

$$y_j = Hz_j + N_j; \qquad \langle N_j \cdot N_k^{\mathrm{T}} \rangle = \delta_{jk} \cdot Q. \tag{69}$$

Hier ist der allgemeine Fall betrachtet, daß die Beobachtungsgröße y_j ein Vektor ist. Zwischen der Dimension von y_j und der von z_j besteht keine Beziehung, H ist also im allgemeinen nicht quadratisch.

Es soll jedoch zunächst der Fall betrachtet werden, daß y_j ein Skalar und H ein Zeilenvektor ist. Dieser Fall hat übrigens auch die größte praktische Bedeutung. Es soll also gelten:

$$y_j = Hz_j + N_j; \quad \langle N_j \cdot N_k \rangle = N_0 \cdot \delta_{jk}; \quad p(N_j) = C \cdot \exp\left[-\frac{N_j^2}{2N_0}\right]. \tag{70}$$

Damit erhält man

$$p(y_j \mid z_j) = C \cdot \exp\left[-\frac{1}{2N_0} (y_j - Hz_j)^2\right]. \tag{71}$$

Daraus soll ein Zusammenhang zwischen den ersten beiden Kumulanten der A-priori-Verteilung $\hat{z}_{\mathrm{A}}$; K_{A} und denen der Posteriori-Verteilung $\hat{z}_{\mathrm{P}}$; K_{P} hergestellt werden. Der Index j wird im folgenden zeitweise weggelassen. Es gilt also

$$\begin{aligned} p_{\mathrm{P}}(z) &= C \cdot \exp\left[-\frac{1}{2N_0}(y - Hz)^2 - \frac{1}{2}(z - \hat{z}_{\mathrm{A}})^{\mathrm{T}} M_{\mathrm{A}}(z - \hat{z}_{\mathrm{A}})\right], \\ M_{\mathrm{A}} &= (K_{\mathrm{A}})^{-1}. \end{aligned} \tag{72}$$

Unter Benutzung von Gl. (47) erhält man für die charakteristische Funktion dieser Verteilung $\eta = z - \hat{z}_{\mathrm{A}}$

$$Ch(s) = C \cdot e^{s \cdot \hat{z}_{\mathrm{A}}} \int \exp\left[s \cdot \eta - \frac{1}{2}\eta^{\mathrm{T}} K_{\mathrm{A}}^{-1}\eta - \frac{1}{2N_0}(y - H\hat{z} - H\eta)^2\right] \mathrm{d}\hat{\eta}. \tag{73}$$

Die Klammer im Exponenten läßt sich unter Berücksichtigung der Tatsache, daß $H\eta$ ein Skalar ist, umformen in

$$[\ ] = -\frac{1}{2N_0}(y - H\hat{z}_A)^2 + \left\{s + \frac{1}{N_0}(y - H\hat{z}_A)\,H\right\}\eta$$
$$-\frac{1}{2}\,\eta^T\left\{K_A^{-1} + \frac{H^TH}{N_0}\right\}\eta. \tag{74}$$

Mit der Substitution

$$s' = s + \frac{1}{N_0}(y - H\hat{z}_A)\,H \tag{75a}$$

und der Bezeichnung

$$K_A^{-1} + \frac{H^TH}{N_0} = M' \tag{75b}$$

ergibt sich

$$Ch(s) = C\cdot\exp\left[-\frac{1}{2N_0}(y - H\hat{z}_A)^2\right]e^{s\hat{z}_A}\int\limits_E \exp\left[s'\eta - \frac{1}{2}\,\eta^T M'\eta\right]d\hat{\eta}. \tag{75c}$$

Im allgemeinen interessieren für die Berechnung der Kumulanten multiplikative Glieder, welche nicht von s abhängen, nicht weiter. Der volle Ausdruck muß jedoch genutzt werden, wenn die A-priori-Verteilung eine Summe aus mehreren Gaussschen Verteilungen ist. In diesem Fall ergibt der erste Faktor zusammen mit der Normierungsbedingung das Gewicht, mit dem die einzelnen Äste in der Posteriori-Verteilung auftreten, an. Einige wenige Kombinationen von analogen und digitalen Zustandsvariablen lassen sich auf diese Weise noch exakt lösen.

Normalerweise ist dieser Faktor jedoch ohne Interesse. Es braucht nur das Integral und der unmittelbar davorstehende Exponentialfaktor berücksichtigt zu werden.

Das Integral kann als charakteristische Funktion einer Gauss-Verteilung mit der Koeffizienten-Matrix M' an der Stelle s' aufgefaßt werden. Man erhält unter Berücksichtigung der Formeln in 1.4.2. und unter teilweiser Rückgängigmachung der obigen Substitutionen

$$Ch(s) = \exp\left[s\hat{z}_A + \frac{1}{2}\left\{s + \frac{1}{N_0}(y - H\hat{z}_A)\,H\right\}M'^{-1}\{s + \cdots\}^T\right] \tag{76}$$

Nun läßt sich das Inverse von M' in diesem Sonderfall geschlossen angeben. Es gilt nämlich [19]

$$\left\{K_A^{-1} + \frac{H^T H}{N_0}\right\} \left\{K_A - \frac{K_A H^T H K_A}{N_0 + H K_A H^T}\right\}$$
$$= K_A^{-1} K_A + \frac{H^T H K_A}{N_0} - \frac{K_A^{-1} K_A H^T H K_A}{N_0 + H K_A H^T} - \frac{H^T H K_A H^T H K_A}{N_0 (N_0 + H K_A H^T)}. \quad (77)$$

Da nun $H K_A H^T$ ein Skalar ist, kann er im 4. Glied nach vorn gezogen werden. Weiterhin kann $H^T H K_A$ aus den drei hinteren Gliedern ausgeklammert werden, die verbleibenden Anteile sind Skalare. Man sieht dann nach einigen Zwischenrechnungen, daß das Produkt gleich der Einheitsmatrix ist. Damit ist die zweite geschweifte Klammer von Gl. (77) gleich der gesuchten Inversen von M'. Durch Einsetzen dieses Ausdrucks erhält man schließlich für den Logarithmus der charakteristischen Funktion der Posteriori-Verteilung den Ausdruck

$$\ln Ch(s) = s \left[\hat{z}_A + \frac{K_A H^T}{N_0 + H K_A H^T}\right] (y - H \hat{z}_A)$$
$$+ \frac{1}{2} s \left[K_A - \frac{K_A H^T H K_A}{N_0 + H K_A H^T}\right] \cdot s^T. \quad (78)$$

Die Glieder bei s bzw. bei s und s^T sind unmittelbar die beiden ersten Kumulanten dieser Verteilung. Es gilt also

$$\hat{z}_{j,P} = \hat{z}_{j,A} + \frac{K_A H^T}{N_0 + H K_A H^T} (y_j - H \hat{z}_{j,A}) \quad (79)$$

$$K_{j,P} = K_{j,A} - \frac{K_A H^T H K_A}{N_0 + H K_A H^T}. \quad (80)$$

Dies liefert zusammen mit den Gln. (67) und (68) den gesuchten Rekursionszyklus für diese beiden Kumulanten. Man erhält also $z_{j,A}$ durch Einsetzen von $z_{j-1,P}$ in Gl. (67) als Anfangsbedingung für $t = t_{j-1}$ und Integration bis t_j; analog $K_{j,A}$ aus $K_{j-1,P}$ mittels Gl. (68).

Bei gegebenem $t_j - t_{j-1}$ kann man die Gln. (67) und (68) natürlich immer geschlossen lösen, wenn dies auch für Gl. (68) recht mühsam werden kann. Damit läßt sich immer eine Rekursion der Form

$$\hat{z}_{j,A} = \Phi_1(\Delta t)\, \hat{z}_{j-1,P}, \quad (81)$$

$$K_{j,A} = \Phi_2(\Delta t)\, K_{j-1,P} + \Phi_3(\Delta t) \quad (82)$$

angeben. Falls es gelingt, die Objektgleichung direkt in eine Rekursion umzuformen, lassen sich einige Erleichterungen erhalten [30]. Da jedoch die exakte Durchführung der Z-Transformation bei mehreren Rauschquellen ziemliches Geschick erfordert, wird hier nicht näher darauf eingegangen.

In diesem Sonderfall ist es ohne weiteres möglich, die Rauschintensität gegen Null gehen zu lassen. Wenn ferner die beobachtete Größe mit $z^{(0)}$ bezeichnet wird, so ergibt sich

$$\hat{z}^{(\nu)}_{j,\mathrm{P}} = \hat{z}^{(\nu)}_{j,\mathrm{A}} + \frac{k^{(0,\nu)}}{k^{(0,0)}}\,[y_j - \hat{z}^{(0)}_{j,\mathrm{A}}], \tag{83}$$

$$k^{(\nu,\mu)}_{j,\mathrm{P}} = k^{(\nu,\mu)}_{j,\mathrm{A}} - k^{(\nu,0)}_{j,\mathrm{A}} \cdot k^{(0,\mu)}_{j,\mathrm{A}} / k^{(0,0)}_{j,\mathrm{A}}. \tag{84}$$

Wie man sieht, wird der Rand der K_P-Matrix identisch gleich Null (dies gilt nicht für K_A), was auch der Anschauung entspricht. Es ist ferner zu beachten, daß für y_j gleich $z^{(0)}_{j,\mathrm{P}}$ gesetzt werden muß. Vergleicht man dies mit den Gln. (54) und (57), so sieht man, daß diese Ausdrücke sich auch direkt aus der Tatsache, daß $z^{(0)}$ bekannt ist, ableiten lassen.

Es soll jetzt noch kurz auf den Fall eingegangen werden, daß y_j ein m-dimensionaler Vektor und damit H eine $n \times m$-Matrix ist. Das Rauschen N_j wird als Spaltenvektor angesetzt, mit

$$\begin{aligned} p(N_j) &= C \cdot \exp\left[-\frac{1}{2}\, N_j^{\mathrm{T}} Q^{-1} N_j\right], \\ \langle N_j N_k \rangle &= \delta_{j,k} \cdot Q. \end{aligned} \tag{85}$$

Man erhält dann auf demselben Weg wie vorhin, wobei allerdings beachtet werden muß, daß einige Vertauschbarkeiten nicht mehr gelten

$$\hat{z}_\mathrm{P} = \hat{z}_\mathrm{A} + K_\mathrm{P} H^\mathrm{T} Q^{-1} (y - H \hat{z}_\mathrm{A}), \tag{86}$$

$$K_\mathrm{P} = \{K_\mathrm{A}^{-1} + H^\mathrm{T} Q^{-1} H\}^{-1}. \tag{87}$$

Eine geschlossene Lösung der letzten Gleichung ist mir nicht bekannt. Damit ist auch der Übergang zum rauschfreien Fall nicht mehr problemlos möglich, es muß hier die zweite Betrachtungsweise unter Benutzung der Formeln (60) und (61) verwendet werden, mit der Umdeutung

$$\begin{Bmatrix} y \\ \bar{z}_\mathrm{P}^{(\beta)} \end{Bmatrix} = \hat{z}_\mathrm{P}, \tag{88a}$$

$$\begin{Bmatrix} 0 & 0 \\ 0 & \mathrm{L}^{(\beta\beta)} \end{Bmatrix} = K_\mathrm{P}. \tag{88b}$$

Dies setzt allerdings voraus, daß die H-Matrix Halbdiagonalform besitzt, was sich durch lineare Transformation jedoch immer erreichen läßt.

1.4.4. Behandlung des einfachsten Sonderfalles

Das Gleichungspaar (68) und (80) hat die Eigenschaft, daß weder der Meßwert y_j noch die erste Kumulante $\hat{z}_j$ darin auftreten. Diese Signalunabhängigkeit der Streumatrix tritt sonst nirgends mehr auf, auch nicht bei der allgemeinen GAUSSschen Näherung. Falls fernerhin die Beobachtung zeitäquidistant erfolgt, oder wenigstens — was jedoch nur ein hypothetischer Fall ist — die Meßzeiten vorher bekannt sind, werden diese Gleichungen völlig unabhängig vom Beobachtungsvorgang. Damit kann die Streumatrix räumlich und zeitlich getrennt von der Beobachtung berechnet werden. Derartige Größen, welche sich unabhängig vom Beobachtungsvorgang „auf dem Tisch" berechnen lassen, bezeichnen wir als Entwurfsparameter. Es liegt auf der Hand, daß sie sich wesentlich leichter behandeln lassen als die inneren Zustandsgrößen des Schätzalgorithmus, welche nach jedem Schritt unter Berücksichtigung der Beobachtungswerte neu ermittelt werden müssen. Leider ist dies nahezu der einzige Fall, wo sich derartige Entwurfsparameter exakt bestimmen lassen. Bereits wenn die Beobachtung nicht zeitäquidistant erfolgt, müssen beide Gleichungspaare realisiert werden, wenn die Lösung exakt sein soll. Im anderen Fall muß man versuchen, durch Näherungsansätze approximative Entwurfsparameter zu erhalten, um den Aufwand zu reduzieren. Da moderne mikroelektronische Bauelemente große Möglichkeiten zur Speicherung von vorher ermittelten Werten (z. B. im PROM) besitzen, wird diese Näherungsmethode späterhin noch eine große Rolle spielen.

Kehren wir jedoch jetzt zu dem einfachen Sonderfall zurück. In diesem Fall hängt K_A nur noch von der Anzahl der Beobachtungen seit Beginn des Schätzvorganges ab, verzichtet man außerdem noch auf die optimale Funktion in der Einlaufphase, so braucht nur noch sein asymptotischer Wert ermittelt zu werden.

Durch Einsetzen dieses Wertes in Gl. (79) und Elimination von $z_{j,A}$ erhält man dann eine lineare Rekursionsgleichung, die der bekannten WIENERschen Optimalfilterung [20, 21] entspricht. Dies ist der einzige Fall, wo der Schätzalgorithmus durch eine lineare Regression exakt realisiert werden kann, und auch der einzige Fall, bei dem die Anzahl der inneren Zustandsvariablen des Schätzers identisch mit der des Modells ist, im allgemeinen ist erstere wesentlich größer.

Der asymptotische Wert von K_A kann natürlich nicht aus Gl. (68) allein ermittelt werden. Vielmehr muß die Regressionsschleife aus den Gln. (68) und (80) durchlaufen werden, wobei die Änderung einer geeignet gewählten

Diagonalkomponente von K_P als Abbruchkriterium genutzt wird. Obwohl die Durchführung dieser Iteration mit modernen rechentechischen Mitteln kaum Schwierigkeiten bereitet, sollen einige Hinweise für die praktische Abarbeitung gegeben werden. Der aufwendigste Teil der manuellen Rechenarbeit ist die Lösung der Gleichung (68). Die Gleichung (80) läßt sich dagegen ohne großen Aufwand in Komponenten aufschlüsseln. Nach Herstellung dieser Gleichungssysteme wird man natürlich versuchen, die Anzahl der unabhängigen Variablen durch Zusammenfassung und geeignete Substitution zu reduzieren, um übersichtliche Rechenergebnisse zu erhalten. Es empfiehlt sich jedoch nicht, weiterzugehen, und einige der abhängigen Variablen zu eliminieren. Man erhält dann nichtlineare Gleichungen, die rechentechnisch schwieriger zu behandeln sind, und handelt sich außerdem einen Wust von Fehlermöglichkeiten ein. Da die Konvergenz dieses Iterationsverfahrens schwer abzuschätzen ist, empfiehlt es sich, Zwischenwerte — vorzugsweise die Abbuchkriterien — zur Anzeige zu bringen. Die folgenden numerischen Beispiele wurden auf diese Weise mit dem Tischrechner gewonnen, wobei als Anfangswert $K_P = 0$ gesetzt wurde.

1.4.5. Beispiele zur linearen Schätzung

Obwohl die lineare Schätzung in der Literatur recht ausführlich behandelt wurde, sollen hier zwei Beispiele gebracht werden. Insbesondere soll damit die im allgemeinen Teil behandelte Einbettungsmethode (Erweiterung des Zustandsvektors) an einfachen Fällen erläutert werden. Die Ergebnisse des ersten Beispiels haben darüber hinaus allgemeinere Bedeutung für die Behandlung der Schnittstelle zwischen Analogprozeß und digitaler Verarbeitung.

1.4.5.1. Beobachtung über getasteten Integrator

Es wurde bereits im allgemeinen Teil darauf hingewiesen, daß es nicht möglich ist, zeitdiskretes weißes Rauschen als Abtastung eines zeitkontinuierlichen weißen Rauschens aufzufassen. Man erhielte dann nämlich einen Prozeß mit unendlicher Streuung. In der Praxis bedeutet dies, daß in den meisten Fällen vor den Eingang des ADU ein Filter mit etwa der Zeitkonstante der Abtastung geschaltet werden wird, um kurzzeitige Störspitzen zu eliminieren. Eine theoretisch sehr saubere Lösung hierfür ist der getastete Integrator (Integrate and Dump), der auch eine Reihe praktischer Vorteile besitzt. Er kann auch mit dem Analog-Digitalwandler zum integrierenden ADU zusammengefaßt werden. Eine sehr ökonomische Lösung für bescheidene Genauigkeitsansprüche ist hierfür die Kombination eines spannungsgesteuerten Oszillators mit einem Zählerregister des Mikroprozessors.

Bei weißem kontinuierlichen Störrauschen vor dem getasteten Integrator haben wir folgendes Ersatzschaltbild (Abb. 1). Dem Ausgang des ursprünglichen Systems wird ein kontinuierliches Störrauschen additiv überlagert. Das Integral der Summe liefert die Beobachtungsgröße. Die Abtastbedingung wird sich nachher von selbst ergeben, da im Endergebnis die Differenz zweier aufeinander folgender Beobachtungen erscheint. Die Beobachtungsgröße wird ohne weiteres zusätzliches Rauschen beobachtet, nach unserer früheren

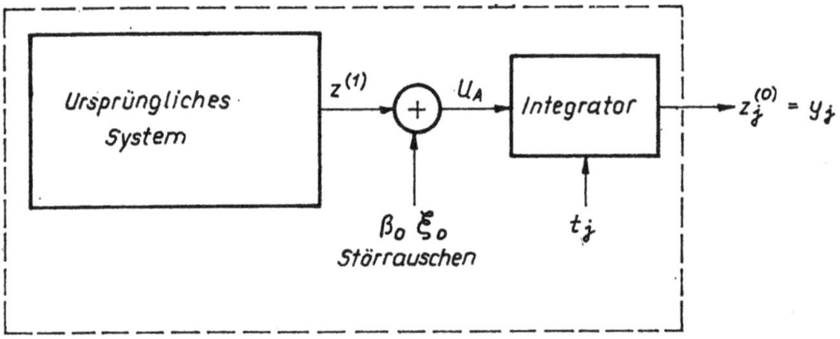

Abb. 1. Ersatzschaltbild für ein System, welches über einen gesteuerten Integrator (I/D) beobachtet wird. Die gestrichelte Umrandung bezeichnet das „erweiterte System" für welches die Voraussetzung, daß der Beobachtungswert nur vom momentanen Zustand abhängt, zutrifft. Man beachte, daß das Meßrauschen in den Zustand eingeht.

Konvention setzen wir sie also gleich der nullten Komponente des Zustandsvektors. Der Einfachheit halber nehmen wir an, daß das ursprüngliche System erster Ordnung ist, also

$$\frac{dz^{(1)}}{dt} = -\alpha z^{(1)} + \beta_1 \xi_1 . \tag{89}$$

Das erweiterte System lautet also

$$\frac{dz^{(0)}}{dt} = z^{(1)} + \beta_0 \xi_0 , \quad \langle \xi_\nu(t)\, \xi_\mu(t') \rangle = \delta_{\nu\mu} \delta(t - t') ,$$

$$\frac{dz^{(1)}}{dt} = -\alpha z^{(1)} + \beta_1 \xi_1 , \qquad A = \begin{Bmatrix} 0 & 1 \\ 0 & -\alpha \end{Bmatrix}, \tag{90}$$

$$y_j = z_j^{(0)} , \qquad R = \begin{Bmatrix} \beta_0^2 & 0 \\ 0 & \beta_1^2 \end{Bmatrix},$$

Da mit der Erhöhung der Dimension natürlich auch der Aufwand steigt, soll hier untersucht werden, inwieweit ein vereinfachtes Ersatzmodell benutzt werden kann. Dieses Modell lautet

$$\frac{\mathrm{d}z^{(1)}}{\mathrm{d}t} = -\alpha z^{(1)} + \beta_1 \xi_1; \quad y_j = z_j^{(1)} + N_j. \tag{91}$$

Für das Ersatzrauschen wird derjenige weiße Prozeß benutzt, welcher am Ausgang des getasteten Integrators entstehen würde, wenn am Eingang nur der Prozeß $\beta_0 \xi_0$ wirken würde, also:

$$N_0 = \beta_0^2 \left\langle \left[\frac{1}{T} \int_t^{t+T} \xi_0(t)\, \mathrm{d}t \right]^2 \right\rangle = \frac{\beta_0^2}{T}. \tag{92}$$

Beginnen wir mit dem vollständigen System I. Gl. (68) lautet ausgeschrieben in diesem Fall

$$\begin{aligned} \frac{\mathrm{d}k^{(0,0)}}{\mathrm{d}t} &= 2k^{(1,0)} + \beta_0^2, \\ \frac{\mathrm{d}k^{(1,0)}}{\mathrm{d}t} &= k^{(1,1)} - \alpha k^{(1,0)}, \\ \frac{\mathrm{d}k^{(1,1)}}{\mathrm{d}t} &= -2\alpha k^{(1,1)} + \beta_1^2. \end{aligned} \tag{93}$$

Von Gl. (80) bleibt als einziger nicht trivialer Ausdruck

$$k_{j,\mathrm{P}}^{(1,1)} = k_{j,\mathrm{A}}^{(1,1)} - \frac{[k_{j,\mathrm{A}}^{(0,1)}]^2}{k_{j,\mathrm{A}}^{(0,0)}}. \tag{94}$$

Es empfiehlt sich, die Substitutionen

$$\begin{aligned} &\frac{k_{\mathrm{A}}^{(0,0)}}{\beta_0^2 T} = g_{\mathrm{A}}^{(0,0)}; \quad \frac{k_{\mathrm{A}}^{(0,1)}}{\beta_0^2} = g_{\mathrm{A}}^{(0,1)}; \quad \frac{k_{\mathrm{A}}^{(1,1)} \cdot T}{\beta_0^2} = g_{\mathrm{A}}^{(1,1)}, \\ &\frac{k_{\mathrm{P}}^{(1,1)} T}{\beta_0^2} = g_{\mathrm{P}}^{(1,1)}; \quad A = \frac{\beta_1^2 T^2}{\beta_0^2} \end{aligned} \tag{95}$$

einzuführen. Gl. (94) gilt dann unverändert in den g, anstelle von (93) erhält man dann eine Gleichung in den g, bei der als einziger Parameter A auftritt.

Gl. (67) liefert dann

$$\hat{z}_{j,A}^{(0)} = \hat{z}_{j-1,P}^{(0)} + T\hat{z}_{j-1,P}^{(1)} \cdot \frac{1}{\alpha T}(1 - e^{-\alpha T}),$$
$$\hat{z}_{j,A}^{(1)} = \hat{z}_{j-1,P}^{(1)} \cdot e^{-\alpha T}. \tag{96}$$

Durch Einsetzen in Gl. (79) bzw. (83) erhält man für die einzige nicht triviale Größe

$$\hat{z}_{j,P}^{(1)} = \hat{z}_{j-1,P}^{(1)} \cdot e^{-\alpha T} + \frac{k_A{}^{(0,1)}}{k_A{}^{(0,0)}}\left[y_j - \hat{z}_{j-1,P}^{(0)} - T\hat{z}_{j-1,P}^{(1)} \cdot \frac{1}{\alpha T}(1 - e^{-\alpha T})\right]$$
$$= \hat{z}_{j-1,P}^{(1)} \cdot e^{-\alpha T} + \frac{g_A{}^{(0,1)}}{g_A{}^{(0,0)}}\left[\frac{1}{T}(y_j - y_{j-1}) - \hat{z}_{j-1,P}^{(1)}\frac{1}{\alpha T}(1 - e^{-\alpha T})\right]. \tag{97}$$

Dabei wurde für $\hat{z}_{j-1,P}^{(0)} = y_{j-1}$ entsprechend der Beobachtungsgleichung gesetzt. Nun ist offenbar

$$\frac{1}{T}(y_j - y_{j-1}) = \frac{1}{T}\int\limits_{t_{j-1}}^{t_j} U_1\,dt, \tag{98}$$

und man erhält schließlich mit den Abkürzungen $\frac{1}{\alpha T}(1 - e^{-\alpha T}) = f(\alpha T)$ und $\frac{g_A{}^{(0,1)}}{g_A{}^{(0,0)}} = M$ die Gleichung

$$\hat{z}_{j,P}^{(1)} = \hat{z}_{j-1,P}^{(1)}[e^{-\alpha T} - M \cdot f(\alpha T)] + M\left[\frac{1}{T}\int\limits_{t_{j-1}}^{t_j} U_1\,dt\right]. \tag{99}$$

Dabei ist M offensichtlich ein Entwurfsparameter. Demgegenüber stehen beim Näherungssystem II die Gleichungen

$$k_{j,A} = k_{j-1,P} \cdot e^{-2\alpha T} + \frac{\beta_1{}^2}{2\alpha}(1 - e^{-2\alpha T}) \tag{100a}$$

$$k_{j,P} = k_{j,A} - \frac{(k_{j,A})^2}{k_{j,A} + N_0} \quad \text{mit} \quad k_j = k_j{}^{(1,1)}, \tag{100b}$$

die sich mit der Substitution

$$k = N_0 g = \frac{\beta_0{}^2}{T} \cdot g \quad (\text{für } A \text{ und } P) \tag{100c}$$

wieder auf eine Form bringen lassen, die nur von A und langsam veränderlichen Faktoren in αT ausdrücken lassen. Die Schätzgleichung lautet dann

$$\hat{z}_{j,\mathrm{P}}^{(1)} = \hat{z}_{j-1,\mathrm{P}}^{(1)} \cdot \mathrm{e}^{-\alpha T} + \frac{g_{\mathrm{A}}}{1 + y_{\mathrm{A}}} (y_j - \hat{z}_{j-1,\mathrm{P}}^{(1)} \cdot \mathrm{e}^{-\alpha T}) \tag{101}$$

mit $g_{\mathrm{P}} = \dfrac{g_{\mathrm{A}}}{1 + y_{\mathrm{A}}}$ aus Gl. 100b,

$$\hat{z}_{j,\mathrm{P}}^{(1)} = \hat{z}_{j-1,\mathrm{P}}^{(1)}[\mathrm{e}^{-\alpha T}(1 - g_{\mathrm{P}})] + g_{\mathrm{P}} \cdot y_j .$$

Da g_{P} in der Näherungsgleichung die Stelle von M in der exakten Gleichung vertritt, interessiert hauptsächlich das Verhältnis dieser beiden Parameter für die Abschätzung der Gültigkeit der Näherung. Es zeigt sich, daß im Fall $\alpha T = 0$ dieses Verhältnis für A gegen Null erwartungsgemäß $= 1$ ist und für alle Werte von A kleiner als 4 um weniger als 10% davon abweicht. Die Auslegung des Schätzalgorithmus wäre also nicht sehr falsch, wenn das Ersatzmodell zugrunde gelegt würde. Was allerdings wesentlich abweicht, ist die Streuung des Parameters $z^{(1)}$. In der Abb. 2 sind die normierten Werte von

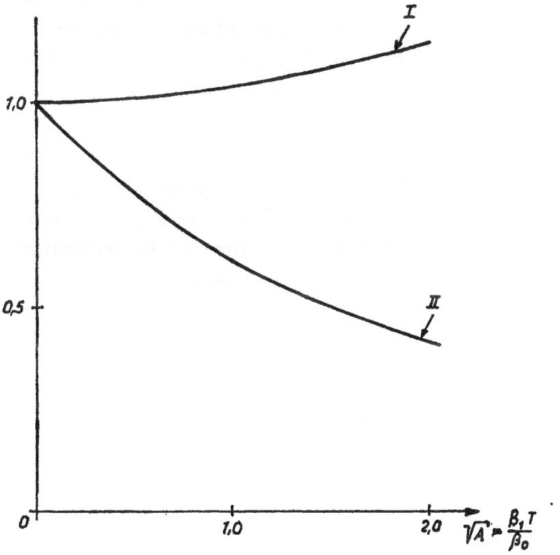

Abb. 2. Abhängigkeit der Streuung von der Kenngröße $\sqrt{A} = \dfrac{\beta_1 T}{\beta_0}$ für die Beobachtung des einfachen Systems $\dfrac{\mathrm{d}z^{(1)}}{\mathrm{d}t} = \beta_1 \xi_1$ durch einen I/D-Kreis bei einer Intensität β_0 des Meßrauschens. Kurve I zeigt die Werte für die exakte Behandlung, Kurve II die Näherungsweise Behandlung. Beide sind auf den gemeinsamen Gegenwert für unendlich häufige Beobachtung normiert.

$k_P^{(1,1)}$ über $\sqrt{A}$ aufgetragen. Als Normierung diente der gemeinsame Grenzwert von I und II für $T \to \emptyset$. Wie man sieht, steigt bei System I die Streuung mit abnehmender Abfragerate, was auch den Erwartungen entspricht, bei der Näherung II ergibt sich jedoch eine Abnahme, die natürlich unrealistisch ist.

Im allgemeinen Fall $\alpha T \neq 0$ sind die Verhältnisse etwas unübersichtlich, da mit der Änderung der Abfragerate gleichzeitig A und αT variieren. Aus einem größeren Datenfeld konnten jedoch keine signifikanten Unterschiede zwischen den Verläufen von M und $k_P^{(1,1)}$ gefunden werden, solange $A \leqq 4$

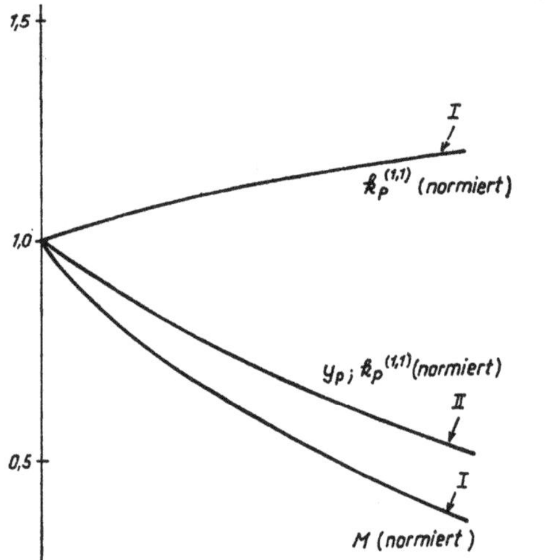

Abb. 3. Abhängigkeit der Streuung $k_P^{(1,1)}$ bei exakter und näherungsweiser Behandlung normiert auf den Grenzwert für T gegen 0 und der Konstruktionsparameter M und g_P normiert auf $\alpha T\left(\sqrt{B+1}-1\right)$. In dieser Normierung fallen die Kurven für g_P und $k_P^{(1,1)}$ beim Näherungsmodell zusammen. Im Interesse der Übersichtlichkeit wurde nur eine Kurvenschar dargestellt, die Aussagen im Text stützen sich auf ein größeres Datenmaterial.

und $\alpha T \leqq 1$ ist. Um den Verlauf mit der Abtastfrequenz bei fixierten übrigen Parametern darzustellen, wurden die Daten etwas umgeordnet und als Kurvenparameter $B = \frac{\beta_1^2}{\alpha^2 \beta_0^2}$ gewählt.

Die Abb. 3 zeigt diese Kurven für $B = 4$. Wie man sieht, ist auch hier die Abweichung in den Entwurfsparametern gering, in der Streuung jedoch relativ hoch.

Insgesamt läßt sich sagen, daß solange sowohl die Bedingung $A = \frac{\beta_1^2 T^2}{\beta_0^2} \leqq 4$ und $\alpha T \leqq 0{,}5$ erfüllt sind, keine wesentlichen Abweichungen in den Konstruktionsparametern auftreten.

Man kann den o. g. Kenngrößen eine anschauliche Deutung geben. Die Bedeutung von αT als Verhältnis der Abtastzeit zur Zeitkonstante des Systems ist offensichtlich; $\frac{\beta_0^2}{T}$ ist, wie oben gezeigt, die Intensität des zeitdiskreten Rauschens am Ausgang; $\beta_1^2 T$ ist für kleine T die Verbreiterung des Trajektorienfeldes während der Zeit T; A also das Verhältnis dieser beiden Größen.

Man kann damit folgende allgemeine Aussage machen: Solange die Abtastzeit kleiner als die Hälfte der längsten Zeitkonstante des Systems und gleichzeitig die Intensität des Ersatzrauschens größer als die Verbreiterung des Trajektorienfeldes während der Abtastzeit ist, kann die Beobachtung durch

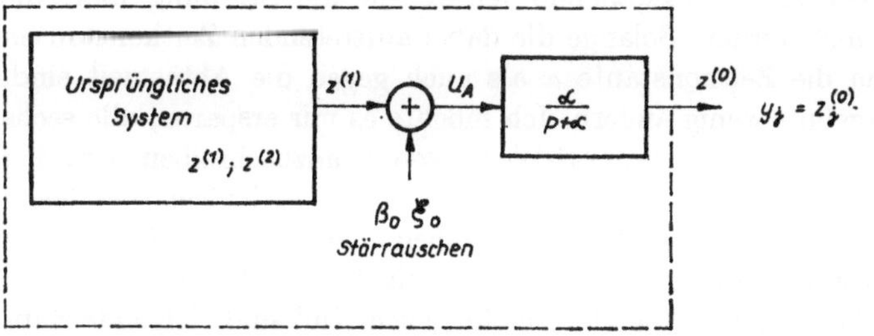

Abb. 4. Ersatzschaltbild für die Beobachtung eines Prozesses durch einen Tiefpaß.

den getasteten Integrator ersatzweise durch die direkte Beobachtung mit zeitdiskretem Zusatzrauschen geschrieben werden. Allerdings erhält man auf diese Weise nur die annähernd richtigen Entwurfsparameter, die Fehlerabschätzung ist wesentlich zu optimistisch.

1.4.5.2. Beobachtung über Tiefpaß

In vielen Fällen kann ein Meßprozeß nicht direkt, sondern nur über ein Tiefpaßglied (z. B. Eigenträgheit) beobachtet werden. Sinnvollerweise kann dann angenommen werden, daß die Störung vor dem Tiefpaß eingespeist wird. Das Ersatzschaltbild zeigt die Abb. 4. Es muß natürlich ein Modell für das Grundsystem angenommen werden. Wenn keine weiteren A-priori-Informationen vorliegen, scheint mir folgendes Modell als geeignet. Die Steigung der Meßkurve ist ein einfacher WIENER-Prozeß, rückstellende Kräfte für die Steigung und die Amplitude existieren nicht, also

$$\frac{dz^{(1)}}{dt} = z^{(2)}; \quad \frac{dz^{(2)}}{dt} = \beta_2 \xi_2. \tag{102}$$

Dazu kommt die Tiefpaßgleichung

$$\begin{aligned}
&\frac{\mathrm{d}z^{(0)}}{\mathrm{d}t} = -\alpha z^{(0)} + \alpha z^{(1)} + \beta_0 \xi_0, \\
&\beta_0 = \alpha\gamma,
\end{aligned} \tag{103}$$

$$\langle \xi_0(t) \cdot \xi_2(t) \rangle = 0,$$

$$\text{also} \quad A = \begin{Bmatrix} -\alpha & \alpha & 0 \\ 0 & 0 & 1 \\ 0 & 0 & 0 \end{Bmatrix} \quad \text{und} \quad R = \begin{Bmatrix} \beta_0^2 & 0 & 0 \\ 0 & 0 & 0 \\ 0 & 0 & \beta_2^2 \end{Bmatrix}.$$

Natürlich können auch rückstellende Kräfte für die Streuung bzw. die Amplitude eingeführt werden. Solange die dabei auftretenden Zeitkonstanten groß sowohl gegen die Zeitkonstante α als auch gegen die Abtastzeit sind, dürfte dies am Ergebnis wenig ändern. Ich möchte es mir ersparen, alle sechs Differentialgleichungen für die A-priori-Werte von K anzuschreiben, von den zweiten Rekursionsgleichungen werden natürlich wieder diejenigen, bei denen der eine Index $= 0$ ist zu 0, insgesamt verbleiben also neun Unbekannte für das Rekursionsverfahren. Es empfiehlt sich, sowohl für die A-priori- als auch für die Posteriori-Werte (soweit letztere nicht gleich Null sind) folgende Substitutionen durchzuführen:

$$\begin{aligned}
&\frac{k^{(2,2)}}{\beta_2^2 \cdot T} = g^{(2,2)}; \quad \frac{k^{(1,2)}}{\beta_1^2 T^2} = g^{(1,2)}; \quad \frac{k^{(1,1)}}{\beta_1^2 T^3} = g^{(1,3)}, \\
&\frac{k^{(0,2)}}{(1 - \mathrm{e}^{-\alpha T}) \cdot \beta_2^2 T^2} = g^{(0,2)}; \quad \frac{k^{(0,1)}}{(1 - \mathrm{e}^{-\alpha T})\, \beta_2^2 T^3} = g^{(0,1)}; \\
&\frac{k^{(0,0)}}{(1 - \mathrm{e}^{-\alpha T})^2\, \beta_2^2 T^3} = g^{(0,0)}
\end{aligned} \tag{104}$$

und ferner die Abkürzungen

$$\begin{aligned}
&f(\alpha T) = \frac{1 - \dfrac{1}{\alpha T}(1 - \mathrm{e}^{-\alpha T})}{1 - \mathrm{e}^{-\alpha T}} \\
&L = \frac{\alpha\gamma^2(1 - \mathrm{e}^{-2\alpha T})}{\beta_2^2 T^3 (1 - \mathrm{e}^{-\alpha T})^2}
\end{aligned} \tag{105}$$

einzuführen. Damit lassen sich nämlich die Differentialgleichungen auf eine Form bringen, in der nur noch L und die langsam veränderliche Funktion

$f(\alpha T)$ auftritt, während die zweiten Rekursionsgleichungen erhalten bleiben. Nach Einführung der Entwurfsparameter

$$M_1 = \frac{g_A{}^{(0,1)}}{g_A{}^{(0,0)}}; \quad M_2 = \frac{g^{(0,2)}}{g^{(0,0)}} \tag{106}$$

ergeben sich durch Einsetzen und Eliminieren von $\hat{z}_{j,\mathrm{A}}$ die Gleichungen

$$\begin{aligned} \hat{z}^{(0)}_{j,\mathrm{P}} &= y_j \\ \hat{z}^{(1)}_{j,\mathrm{P}} &= \hat{z}^{(1)}_{j-1,\mathrm{P}}(1 - M_1) + \hat{z}^{(2)}_{j-1,\mathrm{P}}T\big(1 - M_1 \cdot f(\alpha T)\big) + M_1 \frac{y_j - y_{j-1}\,\mathrm{e}^{-\alpha T}}{1 - \mathrm{e}^{-\alpha T}} \\ \hat{z}^{(2)}_{j,\mathrm{P}} &= \hat{z}^{(2)}_{j-1}\big(1 - M_2 \cdot f(\alpha T)\big) - \frac{M_2}{T}\,\hat{z}^{(1)}_{j-1,\mathrm{P}} + \frac{M_2}{T}\,\frac{y_j - y_{j-1}\,\mathrm{e}^{-\alpha T}}{1 - \mathrm{e}^{-\alpha T}}. \end{aligned} \tag{107}$$

Für L gegen 0 gehen M_1 und M_2 beide gegen $[f(\alpha T)]^{-1}$. Damit verschwindet in der Gleichung für die erste Komponente das Glied mit der zweiten Komponente und für $\hat{z}^{(2)}_{j,\mathrm{P}}$ erhält man erwartungsgemäß $\frac{1}{T}\,(\hat{z}^{(1)}_{j,\mathrm{P}} - \hat{z}^{(1)}_{j-1,\mathrm{P}})$.

In Abb. 5 ist der Verlauf von M_1 und M_2 über L gezeigt ($\alpha T = 1$). Interessant ist hierbei der Übergang von einer Rekursion erster Ordnung mit Hochpaßcharakter zu einer solchen zweiter Ordnung, welche mit wachsendem L zunehmend Tiefpaßcharakter annimmt. Ich muß noch ergänzen, daß zur Erleichterung der Rechnungen $k^{(2,2)}$ im Abtastzeitraum als konstant angesetzt wurde. Die gestrichelte Linie zeigt die Grenze links von der größere Abweichungen auf Grund dieser Näherung zu erwarten sind.

1.4.6. Zusammenhang mit der Spektraldarstellung

Obwohl die Autokorrelationsfunktion keine direkt meßbare Größe darstellt, ist sie, sinnvoll angewandt, wegen ihrer relativen Anschaulichkeit ein wertvolles Hilfsmittel bei der Modellbildung. Es soll deshalb hier der Zusammenhang zwischen ihr und den Differentialgleichungen linearer Modelle hergestellt werden. Hierzu führen wir die interessierende Größe x ein, die natürlich im allgemeinen kein Markov-Prozeß ist. Wir schreiben formal

$$x(t) = G(p) \cdot \xi(t); \quad p = \frac{\mathrm{d}}{\mathrm{d}t}; \quad G(p) = \frac{M(p)}{N(p)}, \tag{108}$$

wobei $G(p)$ ein gebrochen rationales Polynom ist. Für eine beliebige Inhomogenität $u(t)$ lautet die Lösung dieser Differentialgleichung bekanntlich

$$x(t) = \int_{-\infty}^{+\infty} K(\tau) \cdot u(t - \tau)\,\mathrm{d}\tau, \quad K(\tau) = 0 \quad \text{für} \quad \tau < 0. \tag{109}$$

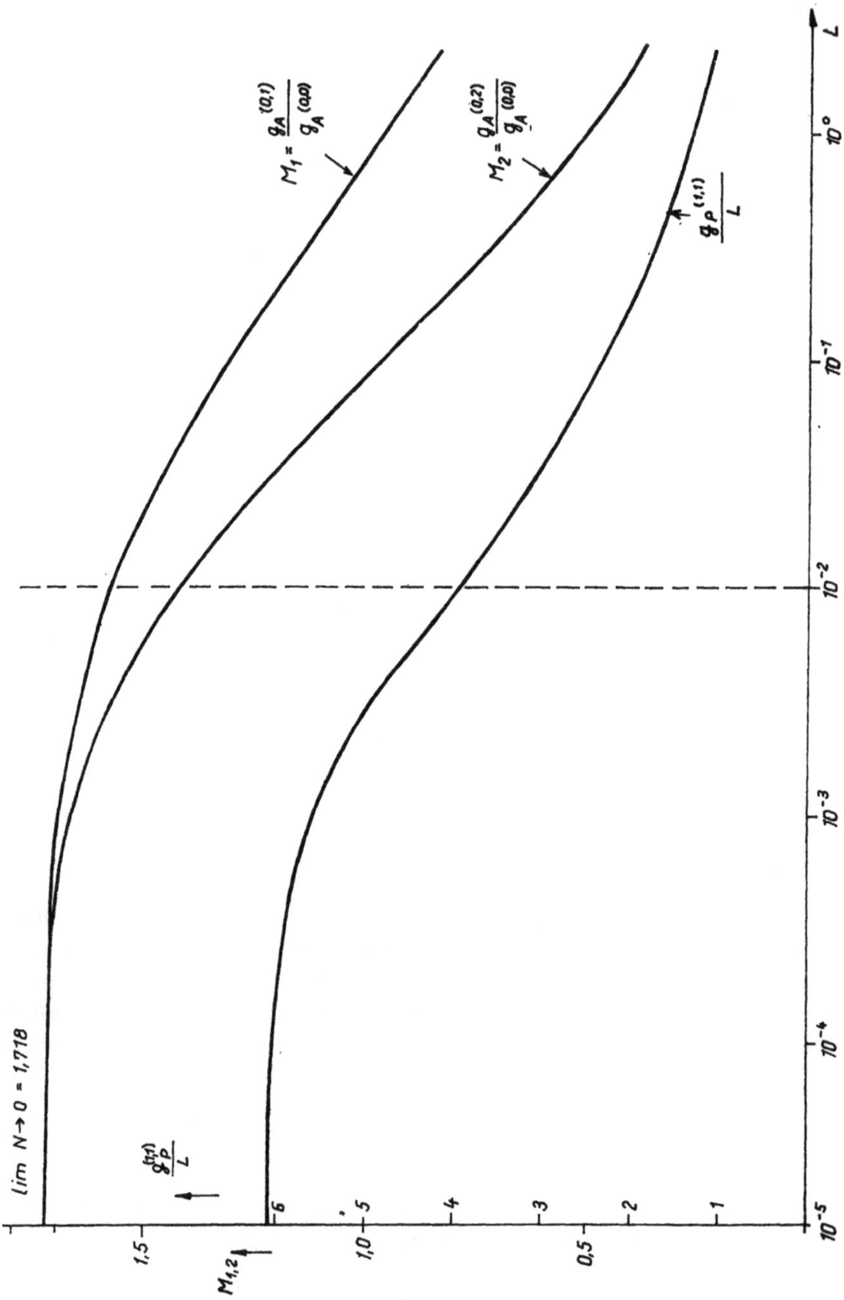

Abb. 5. Verlauf der Konstruktionsparameter M_1 und M_2 sowie der normierten Streuung $g_P^{(1,1)}/L$ (siehe Text) eines Entzerrers für die optimale Rekonstruktion eines Meßsignals, welches über einen Tiefpaß beobachtet wird. Der Parameter L gibt im wesentlichen das Verhältnis von Störrauschen zur statistischen Variation der Meßkurve wieder.

Dabei ist $K(\tau)$ der lösende Kern der Differentialgleichung. Bekanntlich ist dieser die LAPLACE-Transformierte von $G(p)$. Damit gilt für die Autokorrelationsfunktion

$$
\begin{aligned}
R(\tau) &= \langle x(t) \cdot x(t-\tau)\rangle, \\
&= \left\langle \int\limits_{-\infty}^{+\infty} K(\tau_1)\, \xi(t-\tau_1)\, \mathrm{d}\tau_1 \int\limits_{-\infty}^{+\infty} K(\tau_2)\, \xi(t-\tau-\tau_2)\, \mathrm{d}\tau_2 \right\rangle, \\
&= \iint\limits_{-\infty}^{+\infty} K(\tau_1)\, K(\tau_2)\, \langle \xi(t-\tau_1)\, \xi(t-\tau-\tau_2)\rangle\, \mathrm{d}\tau_1\, \mathrm{d}\tau_2, \\
&= \iint\limits_{-\infty}^{+\infty} K(\tau_1)\, K(\tau_2)\, \delta(\tau+\tau_2-\tau_1)\, \mathrm{d}\tau_1\, \mathrm{d}\tau_2, \\
&= \int\limits_{-\infty}^{+\infty} K(\tau_1)\, K(\tau-\tau_1)\, \mathrm{d}\tau_1.
\end{aligned}
\tag{110}
$$

Die LAPLACE-Transformierte des letzten Ausdruckes ist aber gleich $G(p) \times G(-p)$. Damit sollte keinesfalls ein abgekürzter Beweis für das WIENER-CHINCHIN-Theorem geliefert werden [20, 21]. Es wird lediglich eine Beziehung zwischen der formalen Schreibweise einer linearen Differentialgleichung und der LAPLACE-Transformierten der Autokorrelationsfunktion hergestellt. Der schwierige Begriff des WIENER-Spektrums wird absichtlich vermieden. Die Differentialgleichung (108) läßt sich durch Partialbruchentwicklung in ein System von Differentialgleichungen erster Ordnung auflösen

$$
\frac{\mathrm{d}z^{(\nu)}}{\mathrm{d}t} = \lambda_\nu z^{(\nu)} + F_\nu \xi; \quad x = \sum_{\nu=1}^{n} z^{\nu}. \tag{111}
$$

Wichtiger als die so erhaltene „erste Normalform“ ist die „zweite Normalform“

$$
\frac{\mathrm{d}W^{(\mu)}}{\mathrm{d}t} = W^{(\mu+1)} + G_\mu \xi; \quad 0 \leqq \mu \leqq n-2, \tag{112}
$$

mit $\dfrac{\mathrm{d}W^{(n-1)}}{\mathrm{d}t} = -b_{n-1}W^{(n-1)} \cdots - b_0 W^{(0)} + G_{n-1}\xi,$

$$
W^{(\mu)} = \sum_{\nu=1}^{n} (\lambda_\nu)^\mu \cdot z^{(\nu)}; \quad G_\mu = \sum_{\nu=1}^{n} (\lambda_\nu)^\mu F_\nu \tag{113}
$$

und

$$
N(p) = p^n + b_{n-1}p^{n-1} \cdots + b_0. \tag{114}
$$

Bei dieser Form ist nämlich die interessierende Variable x identisch mit der null-ten Komponente des Zustandsvektors. (siehe hierzu [19])

1.5. Modellbildung

Der schwierigste, aber auch reizvollste Teil der Schätzungstheorie ist die Modellbildung. Hier trifft die formale Beschreibung der Wahrscheinlichkeitsgesetze mit der physikalischen Realität und der subjektiven Unkenntnis über diese zusammen. Beginnen wir mit dem einfacheren Teil der Modellbildung, der Aufstellung des Beobachtungsmodells.

1.5.1. Erweitertes Beobachtungsmodell

Wie aus Kapitel 1.1. ersichtlich, beschreibt das Beobachtungsmodell nur den nachwirkungsfreien Teil des Zusammenhangs zwischen Zustandsvariablen und Beobachtungsgrößen, während alle trägheitsbehafteten Glieder formal zum Objektmodell zählen. Für die Modellbildung empfiehlt sich eine etwas andere Einteilung. Wir fassen alle Glieder, welche zwischen dem ursprünglichen Objekt und dem eigentlichen Beobachtungsvorgang liegen, zu einem erweiterten Beobachtungsmodell zusammen. Dieses Modell berücksichtigt auch die Rauscheinströmungen auf dieser Strecke. Es wird also ein Blockschaltbild entsprechend der Abb. 1 bzw. 4 konstruiert. Nach Formalisierung der physikalischen Zusammenhänge und Auflösung in ein System von Differentialgleichungen erster Ordnung gewinnt man die Beobachtungsgleichung und einen Teil der Objektgleichungen. Dabei ist natürlich vorausgesetzt, daß sich die Eingangsgröße U_E dieser Kette ihrerseits durch Zustandsvariable des ursprünglichen Systems ausdrücken läßt. Die Dimension des Zustandsvektors ist dann um die Dimension des erweiterten Beobachtungsmodells zu erhöhen.

Am einfachsten ist diese Methode natürlich anzuwenden, wenn die Übertragungsglieder genau bekannt und die Störeinstrahlungen thermisch sind. Bei komplizierten Meßwertwandlern setzt auch dieser Teil bereits den Rückgriff auf physikalische Untersuchungsmethoden voraus, um zu einem Ersatzschaltbild für die Signalverzerrungen und zur Modellierung der Meßfehler durch äquivalente Rauscheinströmungen zu gelangen. Im allgemeinen sind jedoch alle diese Probleme mit den normalen Hilfsmitteln der Physik bzw. der jeweils relevanten Fachwissenschaft zu lösen. Eine Ausnahme bilden allerdings statistische Übertragungskanäle (z. B. Fading), deren Modellierung ähnliche Probleme, wie die Modellierung des ursprünglichen Objekts aufwirft.

Bei der Aufstellung des erweiterten Beobachtungsmodells muß man sich natürlich wie überall auf die Beschreibung der wesentlichsten Einflüsse beschränken. Es hat keinen Zweck, ein hochgenaues Modell aufzustellen, und dieses dann in der Realisierungsphase, unter dem Zwang der technischen Möglichkeiten, bis zur Unkenntlichkeit zu rupfen. Dies gilt übrigens auch für die technische Auslegung des Übertragungsweges, soweit man sie in der Hand hat. Optimalschätzung bedeutet ja, daß alles, was möglich ist, bereits getan wird. Etwaige Zusatzfilterungen können die Gesamtfunktion höchstens verschlechtern. In Praxi ist dies nicht ganz so. Erstens muß, wie vorher angedeutet, durch eine Filterung vor der Wandlung ein Ausgleich für die willkürliche Festlegung, daß nur zu diskreten Zeitpunkten beobachtet wird, geschaffen werden. Zweitens zwingt die begrenzte Dynamik technischer Glieder dazu, die Rauschleistung und etwaige andere Störsignale durch Vorfilterung soweit herabzusetzen, daß ungewollte nichtlineare Effekte vermieden werden.

1.5.2. Allgemeines zum Objektmodell

Nach Durchführung aller dieser Schritte bleibt ein harter Kern, eben das ursprüngliche Objekt. Bei Übertragungsproblemen ist dies das Eingangssignal oder genauer das Ensemble der zu erwartenden Eingangssignale, bei adaptiven Regelungsproblemen das zu regelnde Objekt einschließlich der zu erwartenden Störungen und der Parameterunsicherheiten. Ähnliche Probleme treten bei der Modellierung von Fading-Erscheinungen und von Schwankungsprozessen auf Grund technischer Unzulänglichkeiten (z. B. Taktschwankungen bei Digitalstrecken) auf. In allen diesen Fällen haben wir es nicht mehr mit wohl definierten physikalischen Rauschquellen zu tun, es ist vielmehr nötig, subjektive Unkenntnisse durch mathematische Zufallsprozesse zu beschreiben. Dabei spielt auch die Zielsetzung eine wesentliche Rolle. So wird man z. B. bei den beiden letztgenannten Fällen das Modell nicht vom Normalfall ableiten, bei dem die Strecke sowieso zufriedenstellend funktioniert, sondern versuchen, typische „Worst case"-Fälle zu modellieren, wobei es natürlich weitgehend der subjektiven Bewertung überlassen ist, was hier als typisch betrachtet werden soll. Erschwerend kommt in allen diesen Fällen hinzu, daß es kaum möglich ist, eine physikalische Vorstellung für den weißen Rauschprozeß zu entwickeln. Ich halte es deshalb für ausgeschlossen, hierfür fertige Rezepte zu bieten. Was im folgenden gegeben werden kann, sind Hinweise zur maximalen Nutzung vorhandener A-priori-Informationen, die ihrerseits nicht der Signaltheorie entstammen können.

Es hat nicht an Versuchen gefehlt, einen Ausweg aus dieser Situation durch modellfreie Ansätze zu suchen. Die sogenannte „Black-Box-Theorie" versuchte, direkt aus meßbaren Größen den Signalschätzungsalgorithmus abzuleiten. Ich halte diese Versuche für gescheitert. Der Kern der Schwierigkeiten liegt hierbei darin, daß mathematische Erwartungsgrößen mit physikalischen Meßwerten gleichgesetzt werden. Es zeigt sich jedoch, daß bereits der fundamentale Begriff des Zufallsprozesses nicht identisch mit dem ist, was man physikalisch unter einem Prozeß versteht. Letzterer trägt hier nämlich den Namen „Einzelrealisierung". Auch im Detail machen sich diese Diskrepanzen bemerkbar. So ist es nicht möglich, die Streuung der Zufallsgröße Kurzzeit-Autokorrelationsfunktion für eine fixierte Integrationszeit anzugeben, wenn nicht die Autokorrelationsfunktion selbst bekannt ist. Die Tatsache, daß der Erwartungswert dieser Größe gegen die Autokorrelationsfunktion selbst geht, nützt einem ohne Modellvorstellungen gar nichts.

Dies ändert natürlich nichts an der Gültigkeit der mathematischen Erkenntnisse, falsch ist lediglich ihre Deutung als „Black-Box-Theorie" mittels der oben genannten Gleichsetzung.

Wenn die Vermutung, daß eine modellfreie Signaltheorie nicht möglich ist, zutreffen sollte, dann ist auch der Abschluß dieser Theorie nicht möglich, es sei denn in Form einer universellen Welttheorie, was natürlich keineswegs in der Absicht des Verfassers liegt. Sie kann streng genommen nur im Zusammenhang mit der Fachwissenschaft betrachtet werden, die für das jeweilige Objekt zuständig ist. Wir werden später sehen, daß hier einige Kompromisse möglich und notwendig sind. Wo irgendmöglich, sollte man sich jedoch an diese strenge Vorstellung halten.

Da jeder Parameter, welcher einen Einfluß auf die Bewegungsgleichung des Objekts besitzt bzw. direkt in die Beobachtung eingeht, als Komponente des Zustandsvektors aufgefaßt werden kann, läßt sich jedes Modell in ein Allgemeineres einbetten. Damit werden die Grenzen zwischen Modellbildung bzw. Entwurf des Schätzalgorithmus einerseits und Zustandsschätzung bzw. Abarbeitung dieses Algorithmus andererseits beliebig verschiebbar. Es wird auch deutlich, wie nahe die Signaltheorie an die Erkenntnistheorie grenzt. Um hier weiterzukommen, wird ein willkürlicher Schnitt eingeführt. Alle Schritte, welche unabhängig vom aktuellen Verlauf der Beobachtungswerte durchgeführt werden, sollen der Modellbildung bzw. dem Entwurf des Schätzalgorithmus zugeordnet werden. Dabei soll es gleichgültig sein, ob es sich um theoretische Überlegungen, numerische Rechnungen, Experimente an gleichen oder ähnlichen Objekten handelt. Auch die Verarbeitung weit zurückliegender Beobachtungsergebnisse, soweit sie nicht unmittelbar im Prozeßablauf erfolgt, fällt hierunter. So wäre z. B. die Berechnung der Kurzzeit-Autokorrelationsfunktion aus früheren typischen Meßperioden ein Teilschritt der Modellbildung.

1.5.3. Modellbildung bei Nachrichtensystemen

Obwohl klassische Nachrichtenprobleme, wie die Übertragung von Analogsignalen mittels vorgegebener Modulationsarten, eine Domäne der zeitkontinuierlichen Schätzungen sind, soll mit diesem relativ einfachen Fall begonnen werden. In diesen Fällen bereitet die Aufstellung des erweiterten Beobachtungsmodells kaum Schwierigkeiten, da nahezu alle Glieder dieser Strecke definierte technische Charakteristika besitzen. Außerdem ist die interessierende Größe meist unmittelbar in der Beobachtung enthalten. Damit wird der Einfluß des Objektmodells mit zunehmendem Signal-Rausch-Verhältnis immer geringer, da die Wahrscheinlichkeit dann fast ausschließlich von der Likelihood bestimmt wird. Die einzige Strecke, die bei der Aufstellung des Objektmodells Probleme bereiten kann, ist die Signalausbreitung zwischen Sender und Empfänger. Auch hier kann man jedoch im allgemeinen mit thermischem (galaktischem) Rauschen rechnen, lediglich die Feldstärke kann schwanken. Dabei ist hier nicht an schnelle Schwankungen auf Grund von Fading-Erscheinungen gedacht, sondern an quasi stationäre Änderungen, wie sie für Ausbreitungsstrecken im oberen MHz-Gebiet typisch sind. Im Prinzip würde es keine Schwierigkeiten bereiten, die Signalintensität zu messen und die Entwurfsparameter in Abhängigkeit davon zu steuern. In Praxi geht man jedoch einen anderen Weg. Bei Nachrichtensystemen wird im allgemeinen eine gewisse Mindestqualität gefordert, die nicht unterschritten werden darf. Damit ist auch ein minimales Signal-Rausch-Verhältnis gegeben, unterhalb dessen der Betrieb sinnlos wird. Durch Variation des Signal-Rausch-Verhältnisses und Berechnung der zugehörigen Entwurfsparameter und Streuungen läßt sich diese Schwelle abschätzen. In den meisten Fällen genügt hierfür die Ermittlung der Streuung im Rahmen der weiter unten zu besprechenden Näherungen, für stark nichtlineare Fälle müssen analytische Methoden [5, 6, 24, 25] herangezogen werden. Optimiert man nun die Entwurfsparameter auf ein Signal-Rausch-Verhältnis in der Nähe dieser Schwelle, so kann man ziemlich sicher sein, daß die Funktion des Übertragungssystems bei wesentlich besseren Signal-Rausch-Verhältnissen so zufriedenstellend ist, daß eine weitere Anpassung nicht mehr notwendig wird. Für das ursprüngliche Objekt ist eine echt kausale Formulierung dagegen in den meisten Fällen nicht möglich. Nachrichtensysteme sollen ja im allgemeinen mit sehr verschiedenartigen Quellen funktionieren. Glücklicherweise brauchen jedoch auch keine übertriebenen Anforderungen an dieses Modell gestellt zu werden. Es soll nur den ungefähren Bereich des Zustandsraumes angeben, in dem der neue A-priori-Wert zu suchen ist. Deshalb eignen sich hier relativ grobe phänomenologische Modelle recht gut, meist wird man sich mit einem Modell erster Ordnung begnügen. Die Zeitkonstante α läßt sich relativ leicht aus Angaben über die Bandbreitebegrenzung des Signals bzw. über schnellste Änderungsgeschwindigkeiten abschätzen. Für die Intensität des Zufallsprozesses β kann meistens die Methode der natürlichen Anfangsbedingungen benutzt werden, da im allgemeinen Angaben über den Dynamikbereich vorhanden sind. Bei einem Prozeß erster Ordnung ergibt sich für die asymptotische Streuung $\sigma_{1,\infty}$ der

Komponente $z^{(1)}$

$$\sigma_{1,\infty} = \sqrt{k_\infty^{(1,1)}} = \frac{\beta_1}{\sqrt{2\alpha}}.$$

Es besteht bei der phänomenologischen Beschreibung natürlich auch kein Grund zwischen Signalen mit primär-kausalem Charakter und anderen zu unterscheiden. So konnte z. B. für die Konstruktion eines Wetterbildempfängers das Bildsignal u_B, welches durch die normierten Pegel 0 (schwarz) und 1 (weiß) begrenzt war, recht erfolgreich ein Modell erster Ordnung

$$u_B = \frac{1}{2}(1 + z^{(1)}); \quad \frac{dz^{(1)}}{dt} = -\alpha z^{(1)} + \beta_1 \xi_1$$

verwandt werden, wobei α aus der Änderungsgeschwindigkeit des Bildsignals bei schwarz-weiß Kanten und β aus $\sigma_{1,\infty} = 1$ bestimmt wurde. Es zeigte sich bei recht umfangreichen analytischen Untersuchungen, daß für die kritischen Signalverarbeitungsgruppen wenig Vorteile durch die exakte Modellierung der Spektraleigenschaften zu erhalten sind, das meiste kann ebenso gut durch ein nachgeschaltetes klassisches Filter gewonnen werden. Dagegen brachte die exakte Modellierung der technischen Übertragungsstrecke erhebliche Vorteile [7]. Auch bei digitalen Signalen wird man sich in diesem Zusammenhang meist mit dem Primitivmodell (alle Übergangswahrscheinlichkeiten gleich 0,5) begnügen können. Allerdings hat die Anwendung des hier entwickelten Apparates für die Digitalstrecken nur dann einen Sinn, wenn weitere Probleme, wie z. B. die Bestimmung des Taktjitters, der optimalen Entscheidungsschwelle, hinzukommen. Für diese Probleme muß dann natürlich ein getrenntes Objektmodell für die Taktquelle, das Fading u. ä., aufgestellt werden. Auch hier muß man sich im allgemeinen mit einem Modell erster Ordnung begnügen, dessen Parameter in ähnlicher Weise aus der maximalen Schwankungsfrequenz und Schwankungsamplitude zu bestimmen sind.

1.5.4. Modellbildung für adaptive Regelung

Die Anforderungen an diese Modelle sind aus mehreren Gründen schärfer. Zunächst und vor allen Dingen dadurch, daß der unmittelbare Eingriff des Menschen entfällt. Fernerhin dient das Modell zwei Zwecken: der Ermittlung der Wahrscheinlichkeitsverteilung im Zustandsraum des Objekts und der Ableitung einer zielgerichteten Aktion bei gegebener Lage im Zustandsraum. Schließlich gehen bei adaptiven Problemen eine Reihe von Zustandsparametern nur sehr indirekt in die Beobachtung ein, so daß das Objektmodell hier auch im Grenzfall störungsfreier Beobachtung wesentlichen Einfluß auf das Ergebnis besitzt.

Dem stehen einige Erleichterungen entgegen. Der Algorithmus orientiert auf ein konkret vorhandenes Objekt. Die Bewegungsgleichung dieses Objekts ohne äußere Störungen ist dementsprechend auch Kern und Ausgangspunkt der Modellierungen. Sie müssen natürlich in Form eines Systems von Differentialgleichungen erster Ordnung aufgestellt werden. Die Zustandsvariablen dieses Teils bezeichnen wir im folgenden als klassische Zustandsvariable. Sie müssen im späteren ergänzt werden durch die Zustandsvariablen aus der Modellierung der Störungen (falls nicht weiße Störungen angenommen werden) durch die unbekannten Parameter, welche als Zustandsvariable aufgefaßt werden müssen (Adaptionsvariable), und schließlich durch die Zustandsvariablen des erweiterten Beobachtungsmodells. Bei der Aufstellung der Bewegungsgleichung für das Objekt sollten alle experimentellen und theoretischen Möglichkeiten genutzt werden. Man sollte nicht in den Fehler verfallen, eine große Anzahl von Parametern frei zu lassen und sich auf diese Weise der Black-Box-Theorie von hinten anzunähern. Die Stärke einer physikalisch formulierten Schätzungstheorie besteht gerade darin, daß alle Erkenntnisse, die längere Zeit gültig bleiben, in die technische Realisierung einbezogen werden können. Verzichtet man törichterweise auf diese Möglichkeit, so bürdet man der Maschine den Nachvollzug eines längeren Erkenntnisprozesses auf. Dies ist nicht nur aufwendig, sondern auch langwierig. Es kann dann durchaus passieren, daß ein an sich korrekter Algorithmus seiner technischen Aufgabe nicht gerecht wird, weil er die nötigen Kenntnisse erst erwerben kann, wenn die Entscheidung bereits gefallen ist. Nur solche Größen, bei denen es auf Grund unbekannter Umweltbedingungen nicht feststeht, welche Werte sie im Einsatzfall annehmen, sollten als Adaptionsparameter freigegeben werden. Dieses Modell muß nun natürlich durch die Modellierung der im Einsatzfall zu erwartenden Störungen ergänzt werden. Die hierfür vorhandene A-priori-Information ist naturgemäß wesentlich schwächer. Zunächst soll die Frage untersucht werden, ob diese Störungen durch einen weißen Prozeß oder durch ein Modell höherer Ordnung zu beschreiben sind.

Bei getasteten Regelungen spielen nun die Details des Bewegungsablaufes im Zeitintervall zwischen den Abtastpunkten keine große Rolle, es kommt im wesentlichen auf die Werte in diesen Eckpunkten an. Dabei muß man berücksichtigen, daß spektrale Charakteristika hier nur insofern eine Rolle spielen, als sie eine Voraussage der zu erwartenden Störung im nächsten Abtastintervall aus den vergangenen Messungen ermöglichen. Wenn nun eine sehr spezielle Annahme über das Störspektrum gemacht wird, so kann zwar bei Übereinstimmung der Realität mit dem Modell eine gewisse Verbesserung der Regelgüte erreicht werden, im umgekehrten Falle wird jedoch eine Voraussagemöglichkeit angenommen, die real nicht vorhanden ist, was zu wesentlich größeren Fehlern führen kann. Da man im allgemeinen nicht geneigt sein

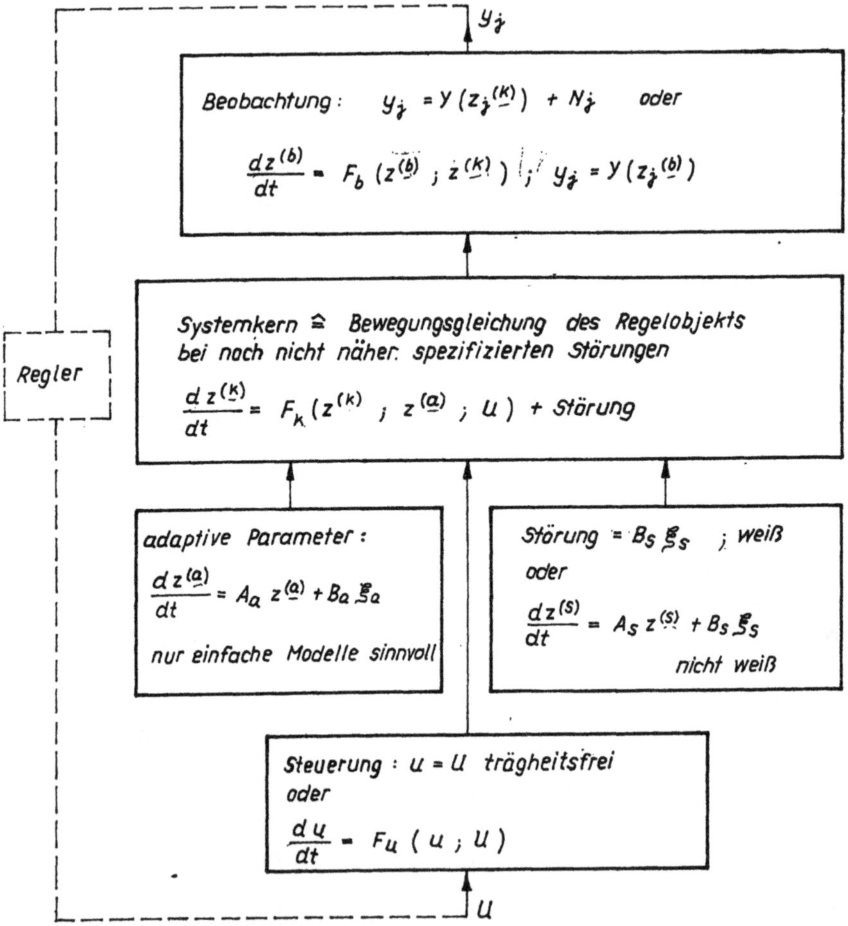

Gesamtzustand $z = \begin{matrix} z^{(k)} \\ z^{(b)} \\ z^{(a)} \\ z^{s} \\ (u) \end{matrix}$

wird, eine geringfügige Verbesserung im Normalfall gegen die Gefahr eines fast totalen Versagens im abweichenden Fall einzutauschen, muß man im allgemeinen nur solche spektralen Eigenschaften berücksichtigen, die als gesichert angesehen werden können. Es kann deshalb wohl ausgeschlossen werden, daß farbiges Rauschen (Modell 2. Ordnung) für die Störung in Frage kommt. Selbst wenn in jedem Einzelfalle die Störungen annähernd sinusförmigen Charakter haben, ist eine Modellierung durch farbiges Rauschen nur dann sinnvoll und gerechtfertigt, wenn sich die Störfrequenzen in allen voraussehbaren Fällen in einem relativ geringem Bereich befinden. In der Mehrzahl der Fälle wird man deshalb die Störung als weißes Rauschen beschreiben, was in unserem Fall ja nur bedeutet, daß aus der Störgröße im n-ten Zeitintervall keine Rückschlüsse auf die im $(n + 1)$-ten bezogen werden können. Nur wenn eine Begrenzung des Störspektrums auf Frequenzen deutlich unterhalb der Abtastrate angenommen werden kann, ist ein Modell erster Ordnung vertretbar.

Das weitere Vorgehen kann nur an einem Beispiel erläutert werden. Nehmen wir an, die Störungen wirken auf ein mechanisches System in Form einer Störbeschleunigung, deren Maximalwert $|g|$ bekannt ist. Dann ist eine Gleichung aus der Beschreibung des determinierten Systems durch einen Störterm zu ergänzen. Wenn also z. B. $z^{(1)}$ die betreffende Komponente ist, so lautet die ergänzte Gleichung

$$\underbrace{\frac{dz^{(1)}}{dt} = F(z)}_{\text{(aus dem deterministischen Modell)}} + \beta_1 \xi_1$$

Eine Abschätzung für β_1 gewinnt man, wenn man vom Sollregelzustand ausgeht, einmal $|g|$ einsetzt und über die Abtastperiode integriert und im Vergleich dazu die Entwicklung der Streuung über die Zeit T verfolgt, wobei die Delta-Verteilung als Anfangswert gewählt wird. Bei dem gewählten β_1 muß die

Abb. 6. Schematische Darstellung der Modellbildung für ein Regelungsproblem. Dabei bedeutet: $z^{(\underline{k})}$ klassische Zustandsvariable des Regelobjekts; $z^{(\underline{b})}$ Zustandsparameter zur Beschreibung des Ausgangsfilters zwischen Objekt und Beobachtung; $z^{(\underline{a})}$ Parameter, welche zur Adaption freigegeben werden; $z^{(\underline{s})}$ Zustandsparameter zur Modellierung einer nichtweißen Störung. Fernerhin wird mit U die Steueraktivität und mit u die Steuerwirkung bezeichnet. Der Zustandsvektor des Gesamtsystems setzt sich aus allen diesen Größen zusammen, wobei jedoch der Zusammenhang zwischen U und u getrennt modelliert werden kann, da er rein deterministisch ist.

Streuung also $\sqrt{k^{(1,1)}}$ auf jeden Fall größer sein, als die Abweichung auf Grund der determinierten Störung. Es empfiehlt sich hierzu, die Gleichungen so umzuformen, daß die Grundaktivität zur Aufrechterhaltung des Sollzustandes in den deterministischen Teil eingeht, als Steueraktivität also nur die Reaktion auf Störungen erscheint. Für kleine Abtastzeitintervalle genügt meist die Abschätzung $\beta_1 \geqq |g| \cdot \sqrt{T}$. Bei einem Störmodell erster Ordnung verläuft die Abschätzung ähnlich, wobei als determinierte Ersatzstörung der nicht aus der Korrelation voraussehbare Teil benutzt wird.

Die physikalische Untersuchung liefert im allgemeinen nur die Bewegungsgleichung für die klassischen Zustandsvariablen. Adaptionsparameter, die ja hier auch als Zustandsvariable gedeutet werden müssen, sind getrennt zu behandeln. Meist lassen sich hier nur ungefähre Angaben, etwa über die maximale Änderungsgeschwindigkeit dieses Parameters — nennen wir ihn $z^{(2)}$ — $|z^{(2)}|_M$ erhalten. Natürlich hat unter diesen Umständen nur ein sehr einfaches Teilmodell einen Sinn, etwa

$$\frac{\mathrm{d}z^{(2)}}{\mathrm{d}t} = -\alpha_2 z^{(2)} + \beta_2 \xi_2$$

Es muß dann auf jeden Fall gelten $|z^{(2)}|_M \cdot T \leqq \beta_2 \sqrt{\frac{1 - \mathrm{e}^{-2\alpha T}}{2\alpha}}$, da sonst bereits bei der nächsten Beobachtung dieser Parameter außerhalb des Bereiches der für wahrscheinlich gehaltenen Werte herausläuft.

Leider ist dies nur eine untere Abschätzung. Um genauere Aussagen über β_2 zu erhalten, muß man an einem vereinfachten Modell mit $\frac{\mathrm{d}}{\mathrm{d}t} z^{(2)} = 0$ durch Simulation untersuchen, mit welcher ungefähren Zeitkonstante die zugehörige Streuung konvergiert. Diese Zeitkonstante dient dann — falls sie wesentlich größer als T ist — in gleicher Weise wie oben zur Abschätzung von β_2. Falls außerdem Angaben über den maximalen Schwankungsbereich existieren, können sie über die Methode der natürlichen Anfangsverteilung zur Abschätzung, diesmal von α, benutzt werden. Falls jedoch sowohl die Abtastzeit als auch die oben genannte Zeitkonstante T_2 wesentlich kleiner als diese Zeitkonstante sind, kann auf das Glied $-\alpha z^{(2)}$ völlig verzichtet werden. In allen Fällen wird natürlich vorausgesetzt, daß $z^{(2)}$ erwartungswertfrei ist, d. h. ein A-priori-Erwartungswert der Adaptionsgröße von vornherein abgezogen wird.

Zum Schluß soll noch der Fall eines Adaptionsparameters — nennen wir ihn $z^{(3)}$ — untersucht werden, der zwar unbekannt, aber zeitlich konstant ist. Die physikalische Gleichung für diesen Parameter lautet natürlich

$$\frac{\mathrm{d}z^{(3)}}{\mathrm{d}t} = 0.$$

Diese „A-priori-Konstanz“ bedeutet natürlich nicht, daß der entsprechende Schätzwert zeitlich konstant bleibt. Sie heißt aber, daß im Laufe des Verfahrens der Parameter immer genauer bestimmbar ist. Falls nämlich in der FOKKER-PLANCK-Gleichung F_3 und sämtliche $R_{3,\nu}$ verschwinden, kann sie teilweise integriert werden (über alle $dz^{(\nu)}$, $\nu \neq 3$), und es ergibt sich für die Projektion der Wahrscheinlichkeitsdichte

$$\frac{dp}{dt} z^{(3)} = 0, \qquad p_{j+1,A}(z^{(3)}) = p_{j,P}(z^{(3)}).$$

Da durch die Beobachtung die Verteilung höchstens schmaler werden kann, von Fehlern im Näherungsverfahren einmal abgesehen, geht sie gegen eine Delta-Verteilung in dieser Achse. Damit wird der Einfluß der Messung immer geringer. Dieses Verhalten bringt im Zusammenhang mit Näherungen eine Gefahr mit sich. Es besteht nämlich nicht mehr die Möglichkeit, kleine Fehler durch Variation eines Parameters abzufangen. So ist es z. B. oft durchaus möglich, Funktionen, welche von diesen Parametern und anderen Zustandsvariablen abhängen, zu entwickeln und zu linearisieren, wenn dieser Parameter flexibel gehalten wird. Der obige Ansatz würde dieses Modell jedoch unbrauchbar machen. Auch bei der menschlichen Informationsverarbeitung ist die Entwertung eines an sich vernünftigen Modells durch starres Festhalten an unwesentlichen Details bekannt, und wird hier bekanntlich als Dogmatismus bezeichnet. Das — um im Bilde zu bleiben — dialektische Modell muß dann lauten

$$\frac{dz^{(3)}}{dt} = \beta_3 \xi_3.$$

Dabei ist β_3 so zu wählen, daß Näherungsfehler auf Grund der Änderung der anderen Zustandsparameter zwischen zwei Beobachtungswerten durch entsprechende Änderungen von $z^{(3)}$ innerhalb des Bereichs hoher A-priori-Wahrscheinlichkeiten aufgefangen werden können.

1.5.5. Abschließende Bemerkung zur Modellbildung

Ich kann mir durchaus vorstellen, daß für manchen, der die Strenge der mathematischen Statistik gewohnt ist, dieses Kapitel verwirrend wirkt. Der mögliche Eindruck subjektiver Willkür rührt jedoch vorwiegend daher, daß offene Probleme des Wahrscheinlichkeitsbegriffs hier klar zutage treten. Auch bei den klassischen Verfahren für die Konstruktion von Regelkreisen muß ja mit der Reaktion auf willkürliche Reststörungen gearbeitet werden, die im Grunde noch viel weniger über das Verhalten des Regelkreises im konkreten

Einsatzfall aussagt, als seine Reaktion auf ein noch so grobes statistisches Störmodell. Es ist ferner zu berücksichtigen, daß Modellfehler in erster Linie nur interessant sind, soweit sie sich auf die Entwurfsparameter auswirken. Da einerseits die Entwurfsparameter in vielen Fällen relativ schwach von den Modellparametern abhängen, und andererseits umgekehrt der Einfluß der Modellparameter auf die Funktionsgüte meist relativ schwach ist, wird hierdurch eine gewisse Grobheit gegenüber der Modellierung erreicht, die den Entwurf wesentlich erleichtert. Man muß sich auch von der starren Vorstellung trennen, daß Optimalität unter allen Bedingungen erreichbares Ziel technischer Geräte wäre. Viel wesentlicher ist die zufriedenstellende Funktion unter einem möglichst großen Bereich äußerer Störeinflüsse. Daraus ergibt sich, daß die Modellierung sich eher an den ungünstigen Grenzfällen als am Normalfall orientieren muß.

1.6. Nichtlineare Probleme

1.6.1. Allgemeines

Entsprechend den absehbaren technischen Möglichkeiten werden wir uns im wesentlichen auf die Kombination linearer Objektmodelle und nichtlinearer Beobachtungsfunktionen beschränken. Dabei steht die Methode der Gaussschen Näherung im Vordergrund, bei der eine approximative Beschreibung der Verteilungen durch ihre beiden ersten Kumulanten erfolgt. Natürlich kann damit auch ein nichtlineares Objektmodell behandelt werden, indem man für die Wahrscheinlichkeitsdichte eine Gausssche Verbundwahrscheinlichkeit einsetzt und durch Entwicklung der Funktionen $F_\nu(z)$ um $\hat{z}$ Gleichungen für $\hat{z}$ und K zu erhalten versucht. Auch die approximative Trennung einer nichtlinearen Einflußgröße ist möglich, in dem man die Verbundverteilung als Produkt einer nicht Gaussschen eindimensionalen Verteilung in dieser Komponente und einer Gaussschen Verbundverteilung ansetzt. Diese Methoden haben jedoch eher für die Analyse nichtlinearer Kreise unter dem Einfluß zufälliger Eingangssignale Bedeutung [4, 5, 23, 24, 25]. Bei unserem Syntheseproblem wird man bald feststellen, daß die Grenzen der technischen Realisierbarkeit überschritten werden. Es besteht glücklicherweise auch kein Anlaß, allzugroßen Wert auf nichtlineare Objektmodelle zu legen. Bei Nachrichtenquellen u. ä. ist die Information so dürftig, daß die Verwendung eines nichtlinearen Objektmodells nicht gerechtfertigt ist. Es kann also lediglich durch die Differentialgleichungen des erweiterten Beobachtungsmodells und evtl. durch die Objektbeschreibung bei schwierigen Regelproblemen entstehen. Soweit es sich dabei um technische Unzulänglichkeiten im Meßtrakt oder im Aufbau des Objekts handelt, sollte auf jeden Fall versucht werden, diese zu beseitigen. Auch wenn durch geschickte Anwendung der adaptiven Regelungstheorie eine Reihe von Erleichterungen für die Sensorik möglich ist, sollte man sich nicht darauf einlassen, jede technische Unzulänglichkeit damit ausbügeln zu wollen. Auch in den verbleibenden Fällen können Nichtlinearitäten im Objektmodell meist durch flexible Parameter, durch Approximation des integrierenden AD-Wandlers mittels einer Abtastung u. ä. umgangen werden.

Bei der Verwendung der Gaussschen Approximation bleiben die Gleichungen (67, 68, 81, 82) bestehen, die zweiten Rekursionsgleichungen müssen jedoch durch geeignetere ersetzt werden, da die Likelihood keine Gausssche ist. Auf diesen Punkt wird später eingegangen. Um es vorwegzunehmen: es gibt keinen allgemeinen Beweis für die Gültigkeit dieser Methoden bzw. für die Abschätzung der Anwendungsgrenzen und der Fehler. So ist es z. B. keinesfalls so, daß die in jedem Schritt gewonnene Gauss-Verteilung die beste Gausssche Approximation der exakten Verteilung ist, da die Vernachlässigung der höheren Kumulanten auch auf die hier berücksichtigten ersten beiden Kumulanten zurückwirkt. Es ist einfach so, daß diese Näherungsstufe das Beste ist, was bei kontinuierlichen Zustandsvariablen technisch noch realisierbar ist. Da die Anzahl der Kumulanten-Gleichungen mit dem Näherungsgrad sehr schnell ansteigt, ist meines Wissens nie der ernsthafte Versuch gemacht worden, höhere Kumulanten technisch zu berücksichtigen. Es ist meist nicht einmal möglich, die Gausssche Näherung voll durchzführen. Die sehr angenehme Eigenschaft, daß die Rekursion der Matrix K nicht von den Meßwerten abhängt, entfällt im allgemeinen Falle. Die volle Gausssche Näherung bedeutet also, daß die n Gleichungen für den Mittelwertvektor und die $\frac{n}{2}(n+1)$ Gleichungen für die K-Matrix in Echtzeit und abhängig vom Beobachtungsprozeß zu realisieren sind. Die Gausssche Näherung ist deshalb auch nicht identisch mit der Linearisierung des Problems. Bei den im folgenden beschriebenen Näherungsverfahren sollte man sich immer vor Augen halten, daß im allgemeinen noch ein zweiter Näherungsschritt erfolgen muß, bevor man zum technisch realisierbaren Problem gelangt. Da dieser Schritt jedoch auf bekannte Methoden, wie Approximation von Funktionen durch Polynome u. ä., Ersatz von aktuellen Werten durch Erwartungswerte, zurückgreifen kann, konzentrieren wir uns hier auf den ersten Näherungsschritt.

1.6.2. Verbesserte Gaußsche Näherung, typische Funktion

Die Linearisierung der Beobachtungsfunktion führt natürlich zu einer Gaussschen Likelihood und erlaubt damit die unmittelbare Verwendung der im vorigen Kapitel erarbeiteten Methoden. Es existieren jedoch bessere Methoden.

Wenn schon eine Approximation der Posteriori-Wahrscheinlichkeit durch eine Gaussche Verbundverteilung unvermeidlich ist, um die Rekursion zu schließen, so ist es offenbar das sinnvollste, die Wahrscheinlichkeit selbst so gut wie möglich durch eine Gausssche zu approximieren. Nun ist es bei linaren Objektmodellen und einfachen Beobachtungsfunktionen meist möglich, den Zustandsvektor so zu transformieren, daß die Beobachtungsfunktion nur von einer Komponente — im folgenden immer $z^{(0)}$ genannt — abhängt. Dann läßt sich ein Verfahren zur Entwicklung der ersten beiden Kumulanten unmittelbar aus der charakteristischen Funktion der Posteriori-Verteilung angeben. Diese wird als Produkt der exakten Likelihood und der — entsprechend den Voraussetzungen — Gaussisch genäherten A-priori-Verteilung dargestellt. Der Laufindex j wird im folgenden ebenso wie multiplikative Konstanten weggelassen. Es gilt

$$Ch(s) = \int_E e^{s \cdot z} p_P(z)\, d\hat{z} = \int_E e^{s \cdot z} p(y \mid z^{(0)})\, p_A(z)\, d\hat{z}. \tag{115}$$

Wir setzen

$$p_A(z) = p_A(z^{(0)})\, p_A(z' \mid z^{(0)}), \tag{116}$$

wobei mit z' der Rest des Zustandsvektors bezeichnet wird. Dann sind in der benutzten Näherung

$$p_A(z_0) = \exp\left[-\frac{1}{2k_A^{(0,0)}} (z^{(0)} + \hat{z}^{(0)})^2\right] \tag{117}$$

und

$$Ch(s) = \int_{-\infty}^{+\infty} \left\{ \exp\left[s^{(0)} z^{(0)} - \frac{1}{2k_A^{(0,0)}} (z^{(0)} - \hat{z}^{(0)})^2\right] p(y \mid z^{(0)}) \times \int_{E'} e^{s' z'} p_A(z' \mid z^{(0)})\, d\hat{z}' \right\} dz^{(0)}. \tag{118}$$

Das innere Integral ist die charakteristische Funktion der bedingten Gauss-Verteilung $p_A(z' \mid z^{(0)})$ also gleich

$$\exp\left[s' \bar{z}_A + \frac{1}{2} s' L_A s'^{\mathsf{T}}\right] \tag{119}$$

wobei $\hat{z}$ und L sich aus den Gleichungen (60; 61) ergeben. Es ist also

$$Ch(s) = \int_{-\infty}^{+\infty} p(y \mid z^{(0)}) \exp\left\{\frac{z^{(0)}}{k_A{}^{(0,0)}} \cdot \sum_{\nu=0}^{n-1} s^{(\nu)} k_A{}^{(0,\nu)} - \frac{1}{2k_A{}^{(0,0)}} (z^{(0)} - \hat{z}_A{}^{(0)})^2\right\} d\hat{z}$$
$$\times \exp\left\{\sum_{\nu=1}^{n-1} s^{(\nu)} \left(z_A{}^{(\nu)} - \frac{k_A{}^{(0,\nu)}}{k_A{}^{(0,0)}} \hat{z}_A{}^{(0)}\right) + \frac{1}{2} s' L_A s'^T\right\}. \tag{120}$$

Das Integral kann durch quadratische Ergänzung gelöst werden. Mit der „typischen Funktion"

$$\psi(x, y; k) = \int_{-\infty}^{+\infty} p(y \mid z^{(0)}) \cdot \exp\left\{-\frac{1}{2k} (z^{(0)} - x)^2\right\} dz \tag{121}$$

erhält man

$$Ch(s) = \psi\left(\hat{z}_A{}^{(0)} + \sum_{\nu=0}^{n-1} k_A{}^{(0,\nu)} s^{(\nu)}, y, k_A{}^{(0,0)}\right) \cdot \exp\left[s\hat{z}_A + sK_A s^T\right] \tag{122}$$

und damit

$$\hat{z}_P{}^{(\nu)} = \hat{z}_A{}^{(\nu)} + k_A{}^{(0,\nu)} \frac{d}{dx} \{\ln [\psi(x, y; k_A{}^{(0,0)})]\}|_{x=\hat{z}_A{}^{(0)}} \tag{123a}$$

$$k_P{}^{(\nu,\mu)} = k_A{}^{(\nu,\mu)} + k_A{}^{(0,\nu)} \cdot k_A{}^{(\mu,0)} \frac{d^2}{dx^2} \{\ln [\psi(x, y; k_A{}^{(0,0)})]\}|_{x=\hat{z}_A{}^{(0)}}. \tag{123b}$$

Man könnte auch höhere Kumulanten auf die gleiche Weise erhalten, dies hat jedoch keinen Sinn, da beim Übergang von der Posteriori-Wahrscheinlichkeit zur nächsten A-priori-Wahrscheinlichkeit diese Kumulanten im Objektmodell gekoppelt und andererseits beim Einsetzen dieser A-priori-Wahrscheinlichkeit zur Bestimmung der charakteristischen Funktion vernachlässigt werden müssen, wenn die Methode gültig bleiben soll. Die typische Funktion gibt im Rahmen der Näherungshöhe auch Antwort auf das „naive Extrapolationsproblem", nämlich die Frage, mit welcher Wahrscheinlichkeit (bzw. Wahrscheinlichkeitsdichte) zur Zeit t_{j+l} ein Wert y_{j+l} zu erwarten ist, wenn bis zur Zeit t_j beobachtet wurde. Es gilt nämlich

$$\begin{aligned} p_j(y_{j+l}) &= \int_E p(y_{j+l} \mid z_{j+l})\, p_j(z_{j+l})\, d\hat{z}_{j+l} \\ &\approx C \cdot \psi(\hat{z}_{j+l}^{(0)}; y_{j+l}; k_{j+l}^{(0,0)}) \end{aligned} \tag{124}$$

mit C aus: $\int_{E_y} p_j(y_{j+1})\, d\mathring{y}_{j+1} = 1$.

1.6.3. Beispiel: Bestimmung der Wahrscheinlichkeit aus der Häufigkeit

Die Behauptung, daß bei statistisch unabhängigen Ereignissen aus deren relativer Häufigkeit ohne weiteres auf ihre Wahrscheinlichkeit geschlossen werden kann, ist bekanntlich Grundlage vieler „todsicherer Glückspielsysteme“. Dies könnte noch hingenommen werden, wenn damit nicht die elementarsten Regeln der Logik verletzt würden. Nicht einmal die Astrologie wagt zu behaupten, daß aus der Beobachtung einer Menge von Ereignissen Aussagen über ein weiteres, davon völlig unabhängiges, getroffen werden können.

Um den Zusammenhang zwischen diesen „unabhängigen“ Ereignissen herzustellen, muß angenommen werden, daß Zustandsvariable existieren, die allen diesen Ereignissen gemeinsam sind bzw. sich höchstens langsam ändern. Nur die bedingte Wahrscheinlichkeit dieser Ereignisse bei fixiertem Zustandsvektor ist tatsächlich statistisch unabhängig. Sie liefert eine Likelihood-Aussage, die natürlich erst durch ein Modell zu einer Wahrscheinlichkeitsaussage gemacht werden kann. Der Einfachheit halber beschränken wir uns auf ein binäres Ereignis, welches die Werte Ø und L annehmen kann. Die statistische Unabhängigkeit ist dann nichts anderes als die im ersten Kapitel postulierte Voraussetzung für die Faktorisierung der Likelihood einer Anzahl von Beobachtungen. Solange diese Zustandsvariablen als a-priori-konstant angesehen werden können, spielen Transformationen im Zustandsraum eine untergeordnete Rolle und es ist dann möglich, eine formale Zustandsvariable W durch

$$P(\mathrm{L} \mid W) = W \tag{125}$$

einzuführen. Wenn man unbedingt will, kann man W als „Wahrscheinlichkeit von L“ bezeichnen, sehr korrekt ist dies nicht.
Für die weiteren Ableitungen ist es allerdings zweckmäßiger, die Variable λ zu definieren, durch:

$$P(y_j \mid \lambda_j) = \frac{1}{2}\,(1 - \operatorname{sign} y_j\lambda_j); \qquad \operatorname{sign} y_j = \begin{cases} +1, & y_j = \mathrm{L}, \\ -1, & y_j = 0. \end{cases} \tag{126}$$

Man gewinnt dann für die Posteriori-Verteilung den Ausdruck

$$p(\lambda \mid y_1 \cdots y_j) = C \cdot (1 - \lambda)^m\,(1 + \lambda)^{j-m}\,p_{\mathrm{A}}(\lambda), \tag{127}$$

wobei m die Anzahl der L-Ereignisse ist, und die Konstante sich aus der Normierungsbedingung ergibt. Setzt man für die A-priori-Verteilung die Gleichverteilung in -1, $+1$ ein, so ergibt sich durch Auflösung entsprechender

Integrale mittels partieller Integration der Ausdruck

$$(1 - \hat{\lambda}_j) \cdot 0{,}5 = \frac{m+1}{j+2}, \tag{128a}$$

$$k_j' = \langle \lambda^2 \rangle = \hat{\lambda}^2 = \frac{(1 - \hat{\lambda}_j)(1 + \hat{\lambda}_j)}{j+3}, \tag{128b}$$

welcher bereits in [19] abgeleitet wurde. Dieses Ergebnis ist offenbar für kleine m wesentlich befriedigender als der Ausdruck m/j.

Man kann nun m und j durch $\hat{\lambda}_j$ und k_j' ausdrücken und erhält die Rekursionsformeln

$$\hat{\lambda}_{j+1} = \hat{\lambda}_j - \frac{\operatorname{sign}(y_{j+1})}{1 - \hat{\lambda}_j \operatorname{sign}(y_{j+1})} k_j', \tag{129a}$$

$$k'_{j+1} = k_j' \left[\frac{(1 - \hat{\lambda}_{j+1})(1 + \hat{\lambda}_{j+1})}{(1 - \hat{\lambda}_j)(1 + \hat{\lambda}_j) + k_j'} \right]. \tag{129b}$$

Da wegen der A-priori-Konstanz $\hat{\lambda}_{j+1,\mathrm{A}} = \hat{\lambda}_{j,\mathrm{P}}$ und $k'_{j+1,\mathrm{A}} = k'_{j,\mathrm{P}}$ gilt, kann man dies auch als Beziehung zwischen den A-priori-Werten und den zugehörigen Posteriori-Werten auffassen.

Diese Ausdrücke haben natürlich nur einen Sinn im Zusammenhang mit einer nichtkonstanten Wahrscheinlichkeit. Hierfür muß ein physikalisches Modell gesucht werden. Folgendes Modell wird vorgeschlagen: Wenn die Summe zufälliger Störungen, repräsentiert durch ein zeitdiskretes Rauschen N_j, eine bestimmte Schwelle überschreitet, erscheint L, ansonsten erscheint Ø. Diese Schwelle wird als nullte Komponente eines Vektor-Markov-Prozesses aufgefaßt. Es hat wohl keinen Sinn, in diesem Fall ein kompliziertes Modell anzusetzen, da allenfalls eine Erhaltungsneigung bekannt sein dürfte. Dies wird hinreichend durch einen Prozeß erster Ordnung beschrieben. Da nur eine Komponente vorhanden ist, lassen wir den oberen Index weg und schreiben also

$$\frac{\mathrm{d}z}{\mathrm{d}t} = -\alpha(z - z_0) + \beta\xi. \tag{130}$$

Dabei wird zugelassen, daß eine A-priori-Unsymmetrie z_0 vorhanden ist. Die Likelihood lautet dann:

$$P(y_j \mid z_j) = \frac{1}{2} [1 - \operatorname{sign}(y_j) \varphi(z_j)], \tag{131}$$

wobei die Intensität von N_j willkürlich gleich 0,5 gesetzt wurde, um eine einfache Schreibweise zu erhalten, ein anderer Wert bedeutet nur eine hier unwesentliche Skalentransformation für z. Die typische Funktion läßt sich sofort angeben, sie lautet:

$$\psi(x; y; k) = \frac{1}{2}\left[1 - \operatorname{sign} y_j \varphi\left(\frac{x}{\sqrt{2k+1}}\right)\right]. \tag{132}$$

Zum Vergleich werden noch die Beziehungen zwischen der z- und der λ-Darstellung angegeben.

$$\begin{aligned} \hat{\lambda} &= \langle \varphi(z) \rangle = \varphi\left(\frac{\hat{z}}{\sqrt{2k+1}}\right), \\ k' &\approx \frac{4}{\pi} \cdot \exp\left[-\frac{2\hat{z}^2}{\sqrt{2k+1}}\right]. \end{aligned} \tag{133}$$

Aus der typischen Funktion ergeben sich die Rekursionsformeln

$$\hat{z}_{j,\mathrm{P}} = \hat{z}_{j,\mathrm{A}} - \frac{k_{j,\mathrm{A}}}{\sqrt{2k_{j,\mathrm{A}}+1}} \cdot \exp\left[\frac{-\hat{z}_{j,\mathrm{A}}^2}{2k_{j,\mathrm{A}}+1}\right] \cdot \frac{\operatorname{sign}(y_j)}{1 - \operatorname{sign}(y_j)\,\hat{\lambda}_{j,\mathrm{A}}} \cdot \frac{2}{\sqrt{\pi}} \tag{134a}$$

$$\text{mit} \quad \hat{\lambda}_{j,\mathrm{A}} = \varphi\left(\frac{\hat{z}_{j,\mathrm{A}}}{\sqrt{2k_{j,\mathrm{A}}+1}}\right);$$

$$k_{j,\mathrm{P}} = k_{j,\mathrm{A}}\left(1 + k_{j,\mathrm{A}} \frac{\mathrm{d}^2}{\mathrm{d}x^2} \ln \Psi\Big|_{x=\hat{z}_{j,\mathrm{A}}}\right) = k_{j,\mathrm{A}} \frac{\mathrm{d}\hat{z}_\mathrm{P}}{\mathrm{d}\hat{z}_\mathrm{A}}\Big|_{\hat{z}_\mathrm{A}=\hat{z}_{j,\mathrm{A}}} \tag{134b}$$

Aus (130) erhält man fernerhin

$$\hat{z}_{j,\mathrm{A}} = (\hat{z}_{j-1,\mathrm{P}} + z_0)\,\mathrm{e}^{-\alpha T} + z_0, \tag{135a}$$

$$k_{j,\mathrm{A}} = k_{j-1,\mathrm{P}} \cdot \mathrm{e}^{-2\alpha T} + \frac{\beta_0^2}{2\alpha}(1 - \mathrm{e}^{-2\alpha T}). \tag{135b}$$

Die eigentliche Frage, welche hinter desem Problem steht, läßt sich sofort beantworten, in dem die letzten Werte von $\hat{z}_\mathrm{P}$ und k_P als Anfangsbedingung in Gleichung (135) eingesetzt werden und für T die Extrapolationslänge $l \cdot T$ eingesetzt wird. Die typische Funktion mit den so erhaltenen Werten $\hat{z}_{j+1}$ und k_{j+l} ist die gesuchte Wahrscheinlichkeit eines L- bzw. Ø-Ereignisses zu einem Zeitpunkt, welcher l Beobachtungsperioden hinter dem Abschluß der Beobachtung liegt, also

$$P_j(y_{j+l}) = \frac{1}{2}\left[1 - \text{sign}\,(y_j)\,\varphi\left(\frac{\hat{z}_{j+l}}{\sqrt{2k_{j+l}+1}}\right)\right]. \tag{136}$$

Es bleibt noch die Berechnung der übrigen Parameter. Hierzu wird wieder die Methode der natürlichen A-priori-Verteilung benutzt. Die Gleichgewichtsverteilung von z ist

$$p_\infty(z) = \frac{1}{\sqrt{2\pi}\cdot k_\infty}\cdot\exp\left[-\frac{1}{2k_\infty}(z-z_0)^2\right] \tag{137}$$

mit $k_\infty = \dfrac{\beta^2}{2\alpha}$. Da die Verteilung mit $k = 0{,}5$ in der z-Ebene der Gleichverteilung in der λ-Ebene entspricht, so gilt auf jeden Fall $\beta^2 < \alpha$. Sollten detailliertere Vorstellungen zur A-priori-Verteilung im λ-Raum bestehen, so ist unter Benutzung von Gleichung (133) z_0 und β zu variieren und damit die Anpassung durchzuführen.

Dieses exotische Beispiel wurde gewählt, um zu zeigen, daß sich auch recht abwegig erscheinende Probleme mit diesen Mitteln behandeln lassen. Da es sich bei praktischen Anwendungen ähnlicher Probleme meist um Fragen handeln wird, die nicht im strengeren Sinne Echtzeitcharakter besitzen, und damit die Realisierung auch recht komplizierter Rechnungen möglich ist, wurden weitere Näherungsstufen hier nicht angegeben. In [15] wird genauer auf die Zusammenhänge zwischen der z- und der λ-Darstellung eingegangen, aus der sich weitere Näherungsmöglichkeiten ergeben. Bei Beachtung der Abbildungsvorschriften zeigt sich auch, daß die Formel (134) und die klassisch abgeleiteten Formeln (129) recht gut übereinstimmen. So grob die Modellvorstellungen notwendigerweise sein müssen, meine ich doch, daß ein derartiges Vorgehen immer noch besser fundiert ist, als die meist recht willkürlichen Glättungs- und Extrapolationsregeln, die sonst auf diesen Problemkreis angewendet wurden. Ein weiteres Beispiel für die Anwendung der typischen Funktion auf ein stark nichtlineares Problem, kann der interessierte Leser in [26] finden.

1.6.4. Assoziative Näherungen

Ein wesentliches Problem für die technische Anwendung der Schätzungstheorie entsteht daraus, daß die Verteilung in den Zustandsvariablen prinzipiell nicht separierbar ist, wenn im Objektmodell oder in der Beobachtungsfunktion eine Verbindung zwischen den Komponenten hergestellt wird. Es wurde bereits darauf hingewiesen, daß damit die Dimension des Schätzalgorithmus sehr viel schneller wächst als die Dimension des Objektmodells. So würde

z. B. ein gemischtes Problem mit einem kontinuierlichen und einem diskreten Teil des Zustandsvektors im allgemeinen nicht etwa eine Wahrscheinlichkeitsdichte im kontinuierlichen Teil und eine Wahrscheinlichkeit für die diskreten Werte liefern, sondern Verbundwahrscheinlichkeiten zwischen beiden, also eine große Anzahl von Ausdrücken, die gleichzeitig behandelt werden müssen. Wenn jedoch gewisse Modelleigenschaften vorhanden sind, ist eine näherungsweise Aufspaltung möglich. Einer dieser Fälle liegt vor, wenn der Zustandsvektor z sich in zwei Teile $z^{(\alpha)}$ und $z^{(\beta)}$ aufspalten läßt, die nur über die Beobachtungsfunktion, nicht jedoch über das Objektmodell, gekoppelt sind. Es gilt dann:

$$p(z_j \mid z_{j-1}) = p(z_j^{(\alpha)} \mid z_{j-1}^{(\alpha)})\, p(z_j^{(\beta)} \mid z_{j-1}^{(\beta)}). \tag{138}$$

Diese Voraussetzung kann z. B. bei digitalen Nachrichtenkanälen als erfüllt angesehen werden, da zwischen dem Inhalt der Nachricht und den Schwankungen der analogen Parameter, wie Bitfrequenz, Fadingzustand, Gleichstrommittelwert, keine Abhängigkeit besteht. Man kann dann über $z^{(\beta)}$ mitteln und die Schätzung im reduzierten Zustandsraum $z^{(\alpha)}$ durchführen. Zur Mittelung muß dann natürlich die A-priori-Wahrscheinlichkeit von $z^{(\beta)}$ im unbeobachteten Fall (natürliche A-priori-Wahrscheinlichkeit) benutzt werden. Für die so definierte mittlere Likelihood gilt dann

$$\overline{p}(y_j \mid z_j^{(\alpha)}) = \int\limits_{E_\beta} p(y_j \mid z_j^{(\alpha)}; z^{(\beta)})\, p_\infty(z^{(\beta)})\, \mathrm{d}\mathring{z}^{(\beta)}, \tag{139}$$

Diese Näherung führt allerdings nur dann zum Erfolg, wenn diese Likelihood genügend signifikant von dem Restzustandsvektor $z^{(\alpha)}$ abhängt, was nicht der Fall sein muß.

Praktisch alle modernen Bit-Synchronisationsverfahren [27, 28, 29] beruhen auf dieser Näherung. In einem der Anwendungskapitel dieses Buches wird gezeigt, wie man auf diese Weise einen stark strukturierten Prüfraum reduzieren kann. Hier soll nur ein sehr einfacher Modellfall betrachtet werden, der für sich keine praktische Bedeutung besitzt, jedoch einen Einblick in die entscheidungsgerichtete Näherung erlaubt, die ihrerseits grundlegende Bedeutung besitzt. Wir nehmen an, daß $z^{(\alpha)}$ a-priori-konstant ist und nur eine Komponente besitzt. Beobachtet wird der Prozeß

$$y_j = z^{(\alpha)} + \operatorname{sign}(a_j) + N_j, \qquad \begin{aligned} a_j &= z^{(\beta)}, \\ z_j^{(\alpha)} &= z^{(\alpha)}, \end{aligned} \tag{140}$$

wobei N_j ein weißes zeitdiskretes Rauschen mit der Streuung und a_j der einfache binäre Zufallsprozeß (alle Übergangswahrscheinlichkeiten gleich 0,5) ist.

Es gilt

$$p(y_j \mid z_j) = C \cdot \exp\left[-\frac{(y_j - z^{(\alpha)} - \operatorname{sign}(a_j))^2}{2\sigma_N^2}\right], \tag{141}$$

$$\bar{p}(y_j \mid z^{(\alpha)}) = C \cdot \left\{\exp\left[-\frac{(y_j - z^{(\alpha)})^2}{2\sigma_N^2}\right]\right\} \cdot \cosh\left[\frac{y_j - z^{(\alpha)}}{\sigma_N^2}\right]. \tag{142}$$

Wegen der A-priori-Konstanz von z kann die Maximum-Likelihood-Methode angewandt werden.

$$\prod_1^m \hat{p}(y_j \mid z^{(\alpha)} = \hat{z}^{(\alpha)}) = \max(z^{(\alpha)}). \tag{143}$$

Bekanntlich können dabei die Wahrscheinlichkeiten durch ihre Logarithmen ersetzt werden, da der Logarithmus eine monotone Funktion ist.

$$\frac{d}{d\hat{z}^{(\alpha)}} \sum \ln \bar{p}(y_j \mid \hat{z}^{(\alpha)}) = \frac{1}{\sigma_N^2} \sum_1^m \left\{(y_j - \hat{z}^{(\alpha)}) + \operatorname{tgh}\left[\frac{y_j - \hat{z}^{(\alpha)}}{\sigma_N^2}\right]\right\}, \quad = 0, \tag{144a}$$

Man gewinnt daraus eine Iterationsmethode

$$\hat{z}^{(\alpha)}(r+1) = \frac{1}{m} \sum_1^m \left\{y_j - \operatorname{tgh}\left[\frac{y_j - \hat{z}^{(\alpha)}(r)}{\sigma_N^2}\right]\right\}. \tag{144b}$$

Dabei ist $\hat{z}^{(\alpha)}(r)$ die r-te Iterationslösung. Zur Gewinnung der entscheidungsgerichteten Näherung wird nun weiterhin der hyperbolische Tangens durch die Vorzeichenfunktion ersetzt. Damit erhält man als weitere Näherung die Rekursion

$$\hat{z}^{(\alpha)}(r+1) = \frac{1}{m} \sum_1^m \{y_j - \operatorname{sign}[y_j - \hat{z}^{(\alpha)}(r)]\}. \tag{144c}$$

Diese Näherungsmethode ist nun heuristisch sehr einleuchtend. Sie lautet nämlich in Worten: Jedes Mal, wenn y_j größer ist als der vorhergehende Näherungswert für die Entscheidungsschwelle, wird auf L entschieden, und dementsprechend 1 subtrahiert, ansonsten wird auf Ø entschieden und eine 1 addiert, der Mittelwert der so korrigierten Messungen ist die neue Näherung für diese Schwelle. Diese beiden Näherungsstufen Gleichung 144b und Gleichung 144c sollen nun verglichen werden. Wegen der A-priori-Konstanz von z kann dies geschlossen durch Bildung der Erwartungswerte über ein Musterensemble erfolgen. Man kann allerdings nicht davon ausgehen, daß die Häufigkeit β von L im Musterensemble identisch mit der Wahrscheinlichkeit des Modells ist. Für die Streuung σ_N wurde allerdings angenommen, daß Ensemble und Modell übereinstimmen, der Mittelwert von z im Ensemble kann willkürlich festgelegt werden, da ja gerade untersucht werden soll, wie schnell und ob er gefunden wird. Damit ergibt sich

$$\langle \hat{z}^{(\alpha)}(r+1) \rangle = 2\beta - 1 + \beta \cdot J\big(\sigma_N; \hat{z}^{(\alpha)}(r) - 1\big) - (1-\beta) \cdot J\big(\sigma_N; \hat{z}^{(\alpha)}(r) + 1\big) \tag{145}$$

mit

$$J(\sigma_N; t) = \frac{1}{\sqrt{2\pi} \cdot \sigma_N} \int\limits_{-\infty}^{+\infty} \exp\left[-\frac{y^2}{2\sigma_N{}^2}\right] \cdot \operatorname{tgh}\left[\frac{1}{\sigma_N{}^2}(y-t)\right] dy.$$

Für die entscheidungsgerichtete Näherung entsprechend Gleichung 144c gelten dieselben Ausdrücke mit der Signumsfunktion anstelle des tgh, hier läßt sich das Integral geschlossen durch Fehlerfunktionen ausdrücken. Das Ergebnis des Vergleichs ist verblüffend, obwohl für die Streuung der extreme Wert von 0,5 angesetzt wurde, sind die Abweichungen äußerst gering. In der Abb. 7 wird deshalb nur die Kurve für die Tangens-Näherung und die maximale Abweichung der Signums-Näherung gezeigt, und zwar für den Fall $\beta = 0{,}75$. Die Schnittpunkte dieser Kurve mit der Geraden $\hat{z}^{(\alpha)}(r+1) = \hat{z}^{(\alpha)}(r)$ stellen statistische Gleichgewichtspunkte dar, ein Begriff, der allerdings schwer zu deuten ist. In einer lokalen Approximation der Bewegungsgleichung für den Schätzwert wären dies Gleichgewichtspunkte des deterministischen Anteils, wobei der statistische Anteil um so kleiner wird, je mehr Meßpunkte in die Mittelung einbezogen werden. Nichts desto weniger läßt die Existenz eines instabilen Gleichgewichtspunktes und die große Nähe des stabilen Gleichgewichtspunktes zum Sollwert 0 eine Deutung zu, welche das Verhalten der entscheidungsgerichteten Näherung auch unter komplizierteren Umständen (z. B. Variable z oder kompliziertere Beobachtungsfunktion) in etwa beschreiben dürfte. Solange nämlich der Schätzwert in einem bestimmten Bereich um den richtigen Wert liegt, spielt der Algorithmus nahezu optimal. Wenn jedoch größere Abweichungen des Schätzwertes mit beträchtlichen Abweichungen der aktuellen Häufigkeit von der Modellwahrscheinlichkeit zusammentreffen, versagt er total. Dabei werden die wesentlichen Fehler bereits im Grundansatz gemacht, in dem jeweils nur ein Ast einer 2^m-gipfligen Verteilung betrachtet wird, die weitere Vernachlässigung spielt nahezu keine Rolle.

Da ein derartiges Verhalten typisch für stark nichtlineare Schätzungsprobleme ist, möchte ich mir eine kleine Abschweifung gestatten. Der nichtlineare Schätzungsalgorithmus „Leben“ wimmelt von Beispielen für derartig katastrophale Irrläufer, die dann im krassesten Fall zum Aussterben ganzer Arten führen. Hier wird besonders deutlich, daß ein zentraler Teil dieses Algorithmus gar keinen algorithmischen – also finalen – Charakter trägt, sondern aus der kausalen, sich von selbst ergebenden Rückwirkung der Aktion besteht. Dies ist technisch prinzipiell nicht nachahmbar, da es den Charakter der Technik als Methode zum Erreichen vorgegebener Ziele diametral widerspricht. Daß sich auch in einem primär kausalen Prozeß innere Zweckmäßigkeiten entwickeln können, die dann den Anschein der Finalität annehmen, ändert nichts an den prinzipiellen Unterschieden. Es ist im Gegenteil so, daß der Techniker, – wenn

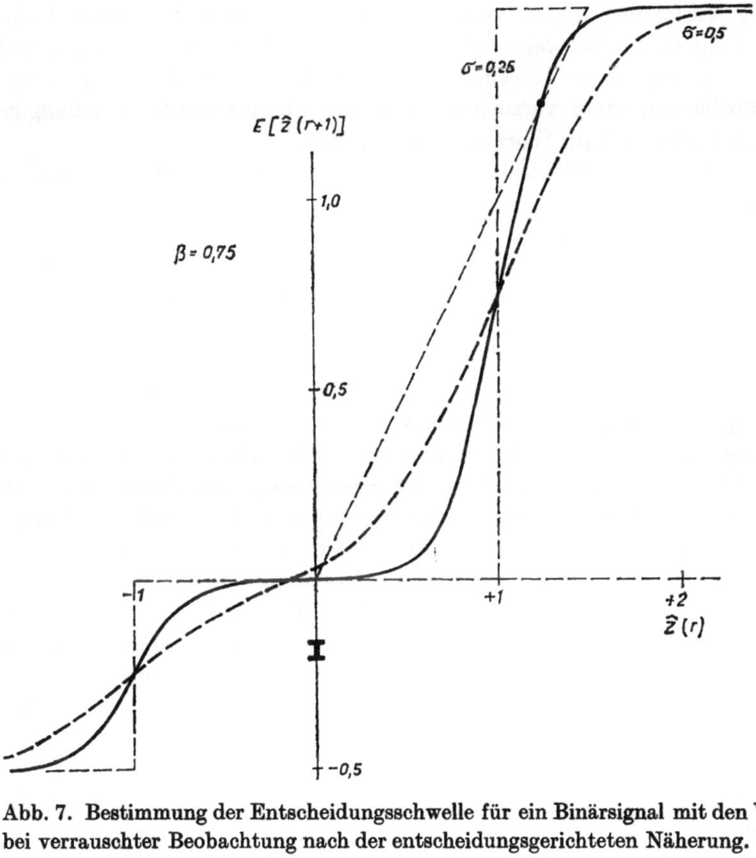

Abb. 7. Bestimmung der Entscheidungsschwelle für ein Binärsignal mit den Werten ± 1 bei verrauschter Beobachtung nach der entscheidungsgerichteten Näherung. Dargestellt wird der Erwartungswert $E[\hat{z}(2)]$ für diese Schwelle in Abhänigigkeit vom vorhergehenden Wert der Iteration. Die Streuung des Störsignals ist auf das Nutzsignal normiert, die rechteckige Kurve gibt den Grenzfall der rauschfreien Beobachtung an. Der Balken zeigt die maximale Abweichung zwischen der tgh- und der Sign-Näherung.

er seinen Namen verdient — diesen inneren Zwängen entgegenwirken muß und es z. B. nicht zulassen kann, daß innere Konstanten eines Systems den Gebrauchswert diktieren, statt umgekehrt. In technischen Systemen muß deshalb der Widerspruch zur Realität auf algorithmischer Ebene als Widerspruch zum Modell der Realität hergestellt und damit erkannt werden, bevor es zur äußeren Aktion mit katastrophalen Folgen kommt. Letztlich ist auch die Prüfung von Geräten an simulierten Einsatzbedingungen ein derartiger Modellalgorithmus. In unserem Falle können hierbei übergeordnete Sprachebenen verwendet werden, Wenn z. B. bekannt ist, daß auf Grund des Codes nur eine gewisse Anzahl von Zeichen gleicher Art hintereinander folgen kann, so zeigt die wiederholte Verletzung dieser Vorschrift mit hoher Sicherheit einen katastrophalen Fehler in der Schwellenerkennung an und erlaubt seine Korrektur mit möglicherweise tragbarem Informationsverlust. Man sollte bei stark nichtlinearen Problemen stets versuchen, derartige übergeordnete unabhängige Kriterien zu finden und im Wortsinne einzubauen.

Die Erweiterung dieser Mittelwertsmethode trägt so allgemeinen Charakter, daß sich kaum noch einigermaßen repräsentative Beispiele oder Ausdrücke finden lassen. Man kann an allen möglichen Stellen aktuelle Schätzwerte, deren Ermittlung technisch nicht möglich ist, durch deren Erwartungswerte ersetzen. Dabei können diese Erwartungswerte wiederum über das gesamte Ensemble durch A-priori-Mittelung gewonnen werden oder von leicht zugänglichen Meßwerten und/oder den Zustandsgrößen des Schätzers bedingt sein. So wird z. B. in einem Anwendungsbeispiel dieses Buches die technische Realisierung dadurch ermöglicht, daß anstelle der Rekursion für die K-Matrix ihr Erwartungswert bei gegebenem letzten Meßwert verwandt wird. Bei gemischten Analog-Digital-Problemen, wie z. B. der Taktphasenschätzung, sind die absteigenden Näherungsstufen: aktuelle K-Matriz; Erwartungswert bei gegebener Anzahl von gleichen Binärzeichen vor dem Meßwert; A-priori-Erwartungswert für die statistische Folge. Letztlich beruht die Anwendbarkeit der Closed-Shop-Rechentechnik für Prozeßfragen auf dieser Mittelwerthypothese. Es ist natürlich nicht möglich, eine Strategie unabhängig und zeitlich getrennt von den Beobachtungswerten zu berechnen. Was berechnet werden kann, sind sehr stark gemittelte Algorithmen, die über Erwartungswerten, welche von leicht verfügbaren Beobachtungsgrößen (z. B. der Tageszeit) abhängen, durchgeführt werden. Es kann nützlich sein, sich diese Zusammenhänge gelegentlich vor Augen zu führen, selbst wenn man im Endeffekt oft zu Lösungen gelangt, die auch ohnehin zu finden wären. Man erkennt dann zumindest, wann der Stand der Technik eine höhere und effektivere Lösung zuläßt.

Auch die letzte Näherungsmöglichkeit ist im Grunde altbekannt und wird hier nur systematisiert. Wenn eine oder mehrere Komponenten des Zustandsvektors langsam veränderlich sind, so bedeutet dies ja nicht, daß auch die Beobachtungswerte langsam veränderlich sind. So bedeutet z. B. eine konstante Frequenz keineswegs konstante Meßwerte, da sich ja die Phase schnell ändert. Es kann aber bedeuten, daß die Übergangstrajektorien im Zustandsraum sich längere Zeit in der Nähe einer mittleren Trajektorie aufhalten. Auch wenn dies nur für eine Projektion des Zustandsraumes gilt, kann man daraus Nutzen ziehen, wenn für die übrigen Komponenten die Voraussetzungen zur Bildung der mittleren Likelihood gegeben sind. Man geht dann von der Fragestellung aus, welche Wahrscheinlichkeit eine Gruppe von Beobachtungswerten $y_{j+1} \cdots y_{j+k}$ hätte, wenn sich z — bzw. eine Projektion davon — längs einer Trajektorie bewegen würde, welche bei t_{j+k} durch z_{j+k} geht. Diese Trajektorie ist natürlich Lösung des deterministischen Teils der Bewegungsgleichung. Die Werte z_{j+1}, $z_{j+2} \ldots$ sind dabei keine unabhängigen Größen, sondern Funktionen von z_{j+k}. Damit ergibt sich die „Gruppenlikelihood" oder „Likelihood der mittleren Trajektorie" zu

$$\tilde{p}(y_{j+1} \cdots y_{j+k} \mid z_{j+k}) = p(y_{j+k} \mid z_{j+k}) \cdot \prod_{\nu=1}^{k-1} p\bigl(y_{j+1} \mid z_{j+\nu}(z_{j+k})\bigr)$$

als Funktion von z_j. Im allgemeinen Falle sind die, über $z^{(\beta)}$ gemittelten, mittleren Likelihoods einzusetzen. Diese Likelihood kann ebenso wie die gewöhnliche in die Iterationsformeln eingesetzt werden. Der Unterschied besteht lediglich darin, daß der Iterationsschritt jetzt über k-Meßwerte führt und dementsprechend natürlich die Übergangswahrscheinlichkeit $p(z_{j+k} \mid z_j)$ gesucht werden muß. Der Vorteil besteht übrigens in erster Linie nicht in der Verminderung der Zahl der Rechenschritte, sondern in der größeren Nähe dieser Gruppenlikelihood zur Gaussschen Verteilung auf Grund des zentralen Mittelwertsatzes.

Bei diesen Näherungsverfahren muß, außer in den einfachsten Fällen, immer vorausgesetzt werden, daß die Möglichkeiten zur Berechnung einer großen Anzahl von Entwurfsparametern im erweiterten Sinne und zu ihrer Speicherung innerhalb des betreffenden Gerätes vorhanden sind. Gerade diese Voraussetzungen sind aber durch die moderne Mikroelektronik in hohem Maße und mit relativ geringem ökonomischen Aufwand gegeben. Ich halte deshalb die weitere Verfolgung derartiger Näherungsmöglichkeiten für äußerst interessant, wobei ich davon ausgehe, daß die hier angegebene Möglichkeit sicher keine erschöpfende Aussage darstellt.

1.7. Kriterien und Deutung der Wahrscheinlichkeit

Bis jetzt war im Zusammenhang mit der Zustandsschätzung niemals die Rede von besten Schätzwerten, sondern immer nur von Wahrscheinlichkeiten bzw. ihren Beschreibungsgrößen. Die Einführung eines Kriteriums für die Bestimmung bester Schätzwerte ist willkürfrei nur im Zusammenhang mit einer nachfolgenden Aktion, also bei Regelungsproblemen, Entscheidungsfragen u. ä. möglich. Man kann hier zumindestens prinzipiell auf Grund eines von der Zielstellung her begründbaren Kostenkriteriums für jeden Ausgangspunkt x im Zustandsraum eine optimale Strategie auswählen und damit auch angeben, welche Kosten entstehen, wenn die für x optimale Strategie durchgeführt wird, obwohl z anliegt. Da nicht notwendig alle Zustandskomponenten in die Strategie eingehen, ist im allgemeinen die Dimension von x kleiner als die Dimension von z, x ist also keine Zustandsgröße, sondern interessierende Größe. Diese Kosten sind dann das Kriterium $\mathcal{L}(x; z)$, und diejenige Größe x_{opt}, welche den Erwartungswert dieses Ausdrucks minimiert, der optimale Schätzwert hierzu. Obwohl letztlich immer Informationsverarbeitung als Vorbereitung für eine Entscheidung dient, kann natürlich in vielen Fällen die nachfolgende Aktion zum Zeitpunkt des Entwurfs des Gerätes noch nicht hinreichend beschrieben werden. Damit ergibt sich die Notwendigkeit, formale Kriterien zu benutzen, z. B. bei der Ausgabe von Daten bei einem Binärempfänger. Falls sich nun die A-posteriori-Verteilung aus den ausgegebenen Daten rekonstruieren läßt, kann natürlich für jedes sinnvolle Kriterium aus

$$\int_E \mathcal{L}(x_{\text{opt}}; z)\, p_{\text{P}}(z)\, \mathrm{d}\hat{z} = \min\,(x_{\text{opt}}) \tag{146}$$

ein optimaler Schätzwert bestimmt werden. Da die exakte Läsung des linearen Schätzwertproblems durch den Mittelwertvektor und die Streumatrix vollständig beschrieben wird, läßt sich für jedes sinnvolle Kriterium der optimale Schätzwert aus diesem Satz eindeutig ermitteln. Bei dem Sonderfall äquidistanter Messungen ist überdies die Streumatrix bei gegebenen Systemparametern und Anfangsbedingungen eine reine Funktion der Anzahl der Messungen j. Damit wird in diesem Fall x_{opt} eine reine Funktion des Kriteriums der Meßwertzahl j und des Mittelwertvektors $\hat{z}_{\text{P}}$, also

$$x_{\text{opt}} = L_j(\hat{z}_{\text{P}}). \tag{147}$$

Falls außerdem nur eine Komponente von z in das Kriterium und damit in die interessierende Größe eingeht, gilt darüber hinaus

$$\mathcal{L}(x; z) = \mathcal{L}(x; z^{(0)}), \qquad x_{\text{opt}} = L_j(\hat{z}_{\text{P}}^{(0)}). \tag{148}$$

Es genügt also die Kenntnis dieser Komponente, um den optimalen Schätzwert zu bestimmen. Es läßt sich fernerhin zeigen, daß für jedes sinnvolle Abstandskriterium $\mathcal{L}(x; z^{(0)}) = \mathcal{L}(x - z^{(0)})$ überdies gilt

$$x_{\text{opt}} = \hat{z}_{\text{P}}^{(0)} + C_j. \tag{149}$$

Für den asymptotischen Fall entfällt außerdem noch die Abhängigkeit von j und den Anfangsbedingungen in allen drei letzten Gleichungen. Wie man sieht, ist für den einfachsten Fall der linearen Schätzung einer interessierenden Größe bei zeitäquidistanter Beobachtung die Kriteriumsfrage völlig gegenstandslos. Schwieriger ist das Problem, inwieweit bei Näherungslösungen kriteriumsfreie Parameter zur Beschreibung genügen. Hierzu muß auf den Ensemble-Begriff zurückgegriffen werden. Ein Ensemble läßt sich physikalisch nur als eine potentiell unendliche Menge von Objekten gleicher Struktureinheiten darstellen, welche in einigen Zustandsparametern übereinstimmen.

Dabei hängt es vom Ziel der Untersuchungen ab, was zur Struktur gerechnet wird und was als Zustandsparameter aufgefaßt wird. Auch der mathematische Begriff des Zufallsprozesses bezieht sich immer auf ein derartiges Ensemble, keinesfalls auf einen Prozeß in umgangssprachlichem Sinne, dieser trägt nämlich den Namen „Einzelrealisierung". Wenn nun diesem fiktiven Ensemble kein physikalisches Gegenstück entspricht, gibt es meiner Meinung nach keine Möglichkeit mehr, eine objektive Wahrscheinlichkeit zu definieren. Genau hier liegt der wesentliche Unterschied zwischen statistischer Physik und Signaltheorie. Insbesondere haben die hier betrachteten Wahrscheinlichkeiten nichts mit dem Wahrscheinlichkeitsbegriff der Quantenmechanik zu tun. Die gesamte Anschauungsweise der Schätztheorie basiert auf der klassischen Physik, was natürlich nicht hindert, daß einzelne Effekte, wie z. B. das Quantenrauschen, berücksichtigt werden können und auch Anleihen beim mathematischen Apparat möglich sind. Damit tragen die hier definierten Wahrscheinlichkeiten subjektiven Charakter, das gleiche gilt von den Beschreibungsgrößen, ihren näherungsweisen oder exakten Darstellungen, also den inneren Zustandsvariablen des Schätzalgorithmus. Dies mag als Aussage über Speicherinhalte eines Mikrorechners merkwürdig klingen. Sie hängen jedoch in prinzipiell derselben Weise wie die Bewußtseinsinhalte eines biologischen Informationsverarbeitungssystems von der zufälligen Konfiguration der Beobachtungsgrößen (der Einzelrealisierung) ab, gleichgültig, ob der Algorithmus der Schätzgleichungen exakt oder näherungsweise realisiert wird. Im zweiten Fall hängen sie außerdem noch von den Ressourcen, welche für die Bearbeitung der Beobachtungen zur Verfügung stehen, und von deren Einsatz ab. Der Unterschied zwischen der exakten und der näherungsweisen Realisierung ist jedoch nicht mehr aufrechtzuerhalten, wenn die Fragen der Modellbildung mit berücksichtigt werden. Auch diese erfolgt ja mittels beschränkter Ressourcen und auf Grund zufällig ausgewählter Beobachtungen. Es scheint mir nicht gerechtfertigt, zwischen Näherungen bei der Formulierung des Algorithmus und solchen bei seiner technischen Realisierung prinzipielle Unterschiede zu machen. Man kann also auch nicht von exakten oder näherungsweisen Wahrscheinlichkeiten in diesem Zusammenhang sprechen. Die einzige exakte

Wahrscheinlichkeit, die hier möglich ist, ist die Sicherheit, welche sich ergeben würde, wenn allen Kausalzusammenhängen gefolgt werden könnte. Sämtliche Lösungen der Schätzgleichung, die exakten wie die approximativen, haben also denselben subjektiven Wahrscheinlichkeitscharakter und sind optimal im Sinne einer besten Aussage, die unter den gegebenen Umständen und mit den vorhandenen Möglichkeiten zu erhalten ist. Ihre Beschreibungparameter sind dann stets ein vollständiger Satz und können als solcher mit beliebigen Kriterien verwandt werden. Das Problem willkürlicher Kriterien tritt nur noch auf, wenn ein Ausgabesatz formuliert werden muß, der keine ein-eindeutige Abbildung der inneren Zustandsvariablen des Schätzers ist, ohne daß das Ziel daraus abgeleiteter Aktionen bekannt ist.

Natürlich beinhaltet ein derartiger Optimalitätsbegriff nicht die Garantie des Erfolges, da ja das Bestmögliche nicht notwendig gut genug zu sein braucht. Dies ist nun keine Frage der Definition und auch nicht allein der Näherungshöhe, sondern liegt in der Sache selbst. Spätestens dann, wenn eine Aktion abzuleiten ist, erweist sich die Wahrscheinlichkeit als das was sie ist, nämlich als Möglichkeit zum Irrtum. Nun fällt dies nicht sehr ins Gewicht, solange die A-posteriori-Wahrscheinlichkeit auf ein enges Gebiet des Zustandsraumes konzentriert ist. Bei nichtlinearen Problemen können jedoch Nebenmaxima in weit abliegenden Gebieten auftreten, was den groben Irrtum möglich macht, und zwar in jeder Näherungsstufe einschließlich der exakten Lösung der Schätzungstheorie. Natürlich sinkt dabei die Irrtumswahrscheinlichkeit mit steigender Approximationshöhe, sie geht aber nicht gegen Null. Deshalb auch der Hinweis, jede Absicherungsmöglichkeit durch übergeordnete Strukturen zu nutzen. Um auf konkrete Beispiele zurückzukommen: Wenn zum Beispiel nur analoge Zustandsvariable im Spiel sind und außerdem aus technischen Gründen die Streumatrix durch ihren Erwartungswert ersetzt wird, so spielt der Mittelwertvektor dieselbe Rolle wie in der linearen Schätzung, seine Kenntnis ist hinreichend, zuweilen genügt sogar die Kenntnis eines Teils davon. Ist dagegen eine bessere Näherung realisierbar, oder sind digitale Zustandsvariable im Spiel, so muß entweder der Verwendungszweck des Ergebnisses bekannt sein oder die volle Information weitergegeben werden oder willkürliche Kriterien verwandt werden.

Es wurde dabei natürlich immer vorausgesetzt, daß die Ableitung des Algorithmus mathematisch korrekt erfolgt, die technischen Möglichkeiten optimal genutzt werden und die realisierte Schaltung wie vorgesehen funktioniert. Irrtümer oder Bauelementfehler sind nicht berücksichtigt, es existiert auch meines Wissens keine verallgemeinerbare Theorie hierzu.

Aus der Tatsache, daß eine absolute mathematisch-nachprüfbare Optimalität nicht existiert, folgt keinesfalls, daß jede Signalverknüpfung und jeder Näherungsansatz gleichwertig ist. Mit der Definition „das beste, was unter gegebenen Umständen möglich ist", soll natürlich auch ausgedrückt werden, daß bei der Auswahl der Näherungsverfahren alle Möglichkeiten zur Prüfung der verwandten Näherung unter simulierten und realen Bedingungen genutzt werden.

Es ist leider etwas in Mode geraten, im wesentlichen den mathematischen Kern von Signalverarbeitungsproblemen darzustellen und die Verbindung zur Realität durch die Definition herzustellen. Bei diesem Vorgehen wird dann nicht mehr geprüft, ob und inwieweit die so definierten mathematischen Objekte mit den realen Gegenständen gleichen Namens übereinstimmen. Es ist auch meistens nötig, Definitionen zu verwenden, auf deren rechter Seite Erwartungswerte, Aussagen über alle Objekte eines unendlichen Ensembles u. ä. stehen. Die Abstraktion aus der Wirklichkeit wird dann durch das Postulat über diese ersetzt. Nicht nur aus diesen erkenntnistheoretischen Gründen bin ich von dieser Darstellungsart abgewichen, ich verfolge damit auch rein pragmatische Zwecke. In dem Maße, wie Steueralgorithmen autonom gestaltet werden und damit die Kette zwischen der Zustandsschätzung und der Aktion kurz geschlossen wird, entfällt die unmittelbare Kontrolle durch die menschliche Intelligenz beim Ablauf dieses Vorgangs. Um so notwendiger ist dann die kritische Sichtung der Voraussetzungen bei der Aufstellung des Algorithmus. Wer sich hier auf die Allmacht der Formel und Präzision der Maschine verläßt, wird böse Überraschungen erleben.

1.8. Literaturverzeichnis

[1] Kempe, V.: Theorie stochastischer Systeme. Wissenschaftliche Taschenbücher Mathematik/Physik, Akademie-Verlag Berlin 1974

[2] Kempe, V.: Analyse stochastischer Systeme — Teil 1. Wissenschaftliche Taschenbücher Mathematik/Physik, Akademie-Verlag Berlin 1974

[3] Chasen, E. M.: O statistitscheskich differentialnich uravnenjach dlja apriornowo raspredelenija werojatnostii w satatsch adaptivnoi filtrazii i obnaruschenija signalow. Awtom. i. Telemecht. Nr. 4 1972

[4] Shutterly, H. P.: General results in the mathematical theory of random signals and noise in nonlinear devices. IEEE Trans. Inf. Theory IV (1963) Nr. 2

[5] Van Trees, H. L.: Functional Techniques for the Analysis of nonlinear Behaviour of Phase-Locked-Loops. Proc. IEEE **52** (1968) Heft. 8

[6] Schmelovsky, K.-H., Kempe, V., Rienäcker, J.: Probleme der Berechnung nichtlinearer Vierpole die mit statistischen Signalen beaufschlagt werden. Nachrichtentechnik 20, 1970, Heft 2 und Heft 3

[7] Schmelovsky, K.-H., Börner, H.: Optimaldemodulator für amplitudenmodulierte FM-Unterträgermodulation. Nachrichtentechnik **22**, 1972, Heft 11

[8] Stratonowitsch, R. L.: Uslowie markovskije prozessi i ich priminenie k teorie optimalnowo uprawlenie. Isd. MGU, Moskau 1966

[9] STRATONOWITSCH, R. L.: Priminenie teorie prozessow Markowa dlja optimalnoi filtrazia signalow. Radio-Technika i Electronika 1966, Heft 11

[10] DOOB, J. L.: Stochastic processes. J. Wiley and Sons New York 1953

[11] GICHMANN, I. I., SKOROLOW, A. W.: Stochastische Differentialgleichungen. Akademie-Verlag Berlin 1951

[12] STRATONOWITSCH, R. L.: Nowaja forma sapisi stochastitscheskich integralow i urawnenii. Westnik Moskowskowo Universiteta ser. Mathematik/Mechanik 1964 Nr. 1

[13] STRATONOWITSCH, R. L.: Prinzipi adaptiwnowo prijoma. Isd. Sowj. Radio Moskau 1973

[14] STRATONOWITSCH, R. L.: Suschtschestwuet li teoria optimalnich adaptiwnich samoobutschajuschtschichsja i samonastraiwajuschtschichsja sistem? Awtom i Telemech. 1968, Heft 1

[15] SCHMELOVSKY, K.-H.: Probleme der Bayes'schen Schätzung bei zeitsdiskreter Beobachtung. Elektronische Informationsverarbeitung und Kybernetik **10**/1974, Heft 7

[16] ZIPKIN, M. L.: Adaptia obutschenie i samoobutschnie w slutscheinich sredach. Awtom. i Telemech. 1968, Heft 1

[17] LEWIN, B. R.: Teoretitscheskie osnowie statistitscheskoe Radiotechniki. Isd. Sowj. Radio Moskau 1974

[18] PONTRJAGIN, L. S., VOLTJANSKI, W. G. u. a.: Mathematitscheskaja teoria optimalnich prozessow. Isd. Nauka Moskau 1969

[19] BALAKRISCHNAN: Comunication Theory. McGraw Hill New York 168

[20] WIENER, N.: Extrapolation Interpolation and Smoothing of Stationary Time Series. J. Wiley and Sons New York 1950

[21] KALMAN, R. E., BUCY, R. S.: New Results in linear Filtering and Pretiction. Trans ACM Ser. D Journ. Basic Eng. **83**, S. 95—108

[22] KHINCHINE, A.: Korrelationstheorie der stationären stochastischen Prozesse. Mathemat. Annalen **109** (1934) S. 604—615

[23] TICHONOW, W. J.: Kulman, H. K., Nelinienaja Filtrazija i Kwasikogerentnie priem signalow. Isd. Sowj. Radio 1975

[24] LINDSEY, W. C.: Investigation of second order phase-locked-loops by Fokker-Planck methods. IPL Space Programm Summery **4** (1964) Heft 37—40

[25] WITERBY, A. J.: Principles of coherent communication. McGraw Hill 1960

[26] SCHMELOVSKY, K.-H.: Application of Bayes estimation for signal processing and control. Sammelband: System Analysis and Control 1980, Akademie-Verlag Berlin

[27] MC BRIDGE, A. L., SAGE, A. P.: Optimal estimation of Bit synchronisation. IEE Trans. Aerospace and Elect. Systems. Vol. AES-5 (1969) Nr. 3

[28] SIMON, M. K.: Nonlinear Analysis of an absolut Value Type of an Early-Late Gate Bit Synchronizer

[29] RITTER, S.: On Optimal Phase-Reference detection of Fully Modulated Phase Shift Keyed Signals. IEE Trans. on Aerospace and Elect. Systems Vol. AES-5 (1969) Nr. 5

[30] SPATARU, A. L.: Theorie der Informationsübertragung. Akademie-Verlag Berlin, 1973, S. 270ff.

Weitere Literatur (nicht im Text zitiert)

Proc. IEE Special issue on adaptive Systems, August 1967

Jazwinski, H. H.: Stochastic processes and filtering theory. New York, Academic Press 1970

Aoki, M.: Optimisation of Stochastic Systems. New York, Academic Press 1967

2. Zeichenregeneration bei Funkfernschreiben

L. Hausfeld

2.1. Problemdarstellung

Die Verbreitung des Funkfernschreibens ist nach wie vor sowohl in der kommerziellen als auch in der nichtkommerziellen Nachrichtentechnik bedeutend. Bei den häufig anzutreffenden Weitverkehrsverbindungen spielen trotz moderner Konkurrenz die Kurzwellenverbindungen eine große Rolle, weil hierbei mit vergleichsweise geringem technischen Aufwand Verbindungen über den gesamten Erdball realisiert werden. Ein recht unangenehmer Nachteil wird dafür allerdings in Kauf genommen, nämlich die für einen derartigen Kanal typischen Störungen. Hierbei handelt es sich vor allem um folgende drei Gruppen:

1. Rauschstörungen,
2. Schwunderscheinungen (Fading),
3. Fremdstörer.

Hiervon sind wiederum die Schwunderscheinungen die unangenehmsten, weil sie sich weder in einem „sauberen" Frequenzband noch mit erhöhter Sendeleistung vermeiden lassen. Relativ schnelle und tiefe Schwankungen der Ausbreitungs- und Reflexionsbedingungen für die elektromagnetischen Wellen führen zum Dämpfungsfading, während Mehrwegeausbreitung und anschließende Überlagerung der mit verschiedenen Laufzeiten behafteten Signale zu Interferenzen und damit zum frequenzselektiven Fading führt. Diese Schwunderscheinungen können durch folgende Zahlenangaben charakterisiert werden:

Fadingperiode:	0,5···5 s typisch
	1 ···2 s am häufigsten
Fadingdauer:	10 dB Medianunterschreitung
	$\geq$ 0,4 s mit 80% Wahrscheinlichkeit
	$\geq$ 1 s mit 20% Wahrscheinlichkeit
	20 dB Medianunterschreitung
	$\geq$ 0,1 s mit 80% Wahrscheinlichkeit
	$\geq$ 0,25 s mit 20% Wahrscheinlichkeit
zum Vergleich:	Die Länge eines Fernschreibzeichens bei 50 Bd beträgt 0,15 s

Eine Erhöhung der Störfestigkeit wurde bisher entweder dadurch erreicht, daß Frequenz-Diversity-Verfahren eingesetzt wurden oder daß Redundanz in Form von fehlererkennenden- oder korrigierenden Kodes eingefügt wurde. Beide Verfahren erfordern einen wesentlich erhöhten technischen Aufwand, während im zweiten Fall außerdem die Kompatibilität verlorengeht. Bei Betrachtung der Signalverarbeitung im Empfänger fällt jedoch auf, daß diese keineswegs den theoretischen Möglichkeiten entspricht. Die Gründe dafür liegen in der Begrenzung der technischen Möglichkeiten. Das erste Problem besteht darin, eine synchrone Demodulation zu realisieren. Das war jedoch angesichts der komplizierten Struktur der Fernschreibsignale, die in ihrer Zusammensetzung aus der Aufeinanderfolge von Fernschreibzeichen bestehen, in beiden Übertragungsarten, d. h. bei wahlweise manuellem und automatischen Betrieb, bisher nicht möglich. Abb. 1 zeigt die Darstellung eines Fernschreibsignals.

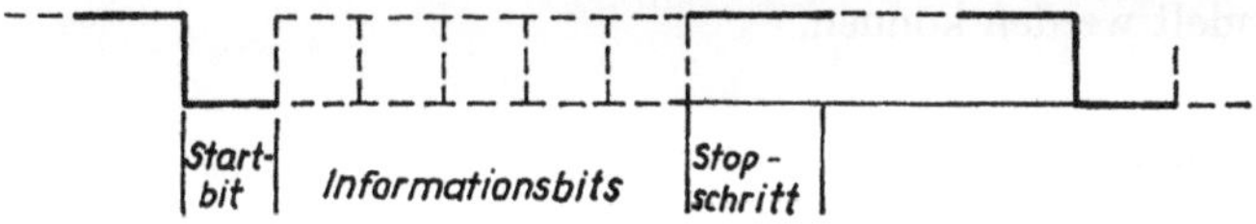

Abb. 1. Fernschreibzeichen

Auch bei Voraussetzung des Automatikbetriebes, d. h. lückenlose Aufeinanderfolge von Fernschreibzeichen, war eine Bitsynchronisation schwierig, weil mit jedem Fernschreibzeichen eine Verschiebung um eine halbe Bitdauer erfolgt (Stop-Start-Schritt). So wird bei den bisherigen Lösungen zur Entscheidung zwischen den Elementarsignalen eines Fernschreibschrittes (im folgenden L- und 0-Signale genannt), ein Trigger eingesetzt, wobei durch vorgeschaltete Niederfrequenzfilter versucht wird, das Signal/Rauschverhältnis möglichst günstig zu gestalten.

Da im Funkfernschreiben als Modulationsverfahren die Frequenzsprungmodulation (FSK) verwendet wird, äußert sich frequenzselektives Fading im demodulierten Signal als Verringerung der Amplitude des L- oder 0-Signals bis hin zum Wert Null, während das andere der beiden Signale die Normamplitude beibehalten kann.

Auch die hierfür teilweise angewendete Lösung, bei welcher die Triggerschwelle für die L—0-Entscheidung aus einem durch einen Tiefpaß gemittelten Wert der vorangehenden Zeichen hergestellt wird, hat wesentliche Nachteile. Da die Fernschreibzeichen eine variable Anzahl von 0- bzw. L-Bits besitzen, hängt der so ermittelte Wert nicht nur vom Fadingzustand, sondern auch vom Signalinhalt ab, so daß ein befriedigender Kompromiß bei schnellen Fadingerscheinungen nicht möglich ist. Außerdem entstehen zwangsläufig Fehler bei größeren Zeichenabständen.

2.2. Entwicklung des Schätzalgorithmus

Zunächst wird davon ausgegangen, daß angesichts der großen Mannigfaltigkeit der in Frage kommenden Störungen praktisch keinerlei A-priori-Information über diese Störungen vorliegt und daher weißes Rauschen als geeignetes Störmodell erscheint. Daraus und aus der Rechteckform des Sendesignals für einen Elementarschritt ergibt sich die Bildung der Integrale über einen Elementarschritt des Fernschreibzeichens als Entscheidungsgröße c_μ und die nachfolgende Entscheidung an einer Schwelle, welche der Mitte zwischen den geschätzten Momentanwerten für den L- und den 0-Pegel entspricht, als Optimalstrategie. (integrate-and-dump als Realisierung des Wiener-Filters.)

Damit werden zwei Schätzungen erforderlich, nämlich die der Bitphase und die der optimalen Schwelle, die auf Grund der Unabhängigkeit der beiden Prozesse getrennt behandelt werden können.

2.2.1. Schätzung der Bitphase

Da die Bitphase des Fernschreibzeichens bis auf ein laut CCIR-Norm zulässiges senderseitiges Jitter von $\leqq 3\%$ starr an den Start-Stop-Schritt gekoppelt ist, ist es hinreichend, die ohnehin erforderliche Wort(= Zeichen)-Synchronisation für die Gewinnung des Bittaktes auszunutzen.

Das hat auch den Vorteil, daß bei Automatikbetrieb in zeitäquidistanten Abständen von der Dauer eines Fernschreibzeichens eine Phasenfehlerinformation gewonnen werden kann. Der einfacheren Darstellung wegen sei ein sinusförmiges Sendesignal angenommen

$$s(t) = A \cos(\omega_0 t + \Phi), \tag{1}$$

wobei ω_0 die Zeichenfolgefrequenz und Φ den durch Frequenzabweichungen ω_1 hervorgerufenen Phasenfehler darstellt, also gilt

$$\Phi = \Phi_0 + \int_0^t \omega_1 \, dt. \tag{2}$$

Wie schon in [1] gezeigt, führen die Modellgleichungen

$$\frac{d}{dt} \Phi = \omega_1 \tag{3}$$

und

$$\frac{d}{dt} \omega_1 = -\alpha\omega_1 + \beta_0\xi_1 \tag{4}$$

zu den Schätzgleichungen

$$\dot{\hat{\Phi}} = \hat{\omega}_1 - K_1 \cdot y(t) \cdot \sin(\omega_0 t + \hat{\Phi}) \tag{5}$$

und

$$\dot{\hat{\omega}}_1 = -\gamma \omega_1 - K_2 \cdot y(t) \cdot \sin(\omega_0 t + \hat{\Phi}), \tag{6}$$

wobei $y(t)$ das Empfangssignal $y(t) = s(t) + n(t)$ darstellt. Die Gln. (5) und (6) werden mit Hilfe der in Abb. 2 dargestellten Struktur eines Phasenregelkreises (PLL) 2. Ordnung realisiert.

Wenn kein Automatikbetrieb vorliegt, entfällt die Betrachtung des Frequenzfehlers ω_1, und es verbleibt in der Rückkopplung nur der Zweig mit der Verstärkung K_1 zur Korrektur des Anfangs-Phasenfehlers Φ_0.

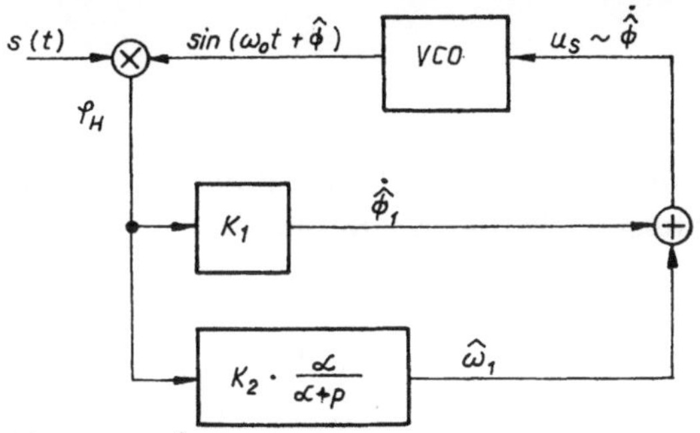

Abb. 2. Struktur zur Schätzung von Zeichenfolgefrequenz und Phasenlage

2.2.2. Schätzung des Schwellwertes

Bei der Schätzung der Lage des L- und 0-Pegels kann man von zwei verschiedenen Vorstellungen ausgehen. Die erste, die auch im folgenden behandelt werden soll, ist die, daß das selektive Fading auf beiden Kennfrequenzen des Trägersignals statistisch unabhängig ist und durch ein Zufallsmodell 1. Ordnung angenähert werden kann.

Die andere Vorstellung beruht auf der Voraussetzung, daß selektives Fading dadurch gekennzeichnet ist, daß stets nur eines der beiden Seitenbänder von dieser Störung betroffen ist. Eine Behandlung des Problems auf dieser Grundlage findet man in [2].

Unter unseren Voraussetzungen betrachten wir zunächst nur einen der beiden Pegel, das ist die Komponente $z^{(1)}$, und berücksichtigen, daß eine untere Pegelgrenze z_0 praktisch nicht unterschritten wird. Damit können wir wiederum unter Annahme eines MARKOV-Prozesses 1. Ordnung schreiben:

$$\frac{d}{dt} z^{(1)} = -\alpha(z^{(1)} - z_0) + \beta_0 \xi_1. \tag{7}$$

Da es sich um einen entscheidungsgerichteten Prozeß handelt, d. h., nach jedem Bit wird entschieden, ob L-Pegel oder 0-Pegel vorliegt, ergibt sich als Schätzstrategie für den L-Pegel folgendes Vorgehen:

Wurde auf L-Bit entschieden, liegt also ein Beobachtungswert vor und kann in die Schätzung einbezogen werden, andernfalls muß ohne Beobachtung geschätzt werden. Dazu dient die Schätzgleichung

$$\frac{d}{dt} \hat{z} = -\alpha(\hat{z} - z_0) \tag{8}$$

mit der Lösung

$$\hat{z}(t) = z_0 + \big(\hat{z}(0) - z_0\big)\, e^{-\alpha t}. \tag{9}$$

Der Anfangswert $z(0)$ ist der Wert, der sich aus der letzten Beobachtung ergab und müßte nach jeder Beobachtung y mit Hilfe der Rekursion

$$\hat{z}_{n+1}(0) = (1 - \gamma)\, \hat{z}_n(0) + \gamma \cdot y \tag{10}$$

bestimmt werden, wobei entsprechend Gl. (79) aus Kap. 1

$$\gamma = \frac{K_A}{N_0 + K_A} \tag{11}$$

gilt. Da nun aber das Beobachtungsrauschen gegenüber dem Fadingprozeß vernachlässigbar klein ist, kann $\gamma = 1$ gesetzt und der Schätzwert direkt durch den Meßwert ersetzt werden.

Damit verblieben für die beiden Pegel die Schätzgleichungen

$$\hat{P}_{L,\mu} = \beta(\hat{P}_{L,\mu-1} - z_0) + z_0, \tag{12a}$$

$$\hat{P}_{0,\mu} = \beta(\hat{P}_{0,\mu-1} - z_0) + z_0. \tag{12b}$$

Entsprechend diesem Algorithmus wird also nach jeder Bitentscheidung ein Schätzwert mit Hilfe von Gl. (12a) oder (12b) bestimmt und der andere Schätzwert durch den Meßwert aktualisiert. Anschließend wird mit

$$\hat{S}_{\mu+1} = \frac{\hat{P}_{L,\mu} + \hat{P}_{0,\mu}}{2} \tag{13}$$

der Schwellwert für den nächsten Elementarschritt ermittelt.

Eine Interpretation der Gl. (12) ergibt folgendes Systemverhalten, das sich gut an drei kritischen Beispielen von Einzelrealisierungen des Zufallsprozesses erläutern läßt, wobei eine Normierung vorgenommen wurde, bei der der ungestörte L-Pegel + 1 und der ungestörte 0-Pegel — 1 entspricht.

a) Es sei angenommen, das Selektivfading beeinflußt den L-Pegel, während abwechselnd L- und 0-Bits gesendet werden.

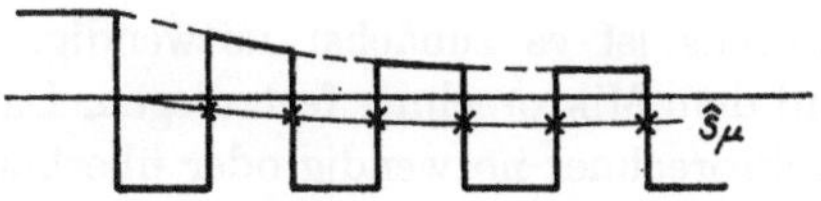

Abb. 3a

In diesem Fall ergibt sich für den Schwellwert ähnlich wie bei der einfachen Tiefpaß-Glättung der Meßwerte ein Wert, der nahe dem arithmetischen Mittel der Meßwerte liegt und ein „Gleiten" der Schwelle parallel zum Fadingverlauf ist gesichert.

b) Es sei wiederum Selektivfading auf dem L-Pegel angenommen, während fortlaufend 0-Bits gesendet werden, auf die ein L-Bit folgt.

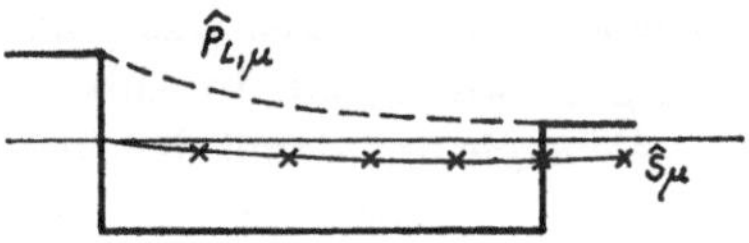

Abb. 3b

In diesem Fall wird der Schätzwert des L-Pegels schrittweise entsprechend der e-Funktion abgesenkt bis zum Grenzwert z_0 und so ein Fadingseinbruch simuliert. Dadurch ergibt sich bei Erscheinen des gestörten L-Bits ein zumindest näherungsweise optimaler Schwellwert. Aber auch dann, wenn kein Fading vorliegen würde, wäre die verweggenommene Schwellenverschiebung nicht störend, sondern nur eine Verschiebung zur sicheren Seite.

c) Es sei wieder Selektivfading auf dem L-Pegel angenommen, während auch fortlaufend L-Bits gesendet werden, auf die ein 0-Bit folgt.

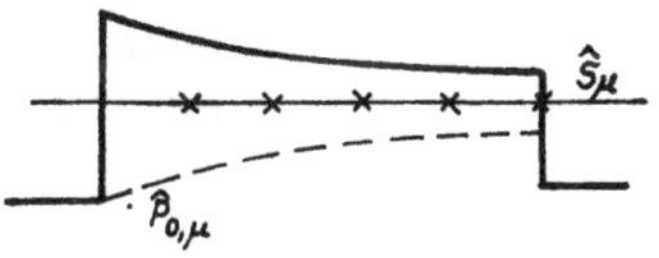

Abb. 3c

Jetzt wird ein Fadingeinbruch auf dem 0-Pegel simuliert, und wenn dann das folgende 0-Bit nicht fadingbehaftet ist, erweist sich die durch den Algorithmus jetzt näherungsweise nicht verschobene Schwelle als nicht optimal. Es ergibt sich zwar keine Verschlechterung gegenüber einer festen Schwelle, aber an diesem Beispiel zeigt sich die Folge der vereinfachenden Annahme von der Unabhängigkeit des Fadingeinflusses auf beide Seitenbänder.

2.3. Umsetzung des Algorithmus zum technischen Verfahren

Beim Entwurf des technischen Verfahrens ist es zunächst notwendig, die Schnittstellen zwischen dem Prozeß und dem Mikrorechner festzulegen. Dabei gilt der Grundsatz: Wenn schon ein Mikrorechner notwendig oder überhaupt vorteilhaft ist, dann sollten ihm so viele Aufgaben wie möglich übertragen werden, um den Aufwand an Hardware zu minimieren und die Möglichkeit weiterer Optimierungen offenzuhalten. Im vorliegenden Fall ermöglicht erst der Einsatz eines Mikrorechners die Realisierung des Algorithmus. Frühere Versuche, auf der Basis der Analogtechnik, brachten nicht den gewünschten Erfolg, erforderten aber einen größeren technischen Aufwand als die Mikrorechner-Lösung.

Ausgehend vom demodulierten Signal wäre die direkte Analog/Digital-Umsetzung die dem Prozeß am nächsten liegende Schnittstelle. Das scheitert aber an der dann erforderlichen Verarbeitungsgeschwindigkeit. In Anbetracht dessen, daß für die Bit-Regenerierung die Signalenergie und damit das Integral über eine Bitdauer die Entscheidungsgröße darstellt, erscheint es zweckmäßig, gleich eine integrierende A/D-Wandlung vorzunehmen. Da auch die Synchronisation vom Mikrorechner übernommen werden soll, muß das Eingangssignal feiner als mit der Bitdauer strukturiert werden. Im vorliegenden Fall wurde eine Rate von 4 Abtastungen pro Elementarschritt gewählt. Diese Abtastwerte a_ν werden bis zu einer Vergangenheitstiefe von $n = 7$ für spätere Rechnungen abgespeichert und bilden den Ausgangspunkt für das Verfahren. Sämtliche anderen Größen bis hin zum Ansteuersignal für den Fernschreiber werden durch den Mikrorechner ermittelt. Bevor eine Bitregenerierung erfolgen kann, muß eine Zeichensynchronisation durchgeführt werden. Die Erkennung eines Stop-Start-Schrittes ist nicht nur für den Handbetrieb (zeichenweise Übertragung mit beliebigen Pausen) erforderlich, sondern sie dient auch als Einschwinghilfe für den Automatikbetrieb (Anfangs-Phasenfehler $\Phi_0 \to 0$). Die Lage eines Startschrittes wird festgestellt, indem laufend aus jeweils 4 aufeinanderfolgenden Abtastwerten $a_{\nu-3} \cdots a_\nu$ eine Kenngröße

$$b_\nu = (a_{\nu-3} + a_{\nu-2}) - (a_{\nu-1} + a_\nu) \tag{14}$$

gebildet und mit dem jeweils vorhergehenden Wert dieser Kenngröße verglichen wird. Es wird angenommen, daß ein Startschritt entsprechend der Fernschreibnorm vorliegt, wenn b_ν ein relatives Maximum aufweist und größer als ein vorgegebener Schwellenwert ist.

Eine weitere Bedingung ist, daß aus den letzten Abtastwerten angenommen werden kann, daß während der Dauer der letzten $1^1/_2$ Bit L-Pegel vorlag.

Gleichzeitig wird der Restphasenfehler des so gefundenen Startschrittes innerhalb des Bereiches von $\pm 1/8$ Bit durch Bildung der weiteren Kenngröße

$$\varphi_\nu = (a_{\nu-5} + a_{\nu-4} + a_{\nu-n} + a_\nu) - 2(a_{\nu-3} + a_{\nu-2}) \tag{15}$$

ermittelt. Zur Veranschaulichung der beiden Kenngrößen i_ν und b_ν sollen die Abbildungen 5 und 6 dienen, die sich auf den in Abb. 4 dargestellten Fall der relativen Lage vom ungestörten Signal zum Abtastzeitpunkt beziehen.

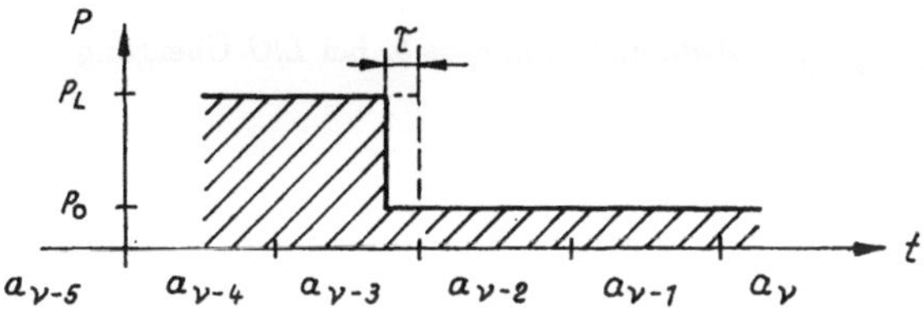

Abb. 4. Abtastung des ungestörten Signals

Die Proportionalität zwischen der Kenngröße φ und der zeitlichen Ablage τ der Abtastung läßt sich leicht nachweisen, denn entsprechend Gl. (15) gilt bezüglich Abb. 4

$$\begin{aligned} \varphi &= \int_{t_{\nu-6}}^{t_{\nu-4}} P_\mathrm{L}\,\mathrm{d}t + \int_{t_{\nu-2}}^{t_\nu} P_0\,\mathrm{d}t - 2\int_{t_{\nu-3}}^{t_{\nu-1}} P\,\mathrm{d}t, \\ &= 2TP_\mathrm{L} + 2TP_0 - 2[(T-\tau)\,P_\mathrm{L} + (T+\tau)\,P_0], \\ &= 2(P_\mathrm{L} - P_0)\,\tau, \end{aligned} \tag{16}$$

Die Größe $(P_\mathrm{L} - P_0)$ ist nur vom Frequenzhub des Sendesignals und dem entsprechenden Demodulator abhängig, kann aber prinzipiell durch Normierung mit Hilfe der Abtastwerte eliminiert werden. Damit steht analog dem aus der Hardware bekannten Phasenregelkreis (s. φ_H in Abb. 2) eine Regelgröße zur Verfügung, wobei die Phasendetektor-Kennlinie im gesamten Haltebereich linear ist. Die Abtastzeitpunkte werden durch die Länge einer variablen Zählschleife des Mikrorechners bestimmt, was dem spannungsgesteuerten Oszillator (VCO) des PLL entspricht. In der Betriebsart Handbetrieb werden durch Auswertung des Phasenfehlers φ die folgenden Abtastzeiten so beeinflußt, daß am Zeichenende die Phasendifferenz ausgeglichen ist, falls das Zeichen mit der Sollfrequenz gegeben wurde. Das entspräche einem PLL 1. Ordnung.

Sobald auf diese Weise die Zeichensynchronisation hergestellt und somit die Lage der Abtastung relativ zum Takt des gesendeten Fernschreibzeichens bekannt ist, können dann jeweils 4 zu einem Elementarschritt gehörende Abtastwerte zu einem Entscheidungswert c_μ zusammengefaßt werden. Gleichzeitig werden die Teilsummen über die 4 Abtastwerte, die dem L/0-Übergang des Startschrittes unmittelbar vorhergehen bzw. folgen, als Anfangswerte für den

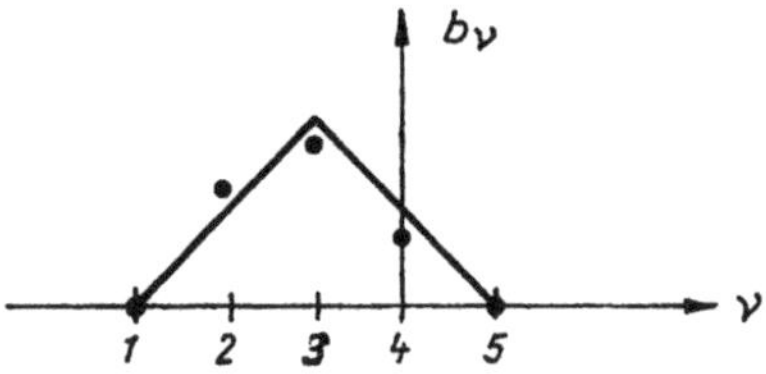

Abb. 5. Kenngröße b_ν bei *L/O*-Übergang

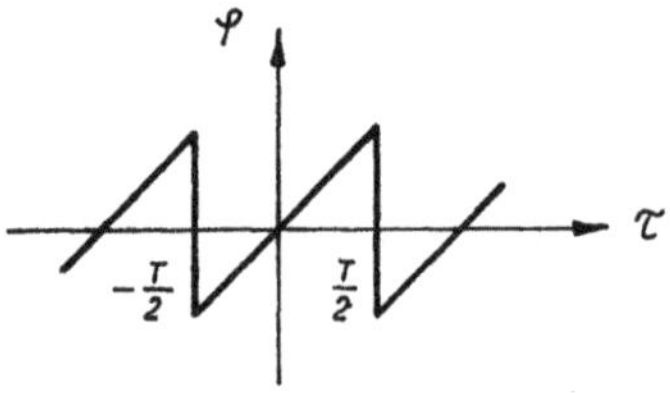

Abb. 6. Phasendetektor-Kennlinie

L- bzw. O-Pegel abgespeichert. Der weitere Ablauf entspricht unmittelbar dem oben beschriebenen Algorithmus, so daß der Mikrorechner mit einer Verzögerung von $2^1/_2$ Elementarschritten die regenerierte Bitfolge ausgibt. Wenn die vorgegebene Anzahl von Elementarschritten entsprechend dem Fernschreibcode abgearbeitet ist, wird mit derselben Verzögerung dauernd L-Pegel ausgegeben, und zwar so lange, bis ein neuer Startschritt ermittelt wird. In der Zwischenzeit wird die Suche nach dem Startschritt blockiert. Dadurch tritt auch eine zeitliche Synchronisation auf, wenn irrtümlicherweise zu Beginn ein falscher L/0-Übergang als Startschritt angegeben wurde.

Der Übergang vom Hand- zum Automatikbetrieb kann automatisch erfolgen, da dieser durch den definierten Zeichenabstand gekennzeichnet ist. Wenn mehrere Male Startschritte im Abstand von $(7{,}5 \pm m)$ Elementarschritte aufeinanderfolgen, wird ein interner Zustandsspeicher gesetzt, womit ein modifizierter Verfahrensablauf eingeleitet wird. (m = max. zulässiger Restphasenfehler) Jetzt wird durch die Kenngröße φ nicht nur der aktuelle Phasenfehler korrigiert, sondern auch der Frequenzfehler ermittelt und exponentiell geglättet. Durch einen zweiten Warteschleifenanteil wird die Abtastzeit so verändert, daß eine Anpassung an die Zeichenfrequenz erfolgt. Hierdurch wird praktisch ein PLL 2. Ordnung realisiert, der als Rückkoppelfilter einen RRC-Tiefpaß enthält. (s. Abb. 2)

2.4. Realisierung des Verfahrens mittels Mikrorechner

2.4.1. Hardware

Das Blockschaltbild der gesamten Anordnung zeigt Abb. 7. Das demodulierte (nicht getriggerte) analoge Signal wird dem Empfänger entnommen und mit einer maximalen Amplitude von ±2 V auf den Steuereingang eines Spannungs/Frequenz-Wandlers (VCO) gegeben.

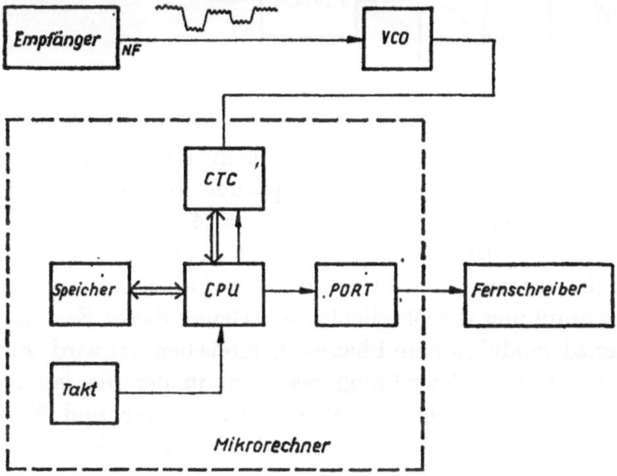

Abb. 7. Blockschaltbild

Der VCO hat eine oben und unten begrenzte lineare Kennlinie $f_A = f_0 + K \cdot U_e$ und arbeitet im Bereich von 6,5 kHz bis 25 kHz. Die Anzahl der Perioden (Nulldurchgänge) zwischen zwei Abtastungen durch den Mikrorechner wird in einem Zähler gezählt. Wegen $\varphi_A = \int_0^t f_A \, dt$ ist damit der integrierende A/D-Wandler bis auf eine additive Konstante Φ_0 realisiert. An die Stabilität des VCO werden keine hohen Anforderungen gestellt, da im Algorithmus nicht Absolutwerte, sondern nur relative Werte verarbeitet werden; speziell die Anfangswerte für O- und L-Pegel werden ja zum Beginn jedes Zeichens neu ermittelt. Auch die geforderte Linearität ist unkritisch, da für die Abtastwerte eine Genauigkeit von 4···6 Bit hinreichend ist.

Als Mikrorechner dient ein System auf der Basis des U 880 mit 2-K-Byte PROM Programmspeicher, 1/8 K-Byte RAM Operativspeicher, einem 1-Bit OUT-Port und einem Zähler/Zeitgeber-Baustein (CTC). Ein Kanal der CTC ist mit dem VCO verbunden und stellt so die Schnittstelle zum Prozeß dar, während ein zweiter Kanal dem Timing dient.

Der Mikrorechner wurde auf einer Leiterplatte mit den Abmessungen 90 mm $\times$ 170 mm aufgebaut, so daß für das gesamte System nur ca. $1^1/_2$ Leiterplatten dieses Formats benötigt werden.

An dieser Stelle sei noch eine Anmerkung angebracht. Grundlage für den Schätzalgorithmus war eine kontinuierliches Fadingmodell. Voraussetzung für

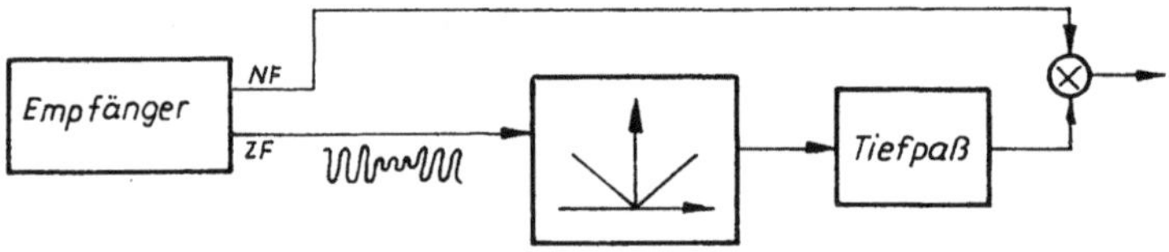

Abb. 8. Demodulator-Zusatz

diese Annahme ist natürlich ein Demodulator, der kein idealer Frequenzdemodulator ist, sondern er muß die Eingangsamplitude an den Ausgang „durchreichen". Das heißt, bei einem Eingangssignal $U_e = A \cdot \sin(\omega_0 t \pm \Delta\Omega t)$ wird nicht gefordert $U_a = \pm C_1 \cdot \Delta\Omega$, sondern $U_a = \pm A \cdot C_2 \cdot \Delta\Omega$.

Anderenfalls bedeutet das Informationsverlust über den Fadingzustand und damit eine A-priori-Einschränkung der Möglichkeiten. Genau dieser Fall tritt aber ein, wenn als Frequenzdemodulator ein Phasenregelkreis benutzt wird. Für diesen Anwendungsfall wurde eine Anordnung realisiert, in der die fadingbehaftete Zwischenfrequenz amplitudendemoduliert (Gleichrichter und Tiefpaß) und das Produkt aus Demodulatorausgang und AM-Signal dem A/D-Wandler zugeführt wird. (Abb. 8)

2.4.2. Software

2.4.2.1. Timing und Synchronisation

Prinzipiell ist es möglich, ein festes Zeitraster dadurch zu erzeugen, daß das Programm in Blöcke zerlegt wird, die unabhängig von den prozeßbedingten Verzweigungsmöglichkeiten stets eine konstante Befehlsabarbeitungszeit benötigen.

Dieses Verfahren ist jedoch praktisch mit zu hohem Programmieraufwand verbunden, und deshalb wurde ein Zeitgeber benutzt, der nach der Abtastung (Einlesen des Wertes vom Wandler und Rücksetzen) vom Programm gestartet wird und nach einer festgelegten Zeit T_c einen Interrupt auslöst (Kanal 0 der CTC). Diese Zeit T_c muß einerseits so klein sein, daß die nächste Abtastung nach dem Interrupt entsprechend der max. zulässigen Bittaktfrequenz ermöglicht wird und andererseits so groß, daß die notwendigen Programmschritte zwischen zwei Abtastungen mit Sicherheit abgearbeitet sind und der Prozessor den Halt-Zustand eingenommen hat. Nach dem Interrupt wird die entsprechend dem Synchronisationsalgorithmus berechnete Länge der variablen Warteschleife durchlaufen und anschließend die Abtastung und der Start des Timers vorgenommen. In Abb. 9 ist dieser Ablauf schematisch dargestellt.

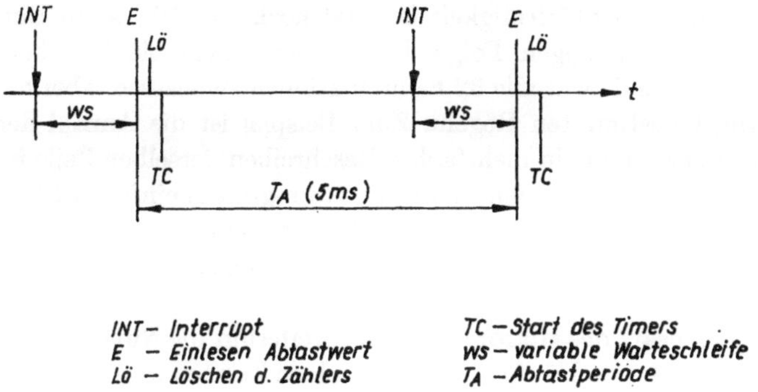

Abb. 9. Zeitlicher Ablauf

Die interne Umschaltung zwischen den Synchronisationsarten Hand- und Automatikbetrieb erfolgt nicht stur nach n-maliger ununterbrochener Erfüllung der Automatik-Bedingung, sondern störungsangepaßt durch einen Vor-Rückwärts-Zähler. (Nur 1 Schritt rückwärts bei Nichterfüllung). Die Schwelle für den Automatikbetrieb entspricht dem Zählerstand 4. Bei Erreichen dieser Schwelle wird der Zähler auf 7 gesetzt und mit 7 begrenzt. Dadurch wird erreicht, daß auch bei längeren Fadingperioden der Automatikzustand und damit die Zeichensynchronisation, die mit einem automatischen Einfügen des Stop-Start-Schrittes verbunden ist, erhalten bleibt. Ein sofortiger Abbruch des Automatikbereiches wird allerdings vorgenommen, wenn an Stelle der Startbits (0-Pegel) ein ungestörter L-Pegel erkannt wird, um nach Ende der Sendung nicht zusätzliche Zeichen zu erzeugen.

Ein weiteres der Synchronisation zuzurechnendes Problem ist die Korrektur der gemessenen Abtastintegrale bezüglich der Fehler, die durch die geringfügigen Änderungen der Abtastzeiten entstehen. Für diese Normierung wird eine Korrekturgröße $K(T)$ benutzt, die abhängig ist von der Länge der Abtastzeit.

2.4.2.2. Nutzung weiterer A-priori-Informationen

Der oben beschriebene Schwellen-Schätzalogrithmus ist ausgehend von den Anfangswerten der Pegel des Stop-Start-Schrittes nur vorwärtsgerichtet und berücksichtigt nicht die Tatsache, daß nach den 5 informationstragenden Bits mit Sicherheit ein Stop-Zeichen (L-Pegel) folgt. Diese Kenntnis des L-Pegels nach dem 5. Bit wird zur Verbesserung des Algorithmus benutzt, indem der Meßwert des Stop-Pegels mit einem von den vorangegangenen Bit-Entscheidungen abhängigen Gewicht in die Schätzung des L-Pegels nach dem 4. Bit eingeht.

Eine weitere Erhöhung der Störfestigkeit ist jetzt noch möglich, wenn Einschränkungen in der unabhängigen Folge der Elementarsymbole bestehen. Innerhalb eines Zeichens sind zwar alle 32 Kombinationen zugelassen, aber die Zeichenfolge unterliegt bestimmten Regeln. Zum Beispiel ist die Anzahl der Zeichen pro Zeile begrenzt; und ein mehrfaches Beschreiben derselben Zeile ist verboten. Diese Vorschriften ließen sich leicht in das Programm einfügen (Zählen der Zeichen und Erkennen des Zeichens für Wagenrücklauf) und führten dazu, daß die sonst nicht seltenen Überchreibungen von Zeichen auf dem Papier entfielen.

Möglich durch den Einsatz des Mikrorechners ist weiterhin die Nutzung von Informationen über die relative Häufigkeit der einzelnen Zeichen durch die mit der relativen Häufigkeit gewichteten Verschiebung der Entscheidungsschwelle bei gestörten Pegeln.

2.4.3. Erprobungsergebnisse

Die oben beschriebene Software-Bitregenerierung wurde unter natürlichen Bedingungen (Weitempfang) erprobt und brachte im Vergleich mit einem an denselben Empfänger angeschlossenen Fernschreiber folgendes Ergebnis: Die Einzelfehlerwahrscheinlichkeit wurde im Mittel um den Faktor 4 bis 10 gesenkt. Die Streuung des Gewinns erstreckt sich in Einzelfällen noch in beiden Richtungen weiter, jedoch in keinem Fall unter 1. Die Größe des Gewinns hängt stark von der Art der Störungen im Kanal ab. Wenn in einem Kanal starke Fremdstörer dominieren, die den Träger zum Teil völlig überdecken, ist natürlich ohne Einfügen von Redundanz keine Fehlerbeseitigung möglich. Wenn hingegen der Kanal hauptsächlich durch tiefes Selektivfading gestört wird, ergeben sich sehr hohe Gewinne.

2.5. Verallgemeinerung

Das beschriebene System ist so einsetzbar bis zu einer Übertragungsgeschwindigkeit von 200 Baud.

Das Synchronisationsverfahren läßt sich aber auch modifiziert für beliebige andere binäre Datenfolgen verwenden, wobei dann auch höhere Übertragungsgeschwindigkeiten (einige kHz) möglich sind.

2.6. Literaturverzeichnis

[1] A. Viterbi: Principles of coherent communication. „Sovjetskojc Radio“, Moskau 1970

[2] K.-H. Schmelovsky: Application of Bayes estimation for signal processing and control, in: Systems Analysis and Simulation. Akademie-Verlag Berlin 1980

[3] L. Hausfeld, K.-H. Schmelovski: Verfahren zur störarmen Erkennung von Funkfernschreibsignalen, Patentschrift 149143; WP H 04 B/215366

3. Synchronisator für Pseudozufallssignale mit einer Echtzeit-Mikrorechnersteuerung

A. Rompe

3.1. Aufgabenstellung

Dieser Beitrag entstand aus dem leicht veränderten in [6] erschienenen Artikel des Autors und beschreibt einen mikrorechengesteuerten Synchronisator, der bei einer Bitfehlerrate von 0,3 die Synchronisation einer 945 Elemente langen Pseudozufallsproduktfolge im Mittel in weniger als 25 ms bei einer Signalfrequenz von 50 kHz ermöglicht. Dieses System wurde in Hinblick auf den Einsatz in einem Satelliten-Entfernungsmeßsystem entwickelt, bei dem die Entfernungsinformation zwischen einem orbitierenden Satelliten und einer mobilen Station z. B. Meßplattform eines Datensammelsystems, als Grundlage der Positionsbestimmung benötigt wird. Der Entfernungsmessung liegt die Bestimmung der Laufzeit eines pseudozufälligen (PZ) Meßsignals zugrunde. Im Gegensatz zur klassischen Radartechnik wird dabei kein einzelner Impuls gesendet, sondern ein periodisches Feinstruktursignal, das PZ-Signal. Seine Periodendauer muß zur Vermeidung von Unbestimmtheiten der Entfernungsmessung größer sein als die maximal zu erwartende Laufzeit des Meßsignals. Da das Meßsignal ständig gesendet und auch wieder empfangen wird, ist eine Trägerfrequenzumsetzung im Zielobjekt erforderlich (Transponder). Die Laufzeit des Signals kann aus der Phasendifferenz zwischen Sende- und Empfangssignal bestimmt werden. In Abb. 1 ist das Prinzip der Entfernungsmessung mit Pseudozufallsmeßsignalen dargestellt.

In der Bordelektronik des Satelliten wird ein Sender (z. B. im UHF-Band) mit dem Pseudozufallsmeßsignal moduliert. Dieses Signal wird vom Satelliten ungerichtet zur Erde abgestrahlt und erreicht nach dem Durchlaufen der Entfernung zwischen dem Satelliten und dem Zielobjekt einen Transponder, der das Signal empfängt und auf einer anderen Trägerfrequenz (z. B. im VHF-Band) wieder in Richtung Satellit zurückstrahlt. In einigen Transpondersystemen wird das Meßsignal noch digital regeneriert und damit das Signal-Rausch-Verhältnis verbessert. Der im Satelliten vorhandene Empfänger (VHF) empfängt das gegenüber dem Sendesignal verzögerte Meßsignal. Das empfangene Meßsignal ist stark gestört. Nach der digitalen Regenerierung kann es eine Bitfehlerrate bis zu 0,3 (in besonders ungünstigen Fällen noch darüber) aufweisen. Aus diesem Grunde kann der Phasenvergleich zwischen Sende- und Empfangssignal nicht un-

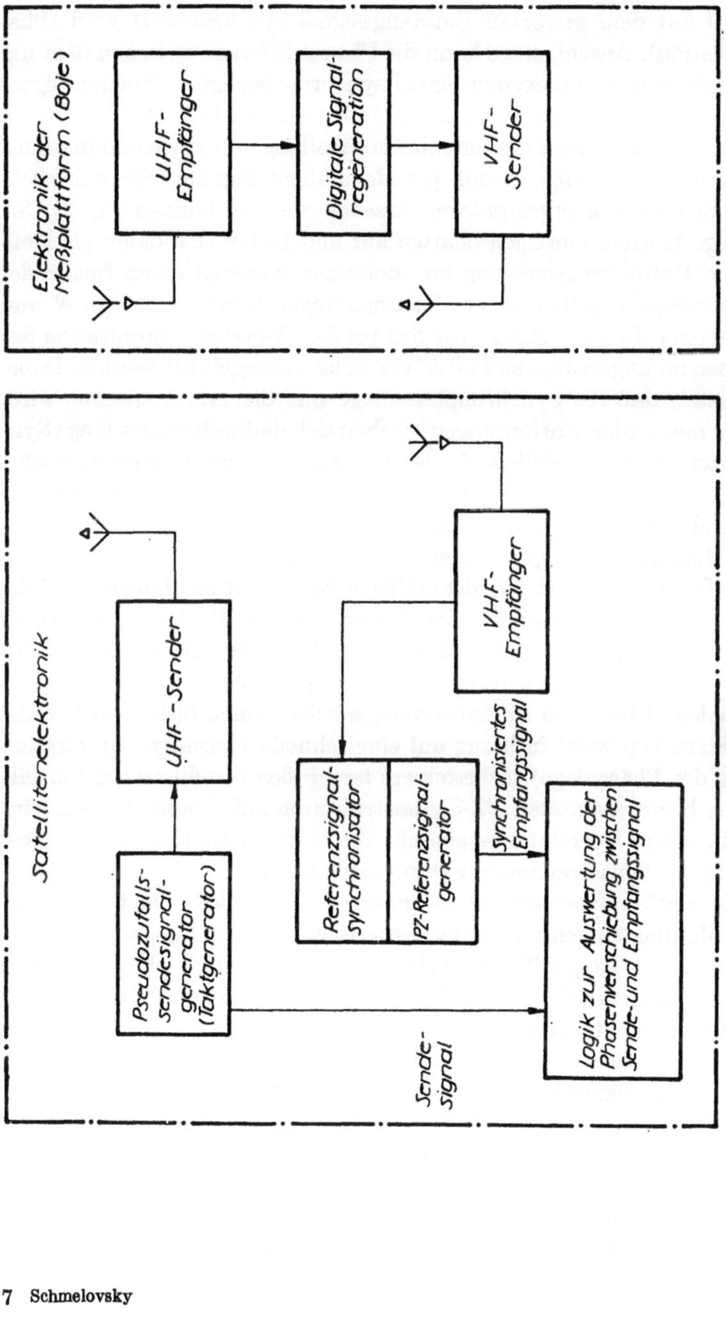

Abb. 1. Prinzip der Entfernungsmessung

mittelbar vorgenommen werden. Das Problem wird so gelöst, daß zunächst ein Referenzsignal mit dem gestörten Empfangssignal synchronisiert wird (Phasensynchronisation). Anschließend kann die Phasendifferenz zwischen dem ungestörten — mit dem empfangenen Signal synchronisierten — Referenzsignal und dem Sendesignal bestimmt werden. Die bisher aus der Literatur bekannten PZ-Entfernungsmeßsysteme arbeiten mit Maximallängen- bzw. Kombinationssignalen. Maximallängenfolgen sind pseudozufällige Signale, die mit rückgekoppelten Schieberegistergeneratoren erzeugt werden können [1, 2]. Sie weisen günstige Korrelationseigenschaften auf und bieten sich daher als Meßsignale für die Entfernungsmessung an. Bei einer systematischen Suche der Synchronphysenlage zwischen einem Maximallängensignal der Länge N und einem gleichartigen Referenzsignal, wie das bei der Phasensynchronisation der Fall ist, müssen im ungünstigsten Fall N Versuche durchgeführt werden. Dabei ist vorausgesetzt, daß die Synchronphasenlage mit Sicherheit erkannt wird. Bei großen zu messenden Entfernungen ergeben sich dadurch relativ lange Synchronisationszeiten. Eine Möglichkeit der Verringerung der Synchronisationszeiten besteht in der Anwendung von Kombinationssignalen. Diese Signale entstehen durch logische Verknüpfung verschiedener kurzer Maximallängenfolgen, deren Längen relativ prim zueinander sind [3].

Eine besondere Gruppe von pseudozufälligen Kombinationssignalen sind die produktstrukturierten Meßsignale, die bisher bei der Entfernungsmessung mit PZ-Signalen noch nicht eingesetzt wurden. Produktstrukturierte Pseudozufallssignale entstehen durch zeitliche Ineinanderschachtelung von wenigstens zwei PZ-Signalen. Dieser bei PZ-Entfernungsmeßsystemen bisher noch nicht verwendete Signaltyp weist in bezug auf eine schnelle Phasensynchronisation (Bestimmung der Phasenlage) insbesondere bei großen Bitfehlerraten Vorteile gegenüber den bisher genutzten PZ-Signalstrukturen auf. Dieser Vorteil wird durch kompliziertere Korrelationseigenschaften erkauft, die aber einer mikrorechnergestützten Signalerkennung gut zugänglich sind.

Ein für die Entfernungsmessung geeignetes PZ-Produktsignal besteht aus zwei kurzen Maximallängenfolgen, der Unterfolge mit der Länge N und der Strukturfolge mit der Länge M. Die zeitliche Ineinanderschachtelung bedeutet, daß die Bit der Strukturfolge durch die Unterfolge A bzw. durch die negierte Unterfolge $\bar{A}$ dargestellt werden.

In Abb. 2 ist der Generator des PZ-Produktsignals dargestellt. Er besteht aus dem Unterfolgengenerator G1, der ein PZ-Maximallängensignal der Länge N erzeugt und einem Strukturfolgengenerator G2, der ein PZ-Maximallängensignal mit der Länge M erzeugt. G1 wird vom Meßsignaltaktgenerator gespeist (50 kHz). Das Taktsignal für den Strukturfolgengenerator G2 wird durch eine Nand-Verknüpfung sämtlicher Ausgänge des Unterfolgengenerators G1 erzeugt. Da jeder mögliche Zustand an den Ausgängen von G1 auf Grund der

Maximalfolgenrückkopplung genau einmal pro Periode auftritt, ergibt sich eine Strukturfolgenfrequenz von f_0/N. Das PZ-Produktsignal ergibt sich durch eine Mod-2-Verknüpfung der Unterfolgen und des Strukturfolgensignals. Da die Strukturfolgenfrequenz f_0/N beträgt, wird jeweils eine gesamte Periode des Unterfolgensignals negiert oder nicht negiert. Die Phasenlage der Unterfolge

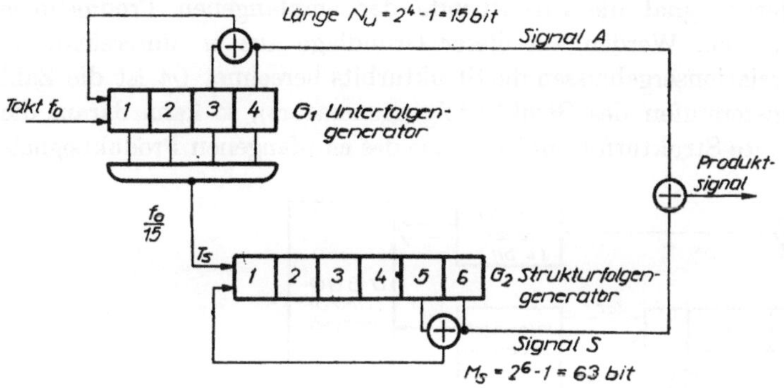

Abb. 2. Produktfolgengenerator

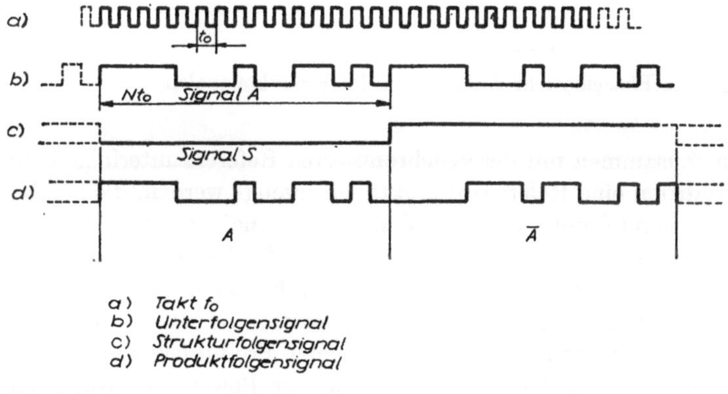

Abb. 3. Komponenten des Produktsignals im Ausschnitt

innerhalb der Strukturfolge wird durch die Art der Nand-Verknüpfung der Unterfolgengeneratorausgänge bestimmt. Das Produktsignal besteht also aus drei Komponenten: dem Takt, der Unterfolge und der Strukturfolge. Abb. 3 zeigt diese Komponenten sowie das Produktsignal im Ausschnitt. Auch bei der Anwendung produktstrukturierter PZ-Meßsignale kommt das allgemeine, in Abb. 1 beschriebene Entfernungsmeßprinzip zur Anwendung. Das

Hauptproblem besteht dabei in der Phasensynchronisation, d. h. in der Synchronisation eines Referenzsignals auf das empfangene Produktsignal. Als Referenzsignal wird ein dem Unterfolgensignal entsprechendes Pseudozufallssignal verwendet. Gelingt es, das Referenzsignal auf das Struktursignal des empfangenen Produktsignals zu synchronisieren, dann können aus den Korrelationsergebnissen der Kreuzkorrelation zwischen dem empfangenen und dem Unterfolgenreferenzsignal die Strukturbits der empfangenen Produktfolge reproduziert werden. Werden auf dieser Grundlage aus m hintereinanderfolgenden Korrelationsergebnissen die Strukturbits berechnet (m ist die Zahl der Schieberegisterstufen des Strukturfolgengenerators), so kann daraus die bisher unbekannte Strukturfolgenphasenlage des empfangenen Produktsignals

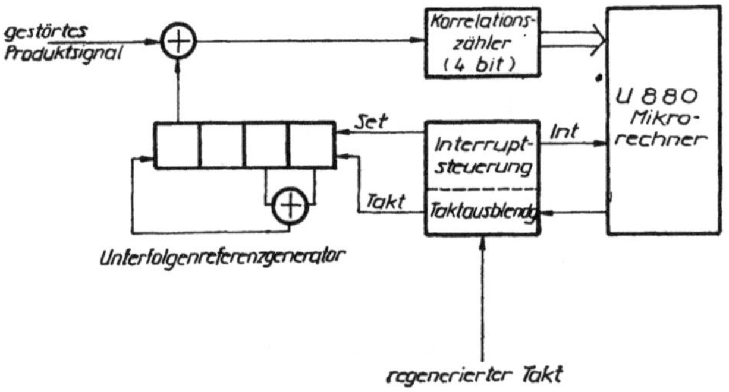

Abb. 4. Schaltung zur Phasensynchronisation von PZ-Produktsignalen

erzeugt werden. Zusammen mit der synchronisierten Referenzunterfolge kann durch Mod-2-Addition eine Referenzproduktfolge erzeugt werden, die zur Bestimmung der Phasendifferenz zwischen dem Sendesignal und der Referenzproduktfolge verwendet wird. Auf diese Weise wird die Entfernungsmessung auf der Grundlage von produktstrukturierten PZ-Meßsignalen praktisch realisiert. Im folgenden soll die Frage behandelt werden, wie das Unterfolgenreferenzsignal mit der Strukturfolge des empfangenen Produktsignals synchronisiert wird. Dazu wird das Übersichtsschaltbild zur Phasensynchronisation eines PZ-Produktsignals betrachtet (Abb. 4). Das digital regenerierte Meßsignal gelangt gemeinsam mit dem daraus wiedergewonnenen Takt zum Eingang des Phasensynchronisators.

Die Kreuzkorrelation zwischen dem fehlerbehafteten Empfangssignal und dem Unterfolgenreferenzsignal wird durch eine Mod-2-Addition (Exclusiv-Oder-Gatter) und durch einen Zähler realisiert. Das Korrelationsintervall entspricht der Unterfolgenperiodendauer Nt_0. Mit einer Interruptsteuerung wird das Korrelationszählergebnis K nach jeder Korrelationsperiode in den Mikrorechner eingelesen; anschließend wird der Zähler zurückgesetzt, und der Referenzgenerator wird auf den Anfangswert gesetzt. Der Referenzgenerator erhält den regenerierten Takt, so daß die beiden zu korrelierenden Signale taktsynchron sind.

3.2. Synchronisationsvorgang

Zu Beginn der Phasensynchronisation weist der Referenzgenerator gegenüber dem empfangenen Produktsignal eine beliebige Phasenverschiebung auf. Im ungünstigsten Fall beträgt diese (N-1) bit. Die vom Korrelationszähler bereitgestellten Korrelationszählergebnisse K werden vom Mikrorechner mit einem speziellen sequentiellen Wahrscheinlichkeits-Verhältnistest bewertet. Dabei wird eine Entscheidung zwischen zwei alternativen Hypothesen getroffen, der Synchronhypothese H_1 und der Nicht-Synchronhypothese H_0. Die Phasenlage zwischen dem Referenzsignal und dem empfangenen Produktsignal wird so lange schrittweise verändert, bis der Hypothesentest H_1 ergibt. Die Anzahl der vom Hypothesentest benötigten Korrelationszählergebnisse ist eine Zufallsgröße und wird von der Bitfehlerrate des empfangenen Meßsignals bestimmt. Entscheidet sich der Hypothesentest für die Nicht-Synchronphasenlage, dann wird der Referenzgenerator um 1 bit gegenüber dem Empfangssignal verschoben, bevor ein neuer Hypothesentest durchgeführt wird. Auf diese Weise wird die Synchronphasenlage systematisch ermittelt.

Bevor der sequentielle Test der Phasensynchronisation beschrieben werden soll, müssen einige wichtige Kreuzkorrelationseigenschaften der Produktfolge behandelt werden.

Bei der Kreuzkorrelation zwischen einem Produktsignal, wie es nach Abb. 2 erzeugt werden kann, und einem entsprechenden Unterfolgenreferenzsignal (vergl. mit Abb. 4) ergeben sich vier typische Korrelationsfälle. Sie unterscheiden sich durch den im Korrelationsintervall liegenden Ausschnitt der empfangenen Produktfolge. Besteht der im Korrelationsintervall erscheinende Teil der Produktfolge ausschließlich aus nicht negierten Unterfolgen A, dann ergibt sich ein Korrelationsverhalten, wie es von den Maximallängenfolgen her bekannt ist (Abb. 5a). Das trifft ebenfalls (bis auf ein Vorzeichen) für den Fall zu, daß der im Korrelationsintervall erscheinende Teil der Produktfolge ausschließlich aus negierten Unterfolgen besteht (Abb. 5b). Ein davon abweichendes Korrelationsverhalten ergibt sich in den Fällen, wenn der im Korrelationsintervall erscheinende Teil der Produktfolge aus einem Teil der nicht negierten und einem Teil der negierten Unterfolge oder umgekehrt besteht (Abb. 5c bzw. Abb. 5d). Die Größe der in diesen Fällen auftretenden Korrelationsschwankungen im Nicht-Synchronzustand hängt von der als Unterfolge verwendeten Maximallängen-

a) Kreuzkorrelationsverhalten Typ 1

b) Kreuzkorrelationsverhalten Typ 2

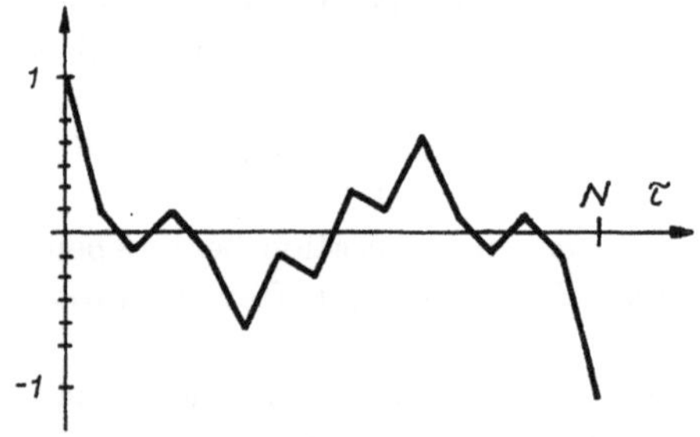

c) Kreuzkorrelationsverhalten Typ 3 (Beispiel)

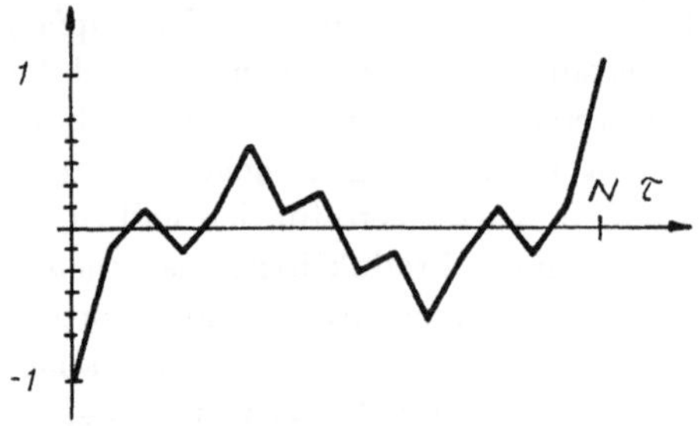

d) Kreuzkorrelationsverhalten Typ 4 (Beispiel)

Abb. 5.

folge und von deren relativer Phasenlage innerhalb der Strukturfolge ab. Bei der Produktfolgensynchronisation treten diese vier verschiedenen Korrelationstypen mit annähernd derselben Häufigkeit auf, allerdings in unbestimmter Reihenfolge. Diese Reihenfolge wird von der momentanen Phasenlage der Strukturfolge des empfangenen Produktsignals bestimmt. Im Synchronzustand ergeben sich als mögliche Korrelationszählergebnisse 0 oder N Übereinstimmungen. Das entspricht den Werten ± 1 der normierten Korrelationsfunktion. Im Nicht-Synchronzustand ergeben sich als mögliche Korrelationszählergebnisse $N/2 \pm 1/2, \pm 3/2, \ldots, \pm L/2$. Dabei hängt die Größe von L von der konkreten

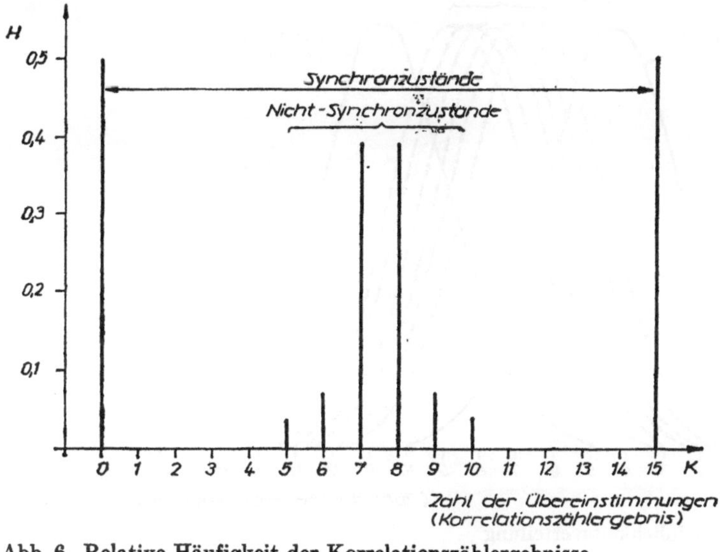

Abb. 6. Relative Häufigkeit der Korrelationszählergebnisse

Gestalt der als Unterfolge verwendeten Maximallängenfolge und von deren Phasenlage innerhalb der Strukturfolge ab. Bei einer für die Entfernungsmessung günstigen Unterfolge beträgt $L = 5$ ($N = 15$).

Abb. 6 zeigt den Zusammenhang zwischen den möglichen Korrelationszählergebnissen und ihren relativen Häufigkeiten im Phasensynchronisationsprozeß. Im Synchronzustand sind die Korrelationszählergebnisse 0 und N praktisch gleich häufig (31/63 und 32/63 bei einer Strukturfolgenlänge von 63). Im Nicht-Synchronzustand nimmt die Häufigkeit der Korrelationszählergebnisse mit größer werdendem Abstand vom Ursprung $N/2$ (das entspricht dem Wert 0 der normierten Korrelationsfunktion) stark ab.

Das empfangene Produktsignal kann sehr stark gestört sein. Im ungünstigsten Fall muß mit einer Bitfehlerwahrscheinlichkeit bis zu 0,4 gerechnet werden. Auf

Grund der Störungen gehen die Korrelationszustände aus Abb. 6 in diskrete Wahrscheinlichkeitsverteilungen über. Für eine Bitfehlerrate von 0,3 werden die Umhüllenden dieser Wahrscheinlichkeitsverteilungen in Abb. 7 dargestellt. Für den Synchronzustand ergibt sich eine zweigipflige Wahrscheinlichkeitsverteilung, die die verschiedenen Wahrscheinlichkeitsverteilungen des Nicht-Synchronzustandes einschließt. Der Hypothesentest muß in der Lage sein, den Synchronzustand vom Nicht-Synchronzustand auf der Grundlage der ver-

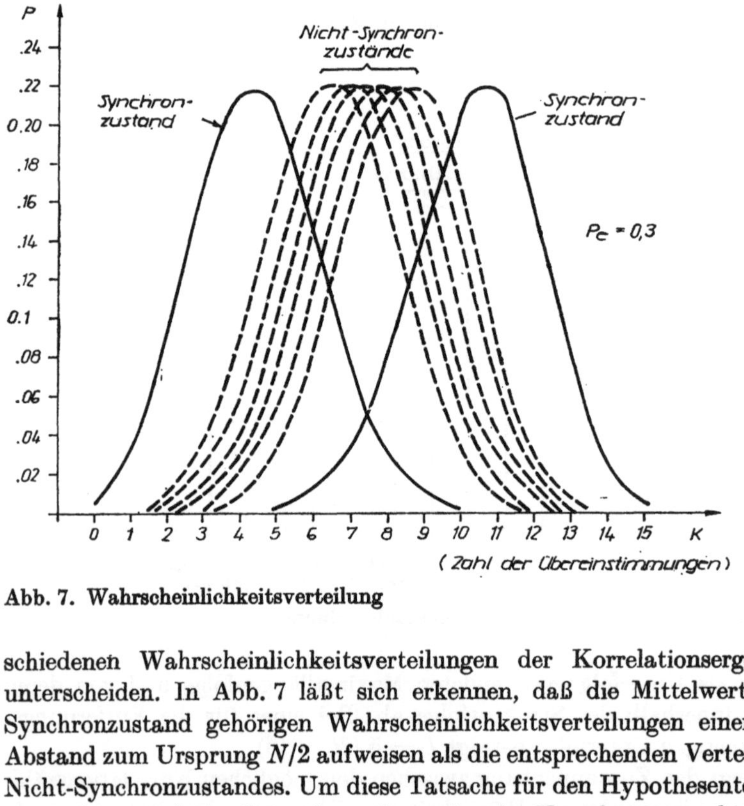

Abb. 7. **Wahrscheinlichkeitsverteilung**

schiedenen Wahrscheinlichkeitsverteilungen der Korrelationsergebnisse zu unterscheiden. In Abb. 7 läßt sich erkennen, daß die Mittelwerte der zum Synchronzustand gehörigen Wahrscheinlichkeitsverteilungen einen größeren Abstand zum Ursprung $N/2$ aufweisen als die entsprechenden Verteilungen des Nicht-Synchronzustandes. Um diese Tatsache für den Hypothesentest nutzbar zu machen, wird eine Spiegeltransformation der Korrelationsergebnisse um die Achse $N/2$ durchgeführt. Diese Transformation hat die folgende einfache Gestalt:

$$K' = \begin{cases} N - K & \text{für} \quad K < \dfrac{N}{2}, \\ K & \text{für} \quad K > \dfrac{N}{2}. \end{cases}$$

Die Spiegeltransformation wirkt sich auch auf die Wahrscheinlichkeitsverteilungen der Korrelationsergebnisse aus. Wie in Abb. 8 dargestellt, ergibt sich nach der Spiegeltransformation eine eingipflige Wahrscheinlichkeitsverteilung des Synchronzustandes, die mit einem sequentiellen Wahrscheinlichkeitsverhältnistest ausgewertet werden kann. Der Hypothesentest der Phasensynchronisation ist in zwei Etappen aufgeteilt, in die Suchetappe und die Bestätigungsetappe. Diese Unterteilung ist zweckmäßig, da im Verlauf der Phasensynchronisation mit dem Erreichen der Synchronphasenlage auch eine Information über die

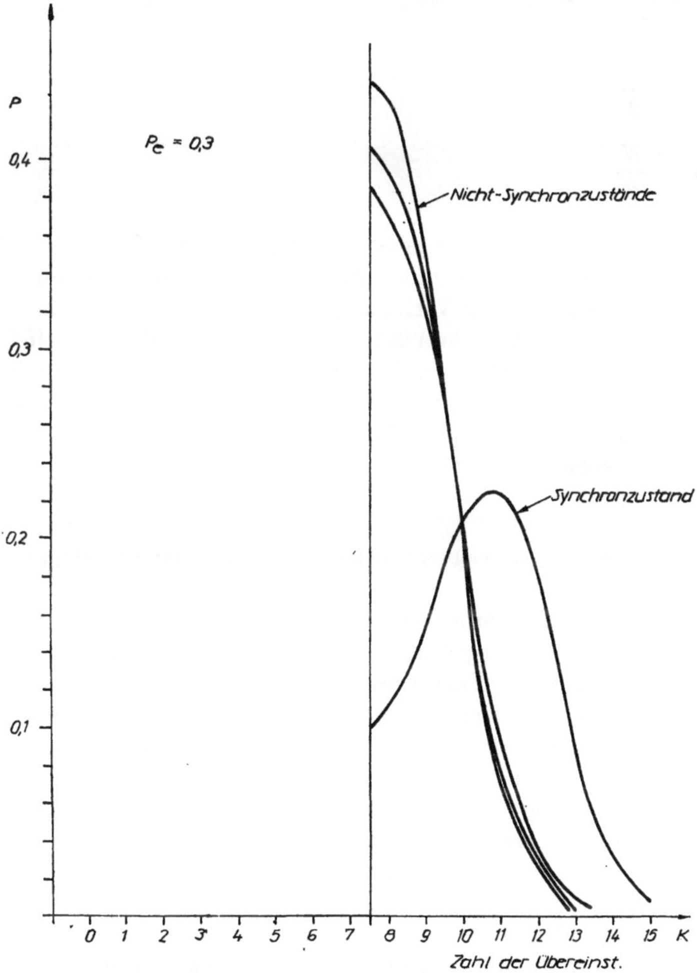

Abb. 8. Wahrscheinlichkeitsverteilung nach Spiegeltransformation

Strukturphasenlage der empfangenen Produktfolge erhalten wird. Diese zusätzliche Information kann nur in einem sich von dem Hypothesentest der Suchetappe unterscheidenden, speziell angepaßten Test effektiv ausgewertet werden.

Die Aufgabe der Suchetappe ist es, die Synchronisation zwischen dem Referenzsignal und dem empfangenen Produktsignal herzustellen. Nach Erreichen der Synchronisation werden m hintereinanderfolgende Korrelationsergebnisse ausgewertet, um die Strukturphasenlage des empfangenen Signals zu berechnen. Die in den Korrelationsergebnissen enthaltenen Strukturbits können aus der Beziehung

$$b_s = 1 \quad \text{für} \quad K > \frac{N}{2},$$

$$b_s = 0 \quad \text{für} \quad K < \frac{N}{2}$$

bestimmt werden. Da die Rückkopplungsbedingung der Strukturfolge bekannt ist, steht mit den m Strukturbits die Information über die Strukturphasenlage des empfangenen Produktsignals zur Verfügung. Diese Information wird in der Bestätigungsetappe der Phasensynchronisation dafür verwendet, einen effektiveren Hypothesentest durchzuführen. In der Bestätigungsetappe wird sozusagen die in der Suchetappe gefundene vermeintliche Synchronphasenlage „bestätigt", d. h., die Irrtumswahrscheinlichkeit der Entscheidung wird auf ein vorgegebenes Maß reduziert.

3.3. Sequentieller Wahrscheinlichkeitsverhältnistest (SWVT) der Suchetappe

Der in der Suchetappe durchgeführte Hypothesentest basiert auf Korrelationszählergebnissen, die nach der Spiegeltransformation den Wahrscheinlichkeitsverteilungen in Abb. 8 genügen. Eine wesentliche Randbedingung der Suchetappe stellt die Forderung dar, nach erfolgter Synchronisation m Korrelationszählergebnisse zur Bestimmung der Strukturphasenlage der empfangenen Produktfolge bereitzustellen. Daraus ergibt sich, daß ein einkriterieller Wahrscheinlichkeitsverhältnistest, der die Synchronhypothese erst nach m Korrelationsergebnissen annehmen kann, aber zu einer Abweisung der Synchronhypothese nach jedem Korrelationsergebnis fähig ist, als Hypothesetest der Suchetappe geeignet ist.

Bei einem Test wird jedem Korrelationsergebnis ein Wahrscheinlichkeitsverhältnis $z(K) = \ln [f_s(K)/f_0(K)]$ entsprechend den Wahrscheinlichkeitsverteilungen in Abb. 8 zugeordnet. Das Wahrscheinlichkeitsverhältnis $z(K_1)$

des ersten Korrelationsergebnisses wird mit der Konstanten C_1 verglichen. Ist $z(K_1)$ größer als C_1, so ist der Test unentschieden, und es wird ein weiteres Korrelationsergebnis zum Test hinzugezogen. Dessen Wahrscheinlichkeitsverhältnis $z(K_2)$ wird zu $z(K_1)$ addiert, und die Summe $z(K_1) + z(K_2)$ wird mit C_2 verglichen. Ist auch in diesem Fall die Summe der Wahrscheinlichkeitsverhältnisse größer als die Testkonstante, so wird ein weiteres Korrelationsergebnis in den Test einbezogen. Dieser Vorgang wiederholt sich so lange, bis die Summe der Wahrscheinlichkeitsverhältnisse der Korrelationsergebnisse $\sum_{i=1}^{n} z(K_i)$ (für $n < m$) kleiner als C_n ist. Das bedeutet Abweisung der Synchronhypothese und damit die Beendigung dieses Tests. Nach der Verschiebung des Referenzgenerators um 1 bit gegenüber dem empfangenen Produktsignal wird ein neuer sequentieller Test der Suchetappe begonnen. Eine Alternative der Beendigung des Tests ergibt sich, wenn auch nach dem m-ten Korrelationsergebnis die Summe $\sum_{i=1}^{m} z(K_i)$ größer ist als C_m. In diesem Fall wird die Synchronhypothese angenommen. Die m Korrelationsergebnisse werden zur Berechnung der Strukturphasenlage des empfangenen Produktsignals herangezogen. Damit sind alle Voraussetzungen für den zweiten Teil der Phasensynchronisation, die Bestätigungsetappe, gegeben.

Da es sich beim Hypothesentest der Suchetappe um einen statistischen Test handelt, ist die Annahme der Synchronhypothese nur mit einer bestimmten Wahrscheinlichkeit richtig. Diese Wahrscheinlichkeit $(1 - \beta_s)$ wird durch die Größe der Konstanten C_n bestimmt. Da in der Suchetappe nur m Korrelationsergebnisse im Synchronzustand ausgewertet werden, läßt sich die Irrtumswahrscheinlichkeit β_s nicht beliebig klein machen. Um β_s auf einen für technische Belange ausreichend kleinen Wert senken zu können, wird in der Bestätigungsetappe die in der Suchetappe gefundene Synchronphasenlage mit einem zweikriteriellen Wahrscheinlichkeitsverhältnistest überprüft.

3.4. Sequentieller Wahrscheinlichkeitsverhältnistest der Bestätigungsetappe

In der Bestätigungsetappe wird die Kenntnis der Strukturphasenlage des empfangenen Signals, wie sie in der Suchetappe gewonnen wird, benötigt. Sie wird benutzt, um die zweigipflige Wahrscheinlichkeitsverteilung des Synchronzustands der Korrelationsergebnisse (s. Abb. 7) auf eine eingipflige Wahrscheinlichkeitsverteilung zu reduzieren. Mit anderen Worten: Mit den m Strukturbits kann das empfangene Produktsignal (softwaremäßig) so rücktransformiert werden, daß das Korrelationsverhalten der rücktransformierten Korrelationsergebnisse der Bestätigungsetappe einem PZ-Meßsignal entspricht, das ausschließlich aus den Maximallängen-Unterfolgen A besteht. Es weist also die günstigen Korrelationseigenschaften der Maximallängenfolgen auf.

Abb. 9 zeigt die diesem Sachverhalt entsprechende Wahrscheinlichkeitsverteilung der transformierten Korrelationsergebnisse. Wie zu erkennen ist, wird der Synchronzustand durch eine eingipflige Wahrscheinlichkeitsverteilung beschrieben. Die Rücktransformation der Korrelationsergebnisse der Produktfolge entspricht der Form nach der Spiegeltransformation der Suchetappe:

$$K'(n) = \begin{cases} N - K(n) & \text{für} \quad b_s(n) = 0, \\ K(n) & \text{für} \quad b_s(n) = 1. \end{cases}$$

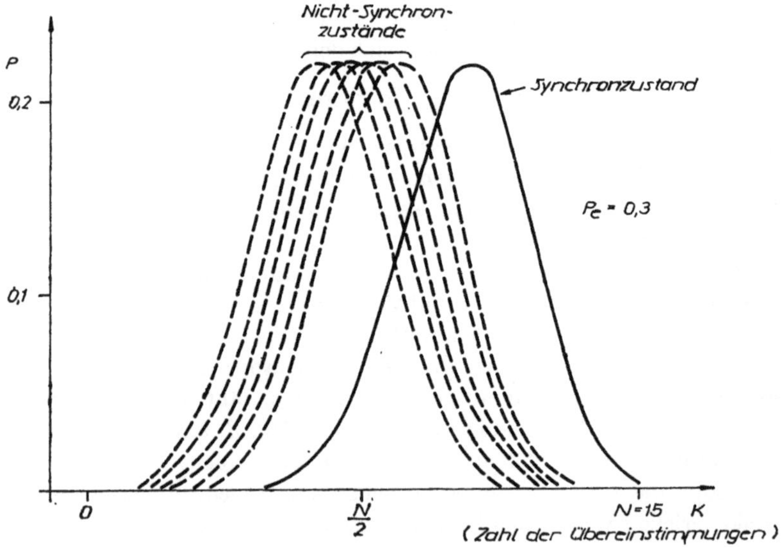

Abb. 9. Wahrscheinlichkeitsverteilung der transformierten Korrelationsergebnisse

Dabei bezeichnet $K(n)$ das n-te Korrelationsergebnis der Bestätigungsetappe, und $b_s(n)$ bedeutet das zu $K(n)$ gehörende Strukturbit, $b_s(n)$ wird durch die Anwendung der Rückkopplungsbedingungen des Strukturfolgengenerators auf die letzten m Strukturbits berechnet, d. h., die $b_s(n)$ werden unabhängig von den Korrelationsergebnissen der Bestätigungsetappe durch n-malige Anwendung der Strukturfolgenrückkopplungsbedingung auf die jeweils letzten m Strukturbits erzeugt. Die auf diese Weise transformierten Korrelationsergebnisse der Bestätigungsetappe werden mit einem zweikriteriellen Wahrscheinlichkeitsverhältnistest bewertet [4]. Dabei wird wie in der Suchetappe jedem Korrelationsergebnis K' ein Wahrscheinlichkeitsverhältnis $z^b(K')$ zugeordnet. Die Wahrscheinlichkeitsverhältnisse der Bestätigungsetappe $z^b(K)$ werden aus den in Abb. 9 gezeigten Wahrscheinlichkeitsverteilungen — durch Mittelung über die verschiedenen Nicht-Synchronzustände — berechnet. In jedem Teststadium des sequentiellen Tests der Bestätigungsetappe wird die Summe der Wahrscheinlichkeitsverhältnisse $\sum_{i=1}^{n} z^b(K')$ berechnet und mit den Schwellenparametern A und B verglichen. Ist die Summe der Wahrscheinlichkeitsverhältnisse größer als A, so bedeutet das eine Annahme der Synchronhypothese H_1. In diesem Fall ist die Phasensynchronisation abgeschlossen. Mit der Wahrscheinlichkeit $(1 - \beta_b)$, die von der Größe von A und B abhängt, ist die Synchronität zwischen dem Unterfolgenreferenzsignal und der Strukturfolge des empfangenen Produktsignals hergestellt. Ist die Summe der Wahrscheinlichkeitsverhältnisse aber kleiner als B, dann wird die Synchronhypothese abgewiesen. Das hat eine Verschiebung des Referenzgenerators um 1 bit zur Folge. Anschließend wird der Hypothesentest der Suchetappe von neuem begonnen.

Der Test bleibt unentschieden, wenn die Summe der Wahrscheinlichkeitsverhältnisse weder größer als A noch kleiner als B ist. Dann wird ein weiteres Korrelationsergebnis in die Summe der Wahrscheinlichkeitsverhältnisse einbezogen und mit den Schwellen A und B verglichen. Dieser Vorgang wiederholt sich so lange, bis die Synchronhypothese angenommen oder abgewiesen wird. Die Fehlentscheidungswahrscheinlichkeiten des sequentiellen Wahrscheinlichkeitsverhältnisses, seine sogenannte Stärke, wird durch die Größe der Schwellenparameter A und B bestimmt. Große Werte von A und $|B|$ bewirken sichere Entscheidungen, allerdings zu Lasten einer schnellen Synchronisation. Beim Entfernungsmeßsystem wurden die Schwellenparameter der Such- und Bestätigungsetappe so festgelegt, daß sich bei Irrtumswahrscheinlichkeiten unter 10^{-4} minimale Synchronisationszeiten ergeben.

3.5. Versuchsaufbau und Ergebnisse des PZ-Produktsynchronisators

Zum Nachweis der Leistungsfähigkeit des neuen Verfahrens wurde ein Laboraufbau des mikrorechnergestützten Synchronisators für PZ-Produktsignale im Basisband aufgebaut und erprobt. Neben der Bestimmung optimaler Systemparameter stand die Ermittlung der Abhängigkeit der mittleren Synchronisationszeit von der Bitfehlerrate des zu synchronisierenden PZ-Produktsignals im Vordergrund. In Abb. 10 ist das Übersichtsschaltbild des Versuchsaufbaus dargesellt. Dieser besteht aus dem Produktfolgengenerator (vgl. Abb. 2),

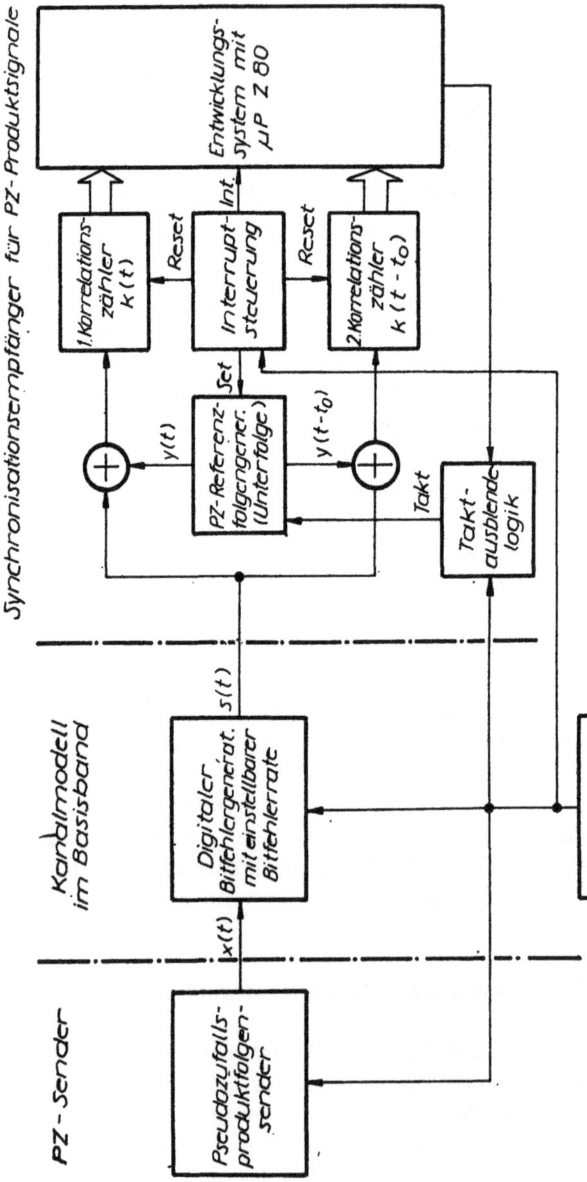

Abb. 10. Übersichtsschaltbild des Versuchsaufbaus

einem digitalen Bitfehlergenerator mit einstellbarer Bitfehlerrate und dem Produktsignalsynchronisator. Im Gegensatz zu Abb. 4 weist dieser zwei parallel arbeitende Korrelatoren auf, deren Referenzsignale um t_0 verschoben sind. Durch diese einfache Maßnahme kann eine um etwa 20% geringere Synchronisationszeit erreicht werden, da in jedem Fall der Abweisung der Synchronhypothese H_1 das Korrelationsergebnis des Produktsignals mit der um ein Bit verschobenen Referenzfolge sofort im 2. Korrelationszähler zur Verfügung steht. Alle Komponenten des Systems werden von einem gemeinsamen Taktgenerator versorgt. Als Meßsignal kam eine 945 bit lange Produktfolge, die aus einer Unterfolge von 15 bit und einer Strukturfolge von 63 bit besteht, zum Einsatz. Die Phasenlage der Unterfolge in der Strukturfolge wurde so gewählt, daß sich optimale Kreuzkorrelationseigenschaften ergeben. Mit diesem Produktsignal können bei einer Taktfrequenz von 50 kHz Entfernungen bis zu 2840 km gemessen werden. (Anmerkung: Die Auflösungsgenauigkeit hängt von der Taktfrequenz des Meßsignals ab und beträgt in diesem Fall etwa 3 km. Durch eine Feinauflösung des Taktes des Empfangssignals kann diese u. U. um mehr als eine Größenordnung verbessert werden.) Die Schwellenparameter des Phasensynchronisators wurden mit einem Optimierungsverfahren für eine minimale mittlere Synchronisationszeit festgelegt. Der Optimierung liegt eine maximale Bitfehlerrate von 0,3 zugrunde. Abb. 11 zeigt die gemessene Abhängigkeit der mittleren Phasensynchronisationszeit $\overline{T_e}$ von der Bitfehlerrate P_e des Eingangssignals. Für Bitfehlerraten zwischen Null und 0,3 ergaben sich mittlere Synchronisationszeiten zwischen 5,3 ms und 23,5 ms. Zum Vergleich wurden die Meßergebnisse des schnellsten bisher bekannten Phasensynchronisators dargestellt, der auf der Grundlage von Maximallängensignalen und mit einem Vor-Rückwärtszähler zur Bewertung der Korrelationsergebnisse arbeitet [5]. Da unter prinzipiell gleichen Versuchsbedingungen gemessen wurde, sind die Ergebnisse unmittelbar vergleichbar. Die von Kämpf in [5] erzielten Ergebnisse repräsentieren den bisherigen internationalen Stand auf dem Gebiet der Entfernungsmessung mit pseudozufälligen Meßsignalen. Die Ergebnisse der Phasensynchronisation mit produktstrukturierten PZ-Meßsignalen weisen deutlich kürzere Synchronisationszeiten auf als das Vergleichssystem. Bei der Bitfehlerrate von 0,3 ergibt sich eine um mehr als den Faktor 5 geringere Synchronisationszeit. Dieser Gewinn wächst bei kleiner werdenden Bitfehlerraten bis auf den Faktor 18,8. Prinzipiell läßt sich die Synchronisationszeit (insbesondere bei Bitfehlerraten über 0,25) noch weiter vermindern. Das ist durch eine sogenannte Codebitfehlerkorrektur möglich, bei der die Synchronisationszeit, die auf Grund fehlerhaft erkannter Strukturbits (und damit einer fehlerhaft interpretierten Strukturphasenlage) verursacht wird, durch eine Korrektur dieser fehlerhaften Strukturbits vermieden wird. Zur softwaremäßigen Codefehlerkorrektur liegen keine praktischen Ergebnisse vor. Eine Abschätzung ergab jedoch, daß sich bei einer Bitfehlerrate von 0,4 theoretisch eine Verkürzung der Synchronzeit um etwa den Faktor 2 ergäbe, wenn angenommen wird, daß sämtliche Codefehler erkannt und korrigiert werden. Da das aber praktisch nicht erreichbar ist, muß mit einer Verbesserung gerechnet werden, die kleiner als dieser Faktor ist.

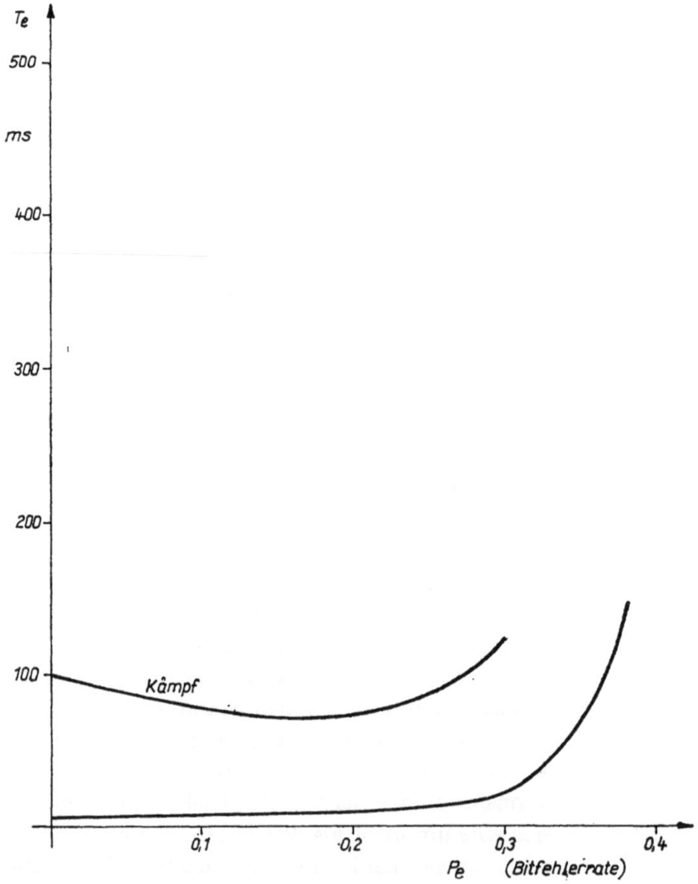

Abb. 11. Abhängigkeit der mittleren Phasensynchronisationszeit von der Bitfehlerrate

3.6. Literaturverzeichnis

[1] Golomb, S. W., et al.: Digital Communications with Space Applications. Prentice Hall, Inc., Englewood Cliffs, N. J., 1964

[2] Finger, A.: Ein Beitrag zur Erzeugung und Analyse diskreter pseudostochastischer Signale. Dissertation TU-Dresden Sektion 9, 1972

[3] Mann, V.: Ein Beitrag zur Bestimmung für den Korrelationsempfang geeigneter Pseudozufallsfolgen. Dissertation TU-Dresden Sektion 9, 1976

[4] Wald, A.: Sequential Analysis. John Wiley, New York 1952

[5] Kämpf, W.: Ein Beitrag zu Problemen der Entfernungsmessung mit Pseudozufallssignalen. Dissertation an der TU Dresden 1977

[6] Rompe, A.: Ein Beitrag zur Mikrorechnersignalerkennung bei der Entfernungsmessung mit Pseudozufallssignalen. Dissertation TU-Dresden Sektion 9, 1981

4. Regelung eines Linearantriebs

F. Rollenhagen

4.1. Aufgabenstellung

Es ist die Bewegung einer stromdurchflossenen Spule im konstanten Magnetfeld auf eine konstante Geschwindigkeit von $v_0 = 3{,}6 \cdot 10^{-4}$ m/s zu regeln. Gemessen wird die Zeitdauer, die die Spule benötigt, um einen konstanten Weg zurückzulegen. Der Spiegelort wird mit Hilfe der Interferenz einer monochromatischen Lichtquelle gemessen. Bei einer konstanten Geschwindigkeit v_0 ergibt sich dabei ein periodisches Signal mit der Referenzfrequenz $f_R = 1024$ Hz. Die Bewegung der Spule unterliegt äußeren mechanischen Störungen, deren maximale Amplitude $g_{Max} = 3 \cdot 10^{-3}$ g beträgt und einen maximalen Frequenzbereich bis zu 1 kHz umfaßt. Während eines Durchlaufs steigt der Strom in der Spule von etwa 1/5 seines Anfangswertes an.

4.2. Modellbildung

4.2.1. *Prozeßmodell*

Das Ziel der Regelung ist eine konstante Geschwindigkeit der Spule. Ausgehend von diesem Ziel, wird auch das Modell des Objektes nur unter diesem Gesichtspunkt aufgebaut. Es ist zum Beispiel ohne Interesse, wie sich das Objekt in den ersten Momenten der Anfahrphase verhält. Wir gehen davon aus, daß zu einem gewissen Zeitpunkt nach Anlegen eines Stroms die Geschwindigkeit der Spule nahe der Sollgeschwindigkeit ist. Weiterhin wird vorausgesetzt, daß die Abweichungen der Geschwindigkeit, hervorgerufen durch Störungen, klein gegenüber der Sollgeschwindigkeit sind. Die Bewegung der Spule im Magnetfeld wird durch elektrische und mechanische Kräfte beeinflußt, wobei sich die mechanischen Kräfte K_{Mech} aus inneren Reibungskräften und äußeren Störungen $K_{Stör}$ zusammensetzen

$$m\ddot{x} = K_{el} + K_{Mech} + K_{Stör}. \tag{1}$$

Die elektrische Kraft K_{el} setzt sich aus der Stärke des äußeren konstanten Magnetfeldes, dem die Spule durchfließenden Strom und der geschwindigkeitsabhängigen Gegeninduktion der Spule zusammen

$$K_{el} = hi - \alpha\dot{x}. \tag{2}$$

Die Konstanten h und α hängen von der Geometrie der Spule und dem Magnetfeld ab. Setzen wir $\dot{x} \approx v_0$ so erhalten wir

$$K_{el} = h(i - i_0) = hi_{St} \tag{3}$$

mit

$$hi_0 = \alpha v_0. \tag{4}$$

Die Größe hi_{St} ist unsere Regelgröße, die zur Aufrechterhaltung einer konstanten Geschwindigkeit v_0 zu bestimmen ist.

Die mechanische Kraft K_{Mech} wird durch Reibkräfte oder andere rücktreibende Kräfte (beweglicher Teil der Stromzuführung) gebildet. Sie äußern sich durch einen Anstieg des mittleren Stromes bei nahezu konstanter Geschwindigkeit über den zurückgelegten Weg. Da jedoch dieser Anstieg des Stromes bei fast jedem Versuch einen anderen Verlauf hat, ist eine Steuerung nicht möglich. Diese stochastische Ortsabhängigkeit der inneren mechanischen Kräfte kann bei nahezu konstanter Spulengeschwindigkeit in guter Näherung durch eine zeitabhängige stochastische Störgröße ersetzt werden. Der „worst case"-Fall für einen sich zeitlich nur langsam veränderlichen Prozeß ist der WIENER-Prozeß

$$\frac{\mathrm{d}K_{Mech}}{\mathrm{d}t} = \tilde{\beta}\xi_{Mech}. \tag{5}$$

Der Parameter $\tilde{\beta}$ ergibt sich aus dem experimentell ermittelten Anstieg des Ruhestroms bei konstanter Geschwindigkeit.

Über die äußere mechanische Störbeschleunigungen ist bekannt, daß sie in einem Bereich von 0···300 Hz mit einer Störamplitude von g_{Max} auftreten können sowie mit $1/3 g_{Max}$ im Bereich von 300···1000 Hz.

Die Erfahrungen aus vorhergehenden Experimenten, daß es für jedes Experiment ausgezeichnete Störfrequenzbereiche gibt, kann hier nicht ausgenutzt werden, da sie vor der Festlegung der Regelstrecke nicht genau bekannt sind. Wir setzen hier auch wieder den schlechtesten Fall der Störungen für die Modellbildung an:

Die Störamplituden betragen g_{Max} über den gesamten Frequenzbereich 0···1 kHz.

$$\frac{\mathrm{d}g_{Stör}}{\mathrm{d}t} = -\alpha_{Stör}g_{Stör} + \alpha_{Stör}\sigma_{Stör}\xi_{Stör} \tag{6}$$

mit

$\alpha_{\text{Stör}} = 2\pi \text{ 1KHz}$ und $\sigma_{\text{Stör}} = \sigma_{\text{Stör}}(g_{\text{Max}}, \alpha_{\text{Stör}})$.

Damit lautet das Modell unseres Antriebs

$$m\ddot{x} = hi_{\text{St}} + K_{\text{Mech}} + mg_{\text{Stör}}, \tag{7}$$

$$\frac{\mathrm{d}K_{\text{Mech}}}{\mathrm{d}t} = \bar{\beta}\xi_{\text{Mech}}, \tag{8}$$

$$\frac{\mathrm{d}g_{\text{Stör}}}{\mathrm{d}t} = -\alpha_{\text{Stör}}g_{\text{Stör}} + \alpha\sigma_{\text{Stör}}\xi_{\text{Stör}}. \tag{9}$$

4.2.2. Beobachtungsmodell

Mit Hilfe der Interferenz eines monochromatischen Lichtstrahls wird durch die Bewegung der Spule ein periodisches Signal erzeugt. Die Frequenz dieses Signals ist der Geschwindigkeit proportional. Damit ergibt sich aus der Phase der Ortszustand. Die Nulldurchgänge der Phase widerspiegeln äquidistante Ortsabstände im Falle einer rauschfreien Beobachtung.

In den ersten Experimenten war das Signal-Rausch-Verhältnis des periodischen Signals so gering, daß eine Auswertung allein der Nulldurchgänge zu einer relativ schlechten Regelung führte. Es wurde zum Aufbau einer Regelung ein Phase-lock-Kreis aufgebaut. Weiterhin wurde zur Sicherung der Regelung eine zusätzliche Geschwindigkeitsmeßspule auf eine gemeinsame Achse aufgebracht. Es zeigte sich jedoch, daß diese Meßspule bei einer gestörten Bewegung des Spulensystems selbst Schwingungen vollführte, die einen zusätzlichen Meßfehler hervorriefen. Dieser Meßfehler konnte wiederum nur durch eine zusätzliche schmalbandige Filterung beseitigt werden. Dadurch wurde die Wirkung der Geschwindigkeitsmessung auf die Regelgüte sehr stark herabgesetzt. Es wurde bei einer Neukonzeption der Regelung des Antriebs großer Wert auf eine möglichst rauschfreie Beobachtung der Nulldurchgänge des Referenzsignals gelegt.

Die Modellgleichung des Beobachtungssignals lautet

$$\varphi(t) = \frac{4\pi}{\lambda}\left(x(t) - x(t_0) + n_\varphi(t)\right), \tag{10}$$

wobei die t_ν ausgezeichnet sind, für die gilt

$$\varphi(t_\nu) = \pi\nu, \tag{11}$$

Im rauschfreien Fall $n_\varphi(t) \equiv 0$ ist der Abstand zwischen zwei Nulldurchgängen

$$x(t_\nu) - x(t_{\nu-1}) = \frac{\lambda}{4}, \tag{12}$$

wobei λ die Wellenlänge des monochromatischen Lichtes ist.

Eine Möglichkeit der Erhöhung der Abtastrate ist durch eine Quadrierung des periodischen Signals gegeben. Dieses Verfahren führte erst nach einer Amplitudenstabilisierung zu zufriedenstellenden Ergebnissen. Eine weitere Quadrierung ergab keine weitere Verbesserung, da das vorhandene Rauschen und die verbliebenen Oberwellen zu einer wesentlichen Verfälschung des Informationsgehaltes führten. Wir werden uns hier bei der Ableitung des Regelalgorithmus auf die Beobachtung der Nulldurchgänge im Ausgangssignal stützen. Die Mittenfrequenz des Beobachtungssignals liegt bei $f_R = 1$ kHz. Damit beträgt die mittlere Abtastrate 2 kHz. Die Bandbreite der Störungen $g_{\text{Stör}}$ (9) kann damit als breitbandig angesehen werden, d. h., $g_{\text{Stör}}$ unterscheidet sich innerhalb des Modells nur unwesentlich von einem weißen GAUSSschen Rauschen ($\alpha_{\text{Stör}} \to \infty$)

$$g_{\text{Stör}} = \sigma_{\text{Stör}} \xi_{\text{Stör}}. \tag{9a}$$

4.3. Schätzung der Zustandsvariablen

Das Prozeßmodell (7), (8), (9) bzw. (9a) ist ein System linearer Differentialgleichungen. Durch die Transformation

$$\begin{aligned} &U = \frac{h i_{\text{St}}}{m v_0 f_R}; \quad z^{(0)} = \frac{2x}{\lambda}; \quad z^{(1)} = \frac{v - v_0}{v_0} \\ &z^{(2)} = \frac{K_{\text{Mech}}}{v_0 f_R}; \quad z^{(3)} = \frac{g_{\text{Stör}}}{v_0 f_R}, \quad \tau = f_R \cdot t, \end{aligned} \tag{13}$$

erhalten wir ein lineares System der Struktur (1.62)

$$\frac{dz^{(0)}}{d\tau} = 1 + z^{(1)}, \tag{14a}$$

$$\frac{dz^{(1)}}{d\tau} = U + z^{(2)} + z^{(3)}, \tag{14b}$$

$$\frac{dz^{(2)}}{d\tau} = \beta \xi_{\text{Mech}}; \quad \beta = \frac{1}{v_0 f_R^2} \tilde{\beta} \tag{14c}$$

$$\frac{dz^{(3)}}{d\tau} = -\tilde{\alpha} z^{(3)} + \tilde{\alpha} \gamma \xi_{\text{Stör}}; \quad \gamma = \frac{\sigma_{\text{Stör}}}{v_0 f_R}; \quad \tilde{\alpha} = \frac{\alpha_{\text{Stör}}}{f_R} \tag{14d}$$

bzw. $z^{(3)} = \gamma \xi_{\text{Stör}}$ für $\tilde{\alpha} \to \infty$.

Die Parameter γ und β können nur näherungsweise aus den Vorgaben g_{Max} und den exp. Werten des Stromanstiegs während eines Durchlaufs bestimmt werden. Die Koeffizienten der Gl. (1.62) lauten für unser System (14) mit $z^{(3)} = \gamma\xi_{\text{Stör}}$)

$$A = \begin{pmatrix} 0 & 1 & 0 \\ 0 & 0 & 1 \\ 0 & 0 & 0 \end{pmatrix}; \quad B = \begin{pmatrix} 0 & 0 & 0 \\ 0 & 0 & \gamma \\ 0 & \beta & 0 \end{pmatrix};$$

$$z = \begin{pmatrix} z^{(0)} \\ z^{(1)} \\ z^{(2)} \end{pmatrix}; \quad F(\tau) = \begin{pmatrix} 1 \\ U \\ 0 \end{pmatrix}; \quad \xi(\tau) = \begin{pmatrix} 0 \\ \xi_{\text{Mech}} \\ \xi_{\text{Stör}} \end{pmatrix}; \tag{15}$$

$$\frac{\mathrm{d}z}{\mathrm{d}\tau} = F(\tau) + Az + B\xi(\tau), \tag{16}$$

Für die Ableitung des Regelalgorithmus ist es ohne Bedeutung, ob die Gleichung (9) oder (9a) ausgenutzt wird. Es wird im weiteren Verlauf der Ableitung an Hand einer Kurve, die die Abhängigkeit der Streuung der Geschwindigkeitsschätzung von der Bandbreite des Störprozesses $\tilde{\alpha}$ aufzeigt, die Zulässigkeit des Ansatzes eines weißen Gaussschen Rauschens für den Störprozeß $g_{\text{Stör}}$ nachgewiesen.

Die Schätzung des Zustandes z (16) mit der Beobachtungsgleichung (11) setzt sich aus zwei Teilen zusammen. Zwischen den Beobachtungszeitpunkten sind die Schätzwerte durch die A-priori-Information[1]) bestimmt. Analog zu (1.67) und (1.68) erhalten wir im Zeitintervall $\tau_{\nu-1} < \tau \leqq \tau_\nu$ für den Schätzwert $\hat{z}_\text{a}$

$$\frac{\mathrm{d}\hat{z}_\text{a}}{\mathrm{d}\tau} = F(\tau) + A\hat{z}_\text{a} \tag{17}$$

und für die Extrapolationsstreuung K_a

$$\frac{\mathrm{d}K_\text{a}}{\mathrm{d}\tau} = AK_\text{a} + K_\text{a}A^\text{T} + BB^\text{T}. \tag{18}$$

Die Schätzwerte $\hat{z}_{\nu,\text{P}}$ und $K_{\nu,\text{P}}$ zu den Beobachtungszeitpunkten τ_ν ergeben sich zu (1.79) und (1.80)

$$\hat{z}_{\nu,\text{P}} = \hat{z}_{\nu,\text{a}} + \frac{K_{\nu,\text{a}}H^\text{T}}{N_0 + HK_{\nu,\text{a}}H^\text{T}} \left(\frac{\varphi(\tau_\nu)}{2\pi} - H\hat{z}_{\nu,\text{a}} \right), \tag{19}$$

$$K_{\nu,\text{P}} = K_{\nu,\text{a}} - \frac{K_{\nu,\text{a}}H^\text{T}HK_{\nu,\text{a}}}{N_0 + HK_{\nu,\text{a}}H^\text{T}}, \tag{20}$$

---

[1]) „A-priori" wird in diesem Kapitel mit dem Index a bezeichnet (entspr. Index A in Kap. 1).

wobei $H = (1, 0, 0)$ gilt, da die Beobachtungsgröße $\varphi(\tau_\nu)$ nur vom Ort $z_\nu^{(0)}$ abhängt. N_0 ist die Streuung der Beobachtungsstörung.

Die Momente zum Beobachtungszeitpunkt $\hat{z}_{\nu,\mathrm{P}}$ und $K_{\nu,\mathrm{P}}$ sind die Anfangswerte für die Lösung der Differentialgleichung für die Momente zwischen den Beobachtungszeitpunkten (17) und (18).

Mit zunehmendem zeitlichen Abstand von der letzten Beobachtung wird auf Grund der Störungen die Kenntnis über den Zustand des Systems ungenauer. Die Streuung K_a wächst. Zum Zeitpunkt der Beobachtung $\tau_{\nu+1}$ kann der Zustand des Systems erneut geschätzt werden (19) und die Streuung der Schätzung verringert sich (20).

Die Größe der Streuwerte $K_{\nu,\mathrm{a}}$ hängt von der Länge des Zeitintervalls $(\tau_\nu - \tau_{\nu-1})$ ab und damit vom Zustand des Systems. Die exakte Realisierung des Schätzalgorithmus erfordert daher die Modellierung der Gleichungen (17) bis (20). Für eine Echtzeitregelung des Antriebs ist dieser Weg zu aufwendig und auch nur mit Näherungen möglich. Um den notwendigen Aufwand für den Grad der erforderlichen Genauigkeit der Realisierung der Gleichungen für die Streuung (18) und (20) abzuschätzen, wird die maximale Änderung der Länge der Zeitintervalle berechnet. Die maximale Änderung einer periodischen Störbeschleunigung erhalten wir in der Nähe des Nulldurchgangs bei der maximalen Störfrequenz.

Aus (10) erhalten wir

$$\Delta z_{\mathrm{Max}}^{(3)} = \frac{g_{\mathrm{Max}}}{v_0 f_\mathrm{R}} \cdot \frac{\omega_{\mathrm{Stör}}}{f_\mathrm{R}} \cdot \tau . \tag{21}$$

Die maximale Änderung des Ortes $\Delta z_{\mathrm{Max}}^{(0)}$ ergibt sich gemäß (11) und (12) zu

$$\Delta z_{\mathrm{Max}}^{(0)} = \int_0^{\Delta\tau} \int_0^{\tau'} \mathrm{d}\tau' \, \mathrm{d}\tau'' \, \Delta z_{\mathrm{Max}}^{(3)}(\tau'') = \frac{g_{\mathrm{Max}}}{v_0 f_\mathrm{R}} \frac{\omega_{\mathrm{Stör}}}{f_\mathrm{R}} \frac{(\Delta\tau)^3}{6} . \tag{22}$$

Mit den oben angegebenen Werten ergibt sich für $\Delta\tau = \dfrac{1}{2}$

$$\Delta z_{\mathrm{Max}}^{(0)} \approx 0{,}01 . \tag{23}$$

Unter Berücksichtigung der Gleichung (11) erhalten wir näherungsweise

$$(\tau_\nu - \tau_{\nu-1}) - (\tau_{\nu-1} - \tau_{\nu-2}) \approx \Delta z^{(0)} < \Delta z_{\mathrm{Max}}^{(0)} \approx 0{,}01 . \tag{24}$$

Diese maximale Änderung der Zeitdauer zwischen zwei Intervallen ist sehr gering gegenüber der mittleren Zeitdauer zwischen zwei Abtastungen $\Delta\tau = \dfrac{1}{2}$. Wir können daher die stationären Werte der Streuungen $K_{\nu,\mathrm{a}}$ zur Bestimmung der Wichtungskoeffizienten der Beobachtungswerte zur Schätzung der Erwartungswerte $\hat{z}_{\nu,\mathrm{P}}$ in (19) heranziehen.

Um eine Entkopplung der Lösung der Gl. (18) zu erhalten, wollen wir die Parameter γ und β abschätzen.

Der WIENER-Prozeß (14c) besitzt nach einem Zeitintervall $\Delta\tau$ die Streuung

$$(\sigma^{(2)})^2 = \beta^2 \Delta\tau . \tag{25}$$

Die experimentellen Untersuchungen ergaben, daß für eine nahezu konstante Geschwindigkeit während eines Durchlaufs mit der Zeitdauer $T = 6$ s ($\triangleq$ 12000 Abtastwerte) der Strom um einen Wert zunahm, der einer negativen Beschleunigung von

$$z^{(2)}_{\mathrm{Max}}(T) = \frac{g_{\mathrm{Max}}(T)}{v_0 f_{\mathrm{R}}} = \frac{K_{\mathrm{Mech}}(T)}{m \cdot v_0 f_{\mathrm{R}}} \approx -4{,}7 \tag{26}$$

entsprach. Bei einer linear angenommenen Zunahme der Abbremsung ergibt sich für ein Abtastintervall eine Beschleunigungsänderung von

$$\Delta z^{(2)}_{\mathrm{Max}}(\Delta\tau) = \frac{4{,}7}{12000} . \tag{27}$$

β muß so gewählt werden, daß die maximale Änderung der Beschleunigung von der Streuung des Modellprozesses erfaßt wird

$$\beta = \frac{\sigma^{(2)}}{\sqrt{\Delta\tau}} \geqq \frac{\Delta z^{(2)}_{\mathrm{Max}}}{\sqrt{\Delta\tau}} \approx 5{,}5 \cdot 10^{-4} . \tag{28}$$

Die Streuung eines tiefpaßgefilterten weißen Rauschens (14) hat die Form

$$(\sigma^{(3)})^2 = K^{(3,3)}_{\nu,\mathrm{P}} \, \mathrm{e}^{-2\tilde{\alpha}\Delta\tau} + \frac{\tilde{\alpha}\gamma^2}{2} (1 - \mathrm{e}^{-2\tilde{\alpha}\Delta\tau}) . \tag{29}$$

Hier ist $K^{(3,3)}_{\nu,\mathrm{P}}$ die Streuung zum Beobachtungszeitpunkt. Für die Abschätzung von γ nehmen wir an, daß sie wesentlich kleiner als der Zuwachs der Streuung, die durch den 2. Term bestimmt wird, ist.

$$(\sigma^{(3)})^2 \approx \frac{\tilde{\alpha}\gamma^3}{2} (1 - \mathrm{e}^{-2\tilde{\alpha}\Delta\tau}) . \tag{30}$$

Für periodische Störungen erhielten wir die max. Änderung zu (21)

$$\Delta z^{(3)}(\Delta\tau) = \frac{g_{\mathrm{Max}}}{v_0 f_{\mathrm{R}}} \frac{\omega_{\mathrm{Stör}}}{f_{\mathrm{R}}} \cdot \Delta\tau \approx 0{,}25 . \tag{31}$$

Aus $\sigma^{(3)}(\Delta\tau) \geqq \Delta z^{(3)}(\Delta\tau)$ erhalten wir $\left(\tilde{\alpha} = 2\pi \frac{f_{\text{Stör}}}{f_{\text{R}}} \approx 2\pi\right)$

$$\gamma > 0{,}25 \cdot \sqrt{\frac{2}{\tilde{\alpha}(1 - e^{-2\tilde{\alpha}\Delta\tau})}} \approx 0{,}14. \tag{32}$$

Da die Parameter β und γ sich um einige Größenordnungen unterscheiden, ist eine Entkopplung der Differentialgleichung (18) möglich.

Zur Bestimmung $K_{\nu,\text{a}}^{(0,0)}$, $K_{\nu,\text{a}}^{(0,1)}$ und $K_{\nu,\text{a}}^{(1,1)}$ ist das System

$$\frac{\mathrm{d}K_{\text{a}}^{(0,0)}}{\mathrm{d}\tau} = 2K_{\text{a}}^{(0,1)}; \quad \frac{\mathrm{d}K_{\text{a}}^{(0,1)}}{\mathrm{d}\tau} = K_{\text{a}}^{(11)}; \quad \frac{\mathrm{d}K_{\text{a}}^{(1,1)}}{\mathrm{d}\tau} = \gamma^2 \tag{33a—c}$$

zu lösen sowie für $K_{\nu,\text{a}}^{(02)}$, $K_{\nu,\text{a}}^{(12)}$ und $K_{\nu,\text{a}}^{(22)}$ das System

$$\frac{\mathrm{d}K_{\text{a}}^{(0,2)}}{\mathrm{d}\tau} = K_{\text{a}}^{(12)}; \quad \frac{\mathrm{d}K_{\text{a}}^{(1,2)}}{\mathrm{d}\tau} = K_{\text{a}}^{(22)}; \quad \frac{\mathrm{d}K_{\text{a}}^{(2,2)}}{\mathrm{d}\tau} = \beta^2. \tag{34a—c}$$

Beide Systeme sind über die Streuungen $K_{\nu,\text{P}}$ verkoppelt. Die Posteriori-Streuungen $K_{\nu,\text{P}}^{(0,0)}$, $K_{\nu,\text{P}}^{(01)}$ und $K_{\nu,\text{P}}^{(11)}$ hängen nur von der Lösung des Gl.-Systems (33) ab

$$\begin{aligned} K_{\nu,\text{P}}^{(00)} &= K_{\nu,\text{a}}^{(00)} - \frac{(K_{\nu,\text{a}}^{(00)})^2}{N_0 + K_{\nu,\text{a}}^{(\infty)}}, \\ K_{\nu,\text{P}}^{(01)} &= K_{\nu,\text{a}}^{(01)} - \frac{K_{\nu,\text{a}}^{(01)} \cdot K_{\nu,\text{a}}^{(00)}}{N_0 + K_{\nu,\text{a}}^{(00)}}, \\ K_{\nu,\text{P}}^{(11)} &= K_{\nu,\text{a}}^{(11)} - \frac{(K_{\nu,\text{a}}^{(01)})^2}{N_0 + K_{\nu,\text{a}}^{(00)}} \end{aligned} \tag{35a—c}$$

während die Posteriori-Streuungen $K_{\nu,\text{P}}^{(02)}$, $K_{\nu,\text{P}}^{(12)}$ und $K_{\nu,\text{P}}^{(22)}$ von den der Lösung des Dgl. Systems (34) und den A-priori-Streuungen $K_{\nu,\text{a}}^{(00)}$ und $K_{\nu,\text{a}}^{(01)}$ abhängen:

$$\begin{aligned} K_{\nu,\text{P}}^{(02)} &= K_{\nu,\text{a}}^{(02)} - \frac{K_{\nu,\text{a}}^{(02)} \cdot K_{\nu,\text{a}}^{(00)}}{N_0 + K_{\nu,\text{a}}^{(00)}}, \\ K_{\nu,\text{P}}^{(12)} &= K_{\nu,\text{a}}^{(12)} - \frac{K_{\nu,\text{a}}^{(01)} \cdot K_{\nu,\text{a}}^{(02)}}{N_0 + K_{\nu,\text{a}}^{(00)}}, \\ K_{\nu,\text{P}}^{(22)} &= K_{\nu,\text{a}}^{(22)} - \frac{(K_{\nu,\text{a}}^{(02)})^2}{N_0 + K_{\nu,\text{a}}^{(00)}}. \end{aligned} \tag{36a—c}$$

Für eine Abtastrate von 2 kHz konnte die Streuung der Ortsmessung $N_0 \ll K_{\nu,a}^{(00)}$ angesehen werden. Dadurch vereinfacht sich wesentlich die Lösung des Gleichungssystems (33) und (35).

Die stationäre Lösung ($\nu \to \infty$) bei konstantem $\Delta\tau$ lautet

$$K_P{}^{(00)} = 0, \qquad K_a{}^{(00)} = \frac{\gamma^2(\Delta\tau)^3}{4}\left(1 + \sqrt{\frac{1}{3}}\right)^2,$$

$$K_P{}^{(01)} = 0, \qquad K_a{}^{(01)} = \frac{\gamma^2(\Delta\tau)^2}{2}\left(1 + \sqrt{\frac{1}{3}}\right), \tag{37a—f}$$

$$K_P{}^{(11)} = \frac{1}{2}\gamma^2\Delta\tau\sqrt{\frac{1}{3}}, \qquad K_a{}^{(11)} = \gamma^2\Delta\tau\left(1 + \frac{1}{2}\sqrt{\frac{1}{3}}\right).$$

Mit den Werten $K_a{}^{(00)}$ und $K_a{}^{(01)}$ aus (37) erhalten wir

$$K_P{}^{(02)} = 0; \qquad K_a{}^{(02)} = \beta\gamma\frac{(\Delta\tau)^2}{2}\left(1 + \sqrt{\frac{1}{3}}\right);$$

$$K_P{}^{(12)} = \beta\gamma\frac{\Delta\tau}{2}\sqrt{\frac{1}{3}} + \beta^2\frac{(\Delta\tau)^2}{12}; \qquad K_a{}^{(12)} = K_P{}^{(12)} + \beta\gamma\Delta\tau; \tag{33a—f}$$

$$K_P{}^{(22)} = \beta\gamma - \frac{\beta^2\Delta\tau}{2}; \qquad K_a{}^{22} = \beta\gamma + \frac{\beta^2\Delta\tau}{2}.$$

Für den Fall der rauschfreien Beobachtung ist der Erwartungswert des Zustands des Ortes $\hat{z}_{\nu,P}^{(0)}$ der Beobachtungswert

$$\hat{z}_{\nu,P}^{(0)} = \frac{\varphi(\tau_\nu)}{2\pi}, \tag{39a}$$

Der Posteriori-Erwartungswert der Geschwindigkeit $\hat{z}_{\nu,P}^{(1)}$ ergibt sich aus der Summe von A-priori-Erwartungswert für diesen Zustand $\hat{z}_{\nu,a}^{(1)}$ und der gewichteten Abweichung von gemessenem Ortswert $\frac{\varphi(\tau_\nu)}{2\pi}$ und dem A-priori-Erwartungswert $\hat{z}_{\nu,a}^{(0)}$

$$\hat{z}_{\nu,P}^{(1)} = \hat{z}_{\nu,a}^{(1)} + \frac{K_{\nu,a}^{(01)}}{K_{\nu,a}^{(00)}}\left(\frac{\varphi(\tau_\nu)}{2\pi} - \hat{z}_{\nu,a}^{(0)}\right). \tag{39b}$$

Die Werte $\hat{z}_{\nu,a}$ ergeben sich aus (17) zu

$$\hat{z}^{(0)}_{\nu,a} = \frac{\varphi(\tau_{\nu-1})}{2\pi} + (\tau_\nu - \tau_{\nu-1}) + \frac{1}{2}(\tau_\nu - \tau_{\nu-1}) \cdot (U_{\nu-1} + \hat{z}^{(2)}_{\nu-1,P}) + \hat{z}^{(1)}_{\nu-1,P} \cdot (\tau_\nu - \tau_{\nu-1}),$$

$$\hat{z}^{(1)}_{\nu,a} = \hat{z}^{(1)}_{\nu-1,P} + (U_{\nu-1} + \hat{z}^{(2)}_{\nu-1,P})(\tau_\nu - \tau_{\nu-1}), \qquad (40\,a-c)$$

$$\hat{z}^{(2)}_{\nu,a} = \hat{z}^{(2)}_{\nu-1,P}.$$

Der Posteriori-Erwartungswert für die langsam veränderlichen Störbeschleunigungen kann durch die Erwartungswerte für die Geschwindigkeit ausgedrückt werden

$$\hat{z}^{(2)}_{\nu,P} = \hat{z}^{(2)}_{\nu-1,P} + \frac{K_a{}^{(02)}}{K_a{}^{01}}(\hat{z}^{(1)}_{\nu,P} - \hat{z}^{(1)}_{\nu,a}). \qquad (39\,c)$$

Aus den Beziehungen (37) und (38) erhält man die Werte von

$$\frac{K_a{}^{(01)}}{K_a{}^{(00)}} \quad \text{und} \quad \frac{K_a{}^{(02)}}{K_a{}^{01}} \quad \text{zu}$$

$$\frac{K_a{}^{(01)}}{K_a{}^{(00)}} = \frac{M}{\Delta\tau} \quad \text{mit} \quad M = \frac{2}{1 + \sqrt{\frac{1}{2}}} \approx 1{,}27 \qquad (41)$$

$$\frac{K_a{}^{(02)}}{K_a{}^{(01)}} = \frac{\beta}{\gamma}. \qquad (42)$$

Berücksichtigen wir, daß die Abtastung ortsäquidistant erfolgt

$$\frac{\varphi(\tau_\nu)}{2\pi} - \frac{\varphi(\tau_{\nu-1})}{2\pi} = \frac{1}{n} \qquad (n = 2), \qquad (43)$$

erhalten wir mit (40) für (39b)

$$\hat{z}^{(1)}_{\nu,P} = (1 - M)\,\hat{z}^{(1)}_{\nu-1,P} + \left(1 - \frac{1}{2}M\right)(U_{\nu-1} + \hat{z}^{(2)}_{\nu-1,P})(\tau_\nu - \tau_{\nu-1}) + M\left(\frac{1}{n(\tau_\nu - \tau_{\nu-1})} - 1\right) \qquad (44)$$

und für (39c)

$$\hat{z}^{(2)}_{\nu,P} = \hat{z}^{(2)}_{\nu-1,P} + \frac{\beta}{\gamma}\left(\hat{z}^{(1)}_{\nu,P} - \hat{z}^{(1)}_{\nu-1,P} - (U_{\nu-1} + \hat{z}^{(2)}_{\nu-1,P})(\tau_\nu - \tau_{\nu-1})\right). \qquad (45)$$

Die Struktur dieser Schätzgleichungen ist relativ einfach. Es soll noch einmal in Erinnerung gebracht werden, welche Näherungen notwendig waren, um diese Struktur zu erhalten:

1. Beobachtung ist rauschfrei $N_0 = 0$.
2. Es werden die stationären Streuwerte $K_{\infty,a}$, $K_{\infty,P}$ benutzt ($\Delta\tau = \text{const}$).
3. Die Rauschleistungsdichte des WIENER-Prozesses (13) ist wesentlich kleiner als die Streuleistung des Modellprozesses für die äußeren Störbeschleunigungen (14) ($\beta \ll \gamma$).
4. Äußere Störbeschleunigungen werden als breitbandig angesehen.

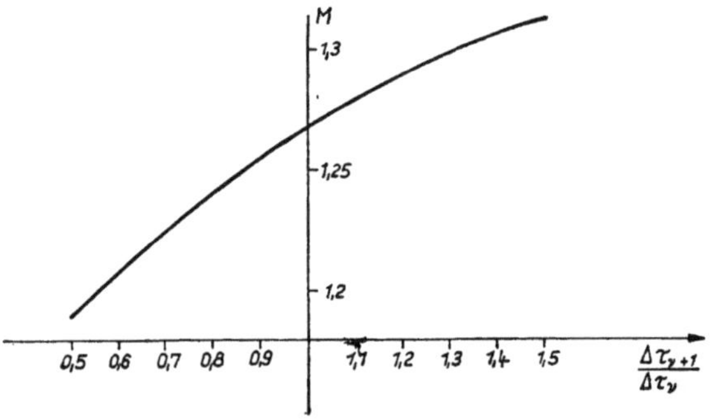

Abb. 1. Änderung des Faktors M (41) bei alternierender Länge der Abtastrate $\Delta\tau$

Die zweite Näherung ist nur mit der geringen Änderung der Länge benachbarter Zeitintervalle begründet worden. Um die Zulässigkeit dieser Näherung zu erhärten, wurde der Wert M (41) für einen Prozeß berechnet, bei dem $\Delta\tau$ alternierend seinen Wert ändert. Das Verhältnis beider Werte ist $\varepsilon = \frac{\Delta\tau_1}{\Delta\tau_2}$. Die Abb. (1) zeigt die Abhängigkeit des Faktors M von ε. Es ist ersichtlich, daß auch bei großen Abweichungen ε von 1 der Wert von M sich nicht wesentlich ändert.

Abb. 2 zeigt die Abhängigkeit der Streuung der Geschwindigkeit $\sqrt{K^{11}_{\infty,P}}$ von der Bandbreite $f_{\text{Stör}}$ der Störbeschleunigung. Eine wesentliche Verbesserung der Schätzgenauigkeit ist durch die Berücksichtigung der Bandbreite $f_{\text{Stör}} = 1$ kHz nicht zu erreichen.

Ein Abschätzung der zu erreichenden Genauigkeit ist mit den Werten der Streuungen (37) möglich. So ergibt sich die Streuung der Geschwindigkeitsschätzung als obere Grenze für die Regelgenauigkeit aus (37e) und (32)

$$\sqrt{K^{(11)}_{\infty,P}} \approx 0{,}055. \qquad (46)$$

Das Phasenjittern ist durch die Veränderung des Zeitpunktes des Nulldurchgangs der optischen Referenz gegenüber einem festen Takt gegeben. Unter der Annahme, daß eine im vorhergehenden Intervall gemessene Phasenabweichung durch die Regelgröße U ausgeregelt wird, ergibt sich der mittlere Wert des Phasenjitterns aus der Extrapolationsstreuung des Ortes $K_a^{(00)}$. Aus (37b) erhalten wir näherungsweise

$$\Delta\varphi \approx \sqrt{K_a^{(00)}} \cdot 360° \approx 14°. \tag{47}$$

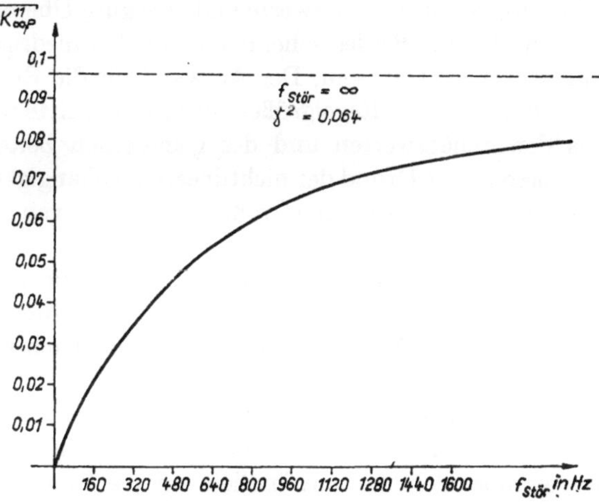

Abb. 2. Abhängigkeit der Schätzstreuung der Geschwindigkeit von der Bandbreite des Störrauschens

4.4. Synthese des Regelalgorithmus

Die Randbedingung für die Synthese eines Regelalgorithmus ist die Gewährleistung der Stabilität bei allen auftretenden Störungen. Damit sind der Synthese eines Algorithmus unter Berücksichtigung spezieller Forderungen, wie eine besondere Störunterdrückung in einem engen Frequenzbereich, Grenzen gesetzt.

In unserem Fall erlaubt die Höhe des minimalen Phasenjitterns über den Störfrequenzbereich von 1 kHz (47) keine zusätzliche Unterdrückung des Phasenjitterns im unteren Frequenzbereich bis 200 Hz, da dies nur auf Kosten eines erhöhten Phasenjitterns im oberen Frequenzbereich geschehen kann. Man sieht leicht ein, daß dies zur Instabilität führt, wenn man den Erfahrungswert — ein um einen Faktor 2 schlechteres Ergebnis der theoretischen zu den praktischen Werten — berücksichtigt.

Aus Realisierungsgründen wird verlangt, daß die Regelgröße während eines Zeitintervalls konstant bleibt. Die Länge dieses Zeitintervalls wird durch die Regelung oder durch die Abtastzeitpunkte bestimmt. Ausgehend vom Beobachtungszeitpunkt, soll in 2 Schritten die Zeitabweichung von einem festen Takt und die Geschwindigkeitsabweichung verschwinden. Auf Grund einer unbegrenzten Regelgröße ist es nun möglich, den Algorithmus so aufzubauen, daß diese 2-Schritte innerhalb eines Abtastintervalls ausgeführt werden. Dies erfordert jedoch eine hohe Genauigkeit der Schätzwerte und eine gute Übereinstimmung des Modells mit dem Objekt. Beides scheint uns nur bei niedrigen Störfrequenzen (<100 Hz) gewährleistet zu sein. Der Aufwand für die Realisierung ist nicht unerheblich, da sowohl die Regelgrößen für beide Schritte und der Umschaltzeitpunkt aus den Schätzwerten und der gemessenen Zeitabweichung bestimmt werden müssen. Auf Grund der nichtlinearen Abhängigkeit des Ortszustandes von der Zeit hängen die gesuchten Größen nichtlinear von den Beobachtungsgrößen ab.

Diese Schwierigkeiten sind prinzipiell auch bei einer Strategie, die nach 2 Abtastzeitpunkten den Sollzustand erreichen soll, vorhanden. Die Bestimmung der Regelgrößen wird dadurch reduziert, daß nach der Beobachtung und der Schätzung wieder die Regelgröße aus dem 2-Schrittkriterium zu bestimmen ist, so daß immer nur die Regelgröße des 1. Schrittes zu realisieren ist. Dadurch wirken sich ein falsches Modell und eine nicht ganz exakte Realisierung der geforderten Regelgröße nicht so empfindlich auf die Störunterdrückung aus.

Wenn wir die optimale Regelstrategie bestimmen wollen, müssen wir den Erwartungswert der Kostenfunktion minimieren. Bei nichtlinearen Prozessen ist dies ohne Näherungen nicht möglich. Wir werden daher die im Abschnitt 1.3. beschriebene Näherung durchführen, d. h., es wird, ausgehend vom Schätzwert, die Kostenfunktion in Abhängigkeit vom Erwartungswert des Zustandes bezüglich der zukünftigen Steuergrößen $\{U_{i \geq \nu}\}$ minimiert.

Zum Beobachtungszeitpunkt beträgt die geschätzte Geschwindigkeitsabweichung $\hat{z}^{(1)}_{\nu,\mathrm{P}}$. Die Differenz zwischen dem Beobachtungszeitpunkt τ_ν und einem Nulldurchgangszeitpunkt eines frequenzstarren Taktsignals $\tau_\nu{}^{\mathrm{B}}$ beträgt

$$\tau_\nu - \tau_\nu{}^{\mathrm{B}} = \eta_\nu . \tag{48}$$

Unter Berücksichtigung der Gleichung (40c) kann die Steuerspannung U_ν und der Schätzwert $\hat{z}^{(2)}_{\nu+1,\mathrm{A}}$ zu einer neuen Größe zusammengefaßt werden:

$$V_\nu = U_\nu + \hat{z}^{(2)}_{\nu,\mathrm{P}} \tag{49}$$

Die Regelgröße V_ν ergibt sich aus der Forderung, daß die Abweichung des Taktsignals $\tau^{B}_{\nu+2}$ vom extrapolierten Beobachtungszeitpunkt $\tau_{\nu+2,a}$, der sich aus den extrapolierten Erwartungswerten $\hat{z}_{\nu+2,a}$ ergibt, verschwindet

$$\tau_{\nu+2,a} - \tau^{B}_{\nu+2} = 0 \tag{50}$$

und daß die geschätzte Geschwindigkeit zum Zeitpunkt $\tau^{B}_{\nu+2}$ gleich der Sollgeschwindigkeit ist

$$\hat{z}^{(1)}_{\nu+2,a} = 0. \tag{51}$$

Aus den Beziehungen (40) erhalten wir unter Berücksichtigung der ortsäquidistanten Beobachtung

$$\hat{z}^{(0)}_{\nu+1,a} - \hat{z}^{(0)}_{\nu,P} = \hat{z}^{(0)}_{\nu+2,a} - \hat{z}^{(0)}_{\nu+1,a} = \frac{1}{n} \tag{52}$$

(n Anzahl der Abtastung pro Schwingung des Referenzsignals) für die Geschwindigkeitsabweichung

$$\hat{z}^{(1)}_{\nu+1,a} = \hat{z}^{(1)}_{\nu,P} + V_\nu(\tau_{\nu+1,a} - \tau_\nu), \tag{53}$$

$$0 = \hat{z}^{(1)}_{\nu+1,a} + V_{\nu+1}(\tau^{B}_{\nu+2} - \tau_{\nu+1,a}) \tag{54}$$

und für den Ort

$$\frac{1}{n} = (1 - \hat{z}^{(1)}_{\nu,P})\,(\tau_{\nu+1,a} - \tau_\nu) + \frac{V_\nu}{2}\,(\tau_{\nu+1,a} - \tau_\nu)^2, \tag{55}$$

$$\frac{1}{n} = (1 + \hat{z}^{(1)}_{\nu+1,a})\,(\tau^{B}_{\nu+2} - \tau_{\nu+1,a}) + \frac{V_{\nu+1}}{2}\,(\tau^{B}_{\nu+1} - \tau_{\nu+1,a})^2, \tag{56}$$

und aus (48) und (50) mit

$$\tau^{B}_{\nu+2} = \tau_\nu{}^{B} + \frac{2}{n}$$

erhalten wir

$$\tau^{B}_{\nu+2} - \tau_\nu = \frac{2}{n} - \eta_\nu. \tag{57}$$

Die Gleichungen (53)—(57) sind 5 Gleichungen für die zu bestimmenden Größen $\hat{z}^{(1)}_{\nu+1,a}$, V_ν, $V_{\nu+1}$; $\tau_{\nu+1,a}$ und $\tau^{B}_{\nu+2}$. Die Lösung dieses Gleichungssystems lautet

$$\tau_{\nu+1,a} - \tau_\nu = \frac{1}{n} - \frac{\eta_\nu}{2} + \frac{2}{n \cdot \hat{z}^{(1)}_{\nu,P}} \left(1 - \sqrt{1 + \frac{n\hat{z}^{(1)}_{\nu,P}\left(\frac{1}{n} - \frac{\eta_\nu}{2}\right)^2}{4}}\right), \tag{58}$$

$$V_\nu = \frac{\frac{1}{n} - (1 + \hat{z}^{(1)}_{\nu,P})(\tau_{\nu+1,a} - \tau_\nu)}{\frac{1}{2}(\tau_{\nu+1,a} - \tau_\nu)^2}. \tag{59}$$

Aus diesen beiden Größen (58) und (59) erhält man leicht die Größen $\hat{z}^{(1)}_{\nu+1,a}$, $V_{\nu+1}$ als Funktion der Posteriori-Erwartungswerte $\hat{z}^{(1)}_{\nu,P}$ und dem Meßwert η_ν (48).

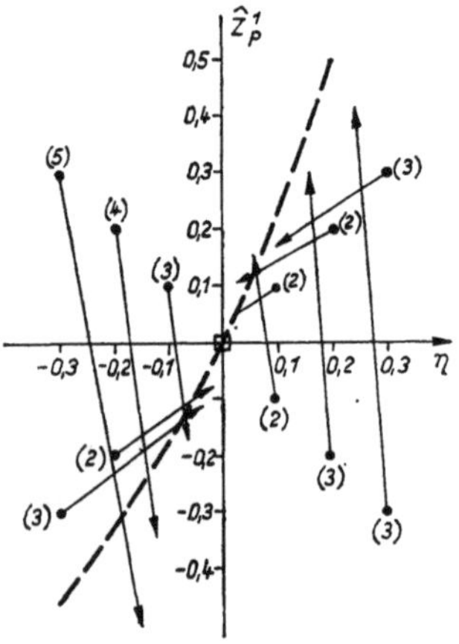

Abb. 3. Einfluß der Linearisierung der Regelstrategie (60) auf die Genauigkeit der Regelung
— — — nach einem Schnitt in den Sollzustand bei exakter Strategie (58) und (59)
(3) Anzahl der Schritte, die in den Zustand $|Z^1| \leqq 0{,}01$ und $|\eta| \leqq 0{,}01$ führen
●⟶ Zustand nach einem Schritt

Die komplizierten Ausdrücke (58) und (59) sind für eine Realisierung ungeeignet. Bei kleinen Abweichungen η_ν und $\hat{z}^{(1)}_{\nu,P}$ ist eine Linearisierung möglich

$$V_\nu \approx -\frac{3}{2} n\hat{z}^1_{\nu,P} + n^2\eta_\nu. \tag{60}$$

In Abb. 3 sind die Übergänge von einigen Anfangszuständen $(\hat{z}^{(1)}_{\nu,P}, \eta_\nu)$ in einen neuen Zustand nach einem Schritt mit Hilfe der Strategie (60) dargestellt. Die gestrichelte Linie kennzeichnet die Zustände von denen aus mit der optimalen Strategie (58) und (59) in einem Schritt in den Sollzustand geregelt wird. Die Zahlen in Klammern am Ausgangszustand kennzeichnen die Anzahl der Schritte, die benötigt werden, um in einen Zustand innerhalb des Gebietes $|z^{(1)}| \leqq 0{,}01$ und $|\eta| \leqq 0{,}01$ zu gelangen. Dieser Bereich ist kleiner als die durch (46) und (47) angegebene maximale Regelgenauigkeit.

4.5. Realisierung des Algorithmus der Antriebsregelung

Eine Berechnung der Dämpfungskurven für die Antriebsregelung ist auf Grund der Nichtlinearitäten in der Schätzung nur mit Näherungen möglich $\left(\tau_\nu - \tau_{\nu-1} = \frac{1}{n}\right)$. Es wurde daher das Objekt und der Algorithmus auf einem Tischrechner simuliert. Dabei wurden die langsam veränderlichen Störungen $z^{(2)}$ vernachlässigt. Die Störgröße $z^{(3)}$ wurde durch ein periodisches Signal

$$z^{(3)}(\tau) = C(g_{\text{Stör}}) \sin \omega_{\text{Stör}}\tau \tag{61}$$

berücksichtigt. Als Parameter für die Störfestigkeit dient die mittlere Geschwindigkeitsabweichung der Spule

$$\tilde{z}^{(1)} = \sqrt{\frac{1}{T}\int_0^T \left(z^{(1)}(\tau)\right)^2 \mathrm{d}\tau}\,. \tag{62}$$

In Abb. 4 ist $\frac{\tilde{z}^{(1)}}{C}$ in Abhängigkeit von der Störfrequenz $f_{\text{Stör}}$ aufgetragen. Es wird die recht gute Erfassung der periodischen Störungen durch das stochastische Modell (9) bzw. (9a) dokumentiert.

Für $C(g_{\text{Stör}}) = 0{,}081$ erhalten wir

$$\tilde{z}^{1}_{\text{Max}}(g_{\text{Stör}}) = 0{,}049 \tag{63}$$

in guter Übereinstimmung mit der Streuung der Geschwindigkeitsschätzung (46).

Der Regelalgorithmus läßt sich sowohl mit herkömmlicher Technik als auch mit mikroelektronischen Bausteinen realisieren. Wir werden hier beide Realisierungsvarianten vorstellen.

4.5.1. Realisierung durch analoge Baugruppen

Die Hauptschwierigkeit bei der Realisierung durch analoge Baugruppen ist die Nachbildung des Terms für die mittlere Geschwindigkeitsabweichung

$$f(\Delta\tau) = \frac{1}{n(\tau_\nu - \tau_{\nu-1})} - 1 \tag{64}$$

der Schätzgleichung (44). Dieser Term ist näherungsweise durch eine RC-Entladungskurve realisierbar:

$$f_{RC}(\Delta\tau) = C_1 + C_2\, e^{-\alpha\cdot\Delta\tau}. \tag{65}$$

Die Konstanten C_1, C_2 und α ergeben sich aus der Forderung, daß die Sollkurve $f(\Delta\tau)$ und die Näherungskurve $f_{RC}(\Delta\tau)$ im Sollzeitpunkt $\Delta\tau = \frac{1}{n}$ eine maximale Anschmiegung besitzen sollen

$$f\left(\frac{1}{n}\right) = f_{RC}\left(\frac{1}{n}\right); \quad f'\left(\frac{1}{n}\right) = f'_{RC}\left(\frac{1}{n}\right); \quad f''\left(\frac{1}{n}\right) = f''_{RC}\left(\frac{1}{n}\right). \tag{66a—c}$$

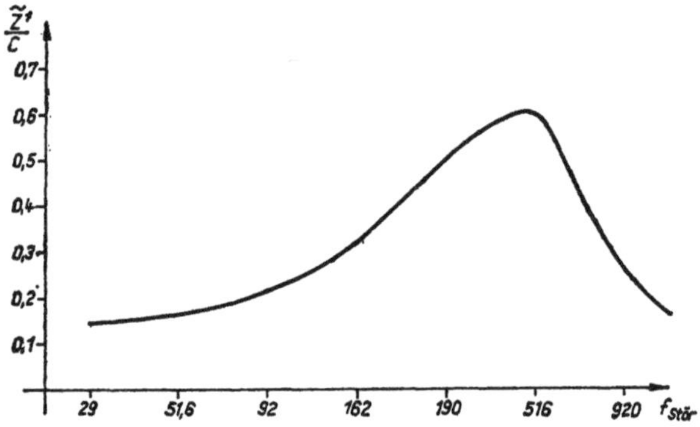

Abb. 4. Störunterdrückung

Wir erhalten

$$C_1 = -\frac{1}{2}; \qquad C_2 = \frac{e^2}{2}; \qquad \alpha = 2n \tag{67a—c}$$

Während eines Zeitintervalls $[\tau_{\nu-1}, \tau_{\nu-1} - \tau_u]$ erhält der Kondensator die Spannung

$$U_C = C_2\, e^{-2n\tau_u} \tag{68}$$

und wird vom Zeitpunkt $\tau_{\nu-1} + \tau_u$ über einen Widerstand entladen.

Die Korrekturgröße der mittleren Geschwindigkeitsabweichung

$$V_\nu(\tau_\nu - \tau_{\nu-1}) = (U_\nu + \hat{z}^{(2)}_{\nu,P})\,(\tau_\nu - \tau_{\nu-1}) \tag{69}$$

wird durch einen Integrate-and-dump realisiert. Eine Vernachlässigung dieses Terms führt zu einer wesentlich falschen Schätzung. Ohne zusätzliche Maßnahmen entstehen Mikroschwingungen im Regelkreis, da auch bei kleinen Störungen immer eine Unterbewertung der Regelung stattfindet.

Zur Realisierung des Terms

$$(1 - M)\,\hat{z}^{(1)}_{\nu-1,\mathrm{P}}$$

wird die Geschwindigkeitsabweichung zum Zeitpunkt des Nulldurchgangs des Referenzsignals durch einen Sample-and-hold abgetastet und mit dem Faktor $(1 - M)$ rückgekoppelt. Dabei ist zu beachten, daß während der gesamten Abtastzeit zur Bestimmung des Wertes $\hat{z}^{(1)}_{\nu,\mathrm{P}}$ am Eingang des Sample-and-holds der alte Wert $\hat{z}^{(1)}_{\nu-1,\mathrm{P}}$ anliegt.

Zur Schätzung der langsamveränderlichen Störungen wird die Schätzgleichung (45) realisiert.

Das Realisierungsblockschaltbild des Regelalgorithmus ist in Abb. 5 dargestellt. Der Vergleich der theoretisch möglichen und der praktisch realisierten Störunterdrückung bzgl. des Phasenjitterns ist in Abb. 6 dargestellt.

Bei der Berechnung der Störunterdrückung wurden die Schätzung der langsam veränderlichen Störungen aus dem Algorithmus herausgenommen.

Daher ergibt sich in der Praxis eine bessere Störunterdrückung bei Störfrequenzen kleiner 50 Hz. Die experimentellen Werte sind außerhalb dieses Bereiches mindestens um einen Faktor 2 schlechter als die theoretisch möglichen Werte.

4.5.2. Konzeption einer Realisierung der Antriebsregelung durch Mikroelektronik

Vom Nutzer wurde eine um einen Faktor 4 bessere Störunterdrückung, als die in Abb. 6 gemessene, gefordert. Dies war hier nur durch eine Verdopplung des Referenzsignals möglich. Daher schied schon nach einer Abschätzung des Verhältnisses der Berechnungszeit der neuen Steuerspannung zur Zeitdauer zwischen zwei Beobachtungszeitpunkten eine Mikroprozessorrealisierung aus. Bei einem zeitlichen Abstand zwischen zwei Nulldurchgängen des Rerenzsignals von $\Delta t_{n=4} = 0{,}25$ ms ergibt sich bei einer Taktzeit von $t_{\mathrm{CPU}} = 0{,}4$ µs eine Taktanzahl von 625 Takten. Eine Abschätzung der Zeitdauer vom Auftreten des Nullimpulses bis zur Ausgabe der Steuergröße ergab etwa 100···150 Takte. Damit kann die Verzögerungszeit der Ausgabe der Steuergröße nicht vernachlässigt werden. Eine Berücksichtigung dieser Totzeit ist möglich, führt jedoch wiederum zu einer Verringerung des Gewinns an Störunterdrückung.

Die hier vorgeschlagene Konzeption hat nur eine Berechtigung, wenn die notwendige Abtastrate zur Erlangung einer vorgegebenen Störunterdrückung einen Wert von 2 kHz nicht überschreitet. Dies ist möglich bei Erhöhung der Geschwindigkeit v_0 oder durch Verringerung der Störamplituden $g_{\mathrm{Stör}}$ durch eine Vergrößerung der Masse des Antriebs.

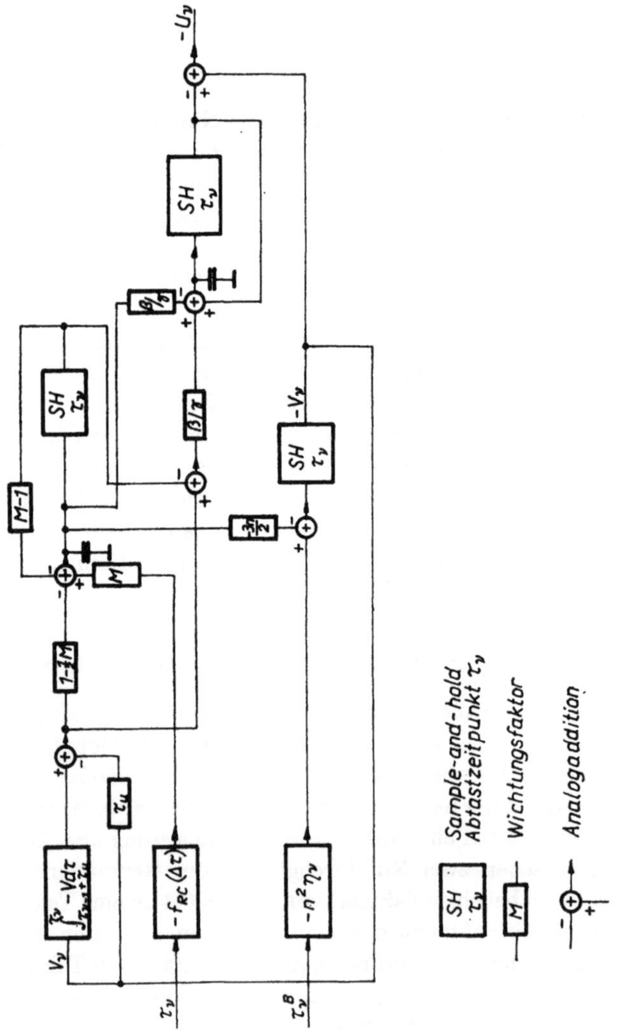

Abb. 5. Blockschaltbild des Regelalgorithmus (44), (45), (48), (49), (60), (65)

Für die Realisierung des Regelalgorithmus durch einen Mikroprozessor muß das Gleichungssystem (44), (45) und (60) umgeformt werden. Die gemessene Zeitdauer $\Delta\tau$ bestimmt mit der um einen Schritt zurückliegenden Regelaktivi-

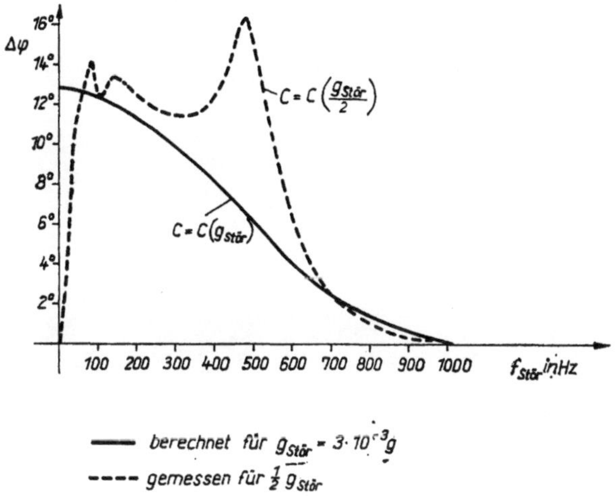

Abb. 6. Dämpfungsverhalten der Phasenabweichung von einem starren Takt
——— berechnet für $g_{\text{Stör}} = 3 \cdot 10^{-3} g$
– – – – gemessen für $1/2 g_{\text{Stör}}$

tät und der Zeitabweichung von einem festen Takt die neue Regelaktivität

$$V_\nu = V_{\nu-1}\left(-\frac{1}{2} + \frac{1}{4}M\right) + n^2 M \eta_{\nu-1} - \frac{3}{2} nM\left(\frac{1}{n\Delta\tau} - 1\right) + n^2\left(\Delta\tau - \frac{1}{n}\right). \tag{70}$$

Aus der Definitionsgleichung (48) erhalten wir

$$\eta_\nu = \eta_{\nu-1} + \Delta\tau - \frac{1}{n}. \tag{71}$$

Der Posteriori-Erwartungswert der langsam veränderlichen Störung ergibt sich unter Ausnutzung der Beziehung (60) und der Näherung

$$V_{\nu-1}\Delta\tau \approx V_{\nu-1} \cdot \frac{1}{n} \tag{72}$$

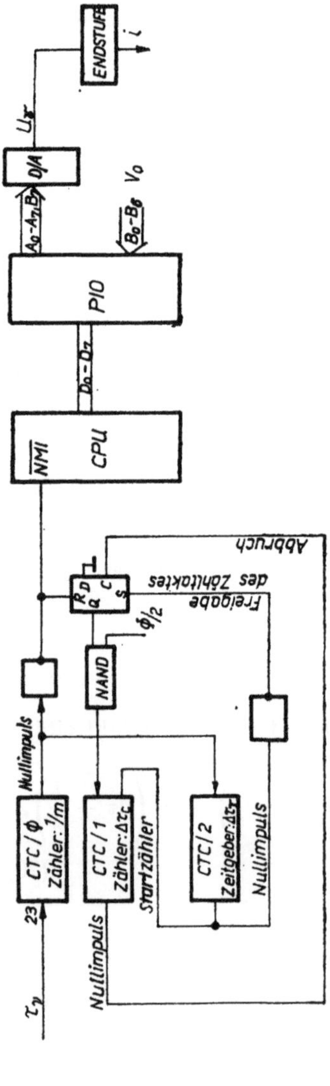

Abb. 7. Blockschaltbild der Messung von $\Delta\tau = \Delta\tau_T + \Delta\tau_C$

zu

$$\hat{z}^{(2)}_{\nu,P} \approx \hat{z}^{(2)}_{\nu-1,P} + \frac{\beta}{\gamma} \cdot \frac{2}{3n} \left(-V_\nu - \frac{1}{2} V_{\nu-1} + n^2(\eta_\nu - \eta_{\nu-1}) \right). \tag{73}$$

Die Näherung (72) wurde auch zur Ableitung der Gleichung (70) ausgenutzt. Die Berechnung des exakten Wertes $V_{\nu-1}\Delta\tau$ ist in einer im Verhältnis zur Zeitdauer zwischen zwei Beobachtungen $\Delta\tau$ kleinen Zeit nicht möglich.

Da die maximale Änderung der Zeitdauer zwischen zwei Intervallen $\Delta\tau$ sehr gering ist (24), setzt sich die Bestimmung des $\Delta\tau$ aus einem konstanten Anteil $\Delta\tau_T$ und einem durch den Nullimpuls des Referenzsignals bestimmten Anteil $\Delta\tau_C$ zusammen. Der Anteil $\Delta\tau_T$ wird durch einen Zeitgeber, der durch den Nullimpuls des Referenzsignals gestartet wird, realisiert. Nach Ablauf von $\Delta\tau_T$ wird ein Startimpuls für einen Zähler abgegeben. Der Zählvorgang wird wiederum durch den Nullimpuls des Referenzsignals unterbrochen.

Als Impulsgeber für den Zähler dient der CPU-Takt. Der Zähler besitzt eine Breite von 8 bit. Damit ergibt sich bei einer Taktdauer von $2t_{\mathrm{CPU}} = 0{,}8\ \mu\mathrm{s}$

$$\Delta t_T = \Delta\tau_T \cdot \frac{1}{f_R} = \frac{1}{n} \cdot \frac{1}{f_R} - 128 \cdot 2t_{\mathrm{CPU}} \approx 0{,}4\ \mathrm{ms}. \tag{74}$$

Eine Realisierung des Regelalgorithmus mit wahlweiser Sollgeschwindigkeit v_0 ist leicht möglich, wenn die Sollgeschwindigkeit ein ganzzahliges Vielfaches einer Grundgeschwindigkeit v_{Min} ist:

$$v_0 = m \cdot v_{\mathrm{Min}}. \tag{75}$$

Durch eine Erhöhung der Sollgeschwindigkeit steigt bei gleichbleibender Referenzfrequenz die Störsicherheit. Die Störleistungen (13) und (14) sinken mit wachsender Geschwindigkeit.

Bei einer Erhöhung der Sollgeschwindigkeit muß nur in Gleichung (10) die Normierung des Ortes geändert werden. Für die Bestimmung der Steuergröße U bleiben die Gleichungen (11)—(14) erhalten und damit die Parameter des Regelalgorithmus. Nur beim Übergang vom Ausgang des D/A-Wandlers zur Endstufe muß die Spannung U zur Bestimmung von i_{St} (10) um den Faktor m gegenüber einer Regelung für $v_0 = v_{\mathrm{Min}}$ erhöht werden. Die Ausblendung der nicht ausgenutzten Nulldurchgänge des Referenzsignals geschieht über einen programmierbaren Teiler. In Abb. 7 ist das Blockschaltbild der Mikroprozessorvariante angegeben. Es wurden hier nur die für die Regelung interessanten Leitungen eingezeichnet.

5. Temperatursteuerung eines elektrothermischen Atomisators

L. Hausfeld

5.1. Problemdarstellung

In der Atomspektroskopie werden unabhängig vom jeweiligen Verfahren (Absorptions-, Emissions- und Fluoreszenzspektrometer) sogenannte Atomisatoren benötigt, um die Stoffprobe gezielt zu verdampfen und die Moleküle in ihre Atome zu zerlegen. Dazu wird als Trägermaterial z. B. ein Graphitröhrchen verwendet, das als Heizwiderstand an eine Stromquelle angeschlossen ist. Die Anforderungen an ein solches System sind bezüglich Dynamikbereich und Temperaturgenauigkeit sehr hoch. Im Bereich von 20 °C bis 3000 °C ist ein maximaler Temperaturfehler von kleiner 20°C erwünscht, wobei sich der geforderte frei wählbare Temperaturverlauf aus Stücken mit linearem Temperaturanstieg oder -abfall (Rampen) und Abschnitten mit konstanter Temperatur (Hold) zusammensetzt. Bei der Konzipierung des elektrothermischen Atomisators (ETA) stand zunächst die Frage, ob die Anforderungen mit einer Temperatursteuerung zu erreichen sind, was bisher auch mit dem Einsatz eines Mikrorechners nicht erreicht worden war, oder ob eine Temperaturregelung erforderlich ist. Dabei muß man davon ausgehen, daß die für die Regelung notwendige Temperaturmessung technisch sehr aufwendig und kostspielig ist und die im System vorhandenen Zeitkonstanten (Leistungsänderung → Temperaturänderung) eine exakte Temperaturregelung zumindest stark erschweren. Auf Grund der weiteren Tatsache, daß bisherige gesteuerte Geräte die Möglichkeiten der Zustandsschätzung nicht nutzten, wurde für die Temperatursteuerung entschieden. Damit stehen hauptsächlich zwei Probleme an, die zwar unter den Gesichtspunkten von geschlossener Aufgabenstellung und minimalem Aufwand zusammengehören, sich jedoch getrennt lösen lassen.

Das betrifft die Bereitstellung von Sollwerten für das elektrothermische System und die Korrektur der verschiedenen Störeinflüsse, um diese Sollwerte zu realisieren.

5.2. Modellbildung und Algorithmus

5.2.1. Temperatursteuerung

Die Temperatur des Graphitröhrchens wird allein durch die umgesetzte elektrische Leistung gesteuert. Dabei wird die Temperatur an einer bestimmten Stelle (Mitte) des Röhrchens betrachtet, damit entfällt die Berücksichtigung der Temperaturverteilung über die Längsachse.

Bei der Modellbildung ist nun wieder entscheidend, wie die A-priori-Kenntnisse über das elektrothermische System verarbeitet werden. Ein streng physikalisch-theoretischer Ansatz müßte vom Zusammenhang zwischen umgesetzter Energie und Strahlungstemperatur ausgehen, der mit Gleichung (1) gegeben ist:

$$S = \sigma \cdot T^4. \tag{1}$$

Für die Erfüllung dieser Gleichung sind aber die Randbedingungen nicht gegeben, vor allem müßte die Wärmeableitung über die Halterung berücksichtigt

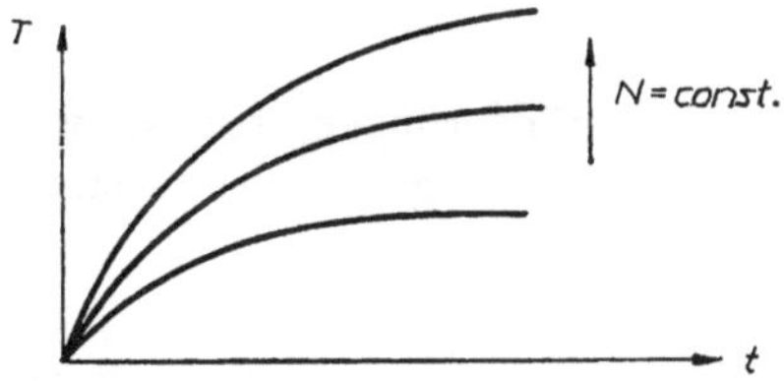

Abb. 1. Verhalten des elektrothermischen Systems

werden. Deshalb ist eine vom realen System ausgehende Beschreibungsform zweckmäßiger. Das Verhalten des elektrothermischen Systems wird qualitativ durch Abb. 1 beschrieben.
Bei Zuführung einer konstanten Leistung N erhöht sich die Temperatur kontinuierlich und strebt gegen einen Gleichgewichtswert.

Das zu Gl. (1) entgegengesetzte Extrem wäre die rein mathematische Methode der Approximation von Meßkurven. Der Rechenaufwand hierfür wäre aber so groß, daß die Berechnung der momentanen Leistung für vorgegebene Temperaturverläufe unter Echtzeitbedingungen gar nicht oder nur mit zu groben Näherungen möglich ist. Einen physikalisch sinnvollen Ansatz stellt das phänomenologische Modell in Form der Differentialgleichung (2) dar:

$$\frac{\mathrm{d}}{\mathrm{d}t} T = \frac{N(t) - F(T)}{C(T)}. \tag{2}$$

Das heißt, die Temperaturänderung ist proportional der Differenz aus zugeführter Leistung $N(t)$ und Gleichgewichtsleistung $F(T)$. Der Proportionalitätsfaktor $C(T)$ stellt die Wärmekapazität des Röhrchens dar. Die temperaturabhängigen Werte von $F(T)$ und $C(T)$ können Meßkurven entsprechend Abb. 1 entnommen werden. Die zeitdiskrete Schreibweise von Gl. (2) liefert den sehr einfachen Algorithmus für die Berechnung der Sollwerte:

$$N(t_n) = \frac{\Delta T}{\Delta t} C(T) + F(T). \tag{3}$$

Dabei entspricht $\frac{\Delta T}{\Delta t}$ unmittelbar dem gewünschten Anstieg des Temperaturverlaufs. Dieses Modell setzt allerdings voraus, daß die momentane Temperatur als einzige Zustandsgröße des Systems hinreichend ist.

Der praktische Test zeigt jedoch, daß es nicht nötig ist, noch andere Größen, wie etwa die Momentanleistung oder zeitlich zurückliegende Temperaturen, einzubeziehen.

5.2.2. Leistungsregelung

Wegen verschiedener Störeinflüsse, z. B. Materialveränderungen, insbesondere aber Schwankungen der Netzspannung, macht sich eine Regelung der Leistung erforderlich. Auf Grund von

$$N(t) = R \cdot J_{\text{eff}}^2 = \frac{1}{R} U_{\text{eff}}^2 \tag{4}$$

ist ebenso eine Regelung des Quadrats des Effektivwertes der Spannung oder des Stromes möglich. Die folgenden Betrachtungen beziehen sich auf die Stromregelung bei einem bekannten, konstanten Widerstand R des Graphitröhrchens, sind aber auch für die anderen beiden Fälle gültig. Die Stromregelung bietet den Vorteil, daß sich Änderungen eines Übergangswiderstandes im Heizkreis nicht auf die umgesetzte Leistung auswirken.

Es wird vorausgesetzt, daß der Regelkreis eine steuerbare netzgespeiste Stromquelle, an die der Heizwiderstand angeschlossen ist, und einen Stromwandler für die Ist-Wert-Bereitstellung enthält. An die Regelung wird die Forderung gestellt, daß sie sehr schnell und sehr genau ist, damit auch große Sollwertsprünge realisiert werden können. An diesem einfachen Beispiel läßt sich jetzt sehr gut der wesentliche Unterschied zwischen der linearen auf Frequenzanalyse und der auf Zustandsschätzung beruhenden Regelung zeigen.

Während bei ersterer ein Soll-Ist-Vergleich $I_{\text{soll}} - I_{\text{ist}}$ vorgenommen und über ein dem Störprozeß angepaßtes Rückkoppelfilter (P—I—D-Glied) am Steuerglied zum Sollwert additiv rückgeführt wird, wird im zweiten Fall zunächst eine den Systemzustand charakterisierende und vom Sollwert unabhängige Größe geschätzt. Das ist im vorliegenden Fall der Quotient aus Eingangswert und Ausgangswert des elektrothermischen Systems. Während beim P—I—D-Regler stets ein Kompromiß gefunden werden muß zwischen schnellem Einschwingen (bei Sollwert-Änderungen) und hoher Genauigkeit, entfällt dieses Problem beim Zustandsregler, da Sollwertsprünge keine Zustandsänderung bewirken und damit die Zeitkonstante der Rückkopplung nur dem Störprozeß angepaßt werden muß.

Die Modellgleichung für das elektrothermische System lautet

$$\frac{x_A}{x_E} - 1 = z, \tag{5}$$

wobei x_A den Ausgang und x_E den normierten Eingang darstellt, während z eine Gaussche Zufallsgröße mit Mittelwert Null ist und durch Gl. (6) charakterisiert wird

$$\frac{d}{dt} z = -\alpha z + \beta \xi . \tag{6}$$

Für dieses Einkomponentensystem 1. Ordnung ergibt sich entsprechend Gl. (83) aus Kap. 1 die Schätzgleichung

$$\hat{z}_{j,P} = \hat{z}_{j,A} + f(K) \cdot (y_j - \hat{z}_{j,A}), \tag{7}$$

und mit der Substitution $f(K) = M$ erhält man die Rekursionsformel

$$z_n = (1 - M) \cdot z_{n-1} + M \cdot y_n . \tag{8}$$

Der Entwurfsparameter M ist abhängig von den Eigenschaften des Prozesses z, d. h. von der Bandbreite α und der Streuung β sowie vom Beobachtungsrauschen, und wird empirisch ermittelt. Dabei hat sich in der Praxis der Wert $M = 0{,}125$ bewährt.

Die Gleichung (8) entspricht einer Tiefpaß-Filterung für die Beobachtungsgröße $y = \frac{x_A}{x_E} - 1$ (s. Gl. (107) Kap. 1). Für das Regelziel $x_A = x_S$ mit x_S = Sollwert ergibt sich als Vorschrift für das Schließen des Regelkreises mit Berücksichtigung von Gl. (5)

$$x_E = \frac{1}{z + 1} x_S . \tag{9}$$

Das entsprechende Blockschaltbild zeigt Abb. 2

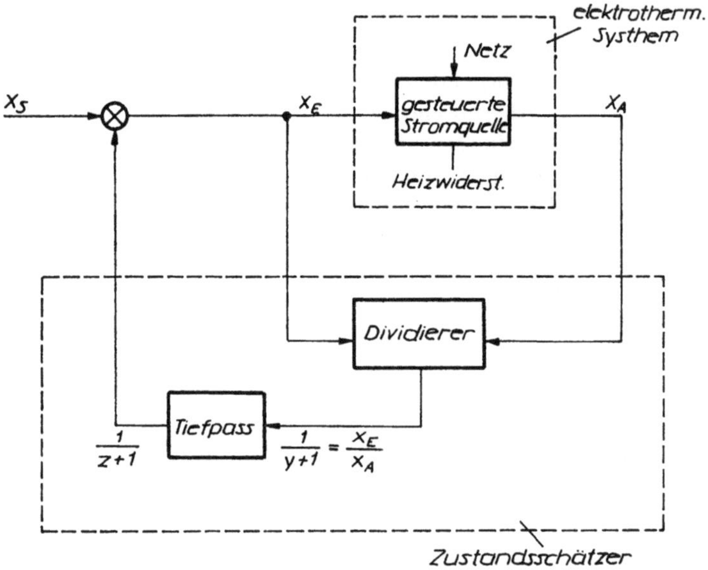

Abb. 2. Blockschaltbild für die Regelung

5.3. Das technische Verfahren zur Temperatursteuerung

Die Parameter C(T) und F(T) werden im Versuchsaufbau ermittelt, und zwar an einem Röhrchen, das fortan als Normröhrchen fungiert mit dem Widerstand R_0 bei Raumtemperatur. Da der elektrische Widerstand eines Graphitröhrchens temperaturabhängig ist, ist es zweckmäßig, bei der Parameterbestimmung beide Seiten von Gl. (3) durch R_0 zu dividieren, um so gleich den Temperaturverlauf des Widerstandes in den Parametern C(T) und F(T) festzuhalten. Damit ergeben sich die Sollwerte für die Stromregelung direkt aus Gl. (3) mit dem Faktor $\frac{R_0}{R}$.

Dieser Quotient $\frac{R_0}{R}$ muß mit jedem Röhrchen neu bestimmt werden. Durch eine solche Routine können auch alterungsbedingte Veränderungen des Widerstandes R kompensiert werden. Die so ermittelten Parameter C(T) und F(T) werden in Tabellenform in Festwertspeichern aufbewahrt. Für die Konzipierung des ETA war der Spielraum für die Hardware stark eingeschränkt. Vorauszusetzende Baugruppen sind ein Transformator, an dessen Sekundärseite der Heizwiderstand angeschlossen ist und primärseitig über eine Thyristorsteuerung mit dem Versorgungsnetz verbunden ist. Als eine für die Bedienung und Ablaufsteuerung des Gesamtgerätes ohnehin erforderliche Baugruppe kommt ein Mikrorechner hinzu. Damit ergibt sich das in Abb. 3 dargestellte Blockschaltbild.

Durch die Thyristorsteuerung ist das kleinste Zeitraster der Steuerung mit einer halben Netzperiode, d. h. 10 ms gegeben. Obwohl diese Periode wesentlich kleiner ist als es in Anbetracht der Zeitkonstanten des Prozesses notwendig wäre, ist es zweckmäßig, den Mikrorechner auf das Versorgungsnetz zu synchronisieren, weil sich damit die Thyristorsteuerung vereinfacht. Ein Nulldurchgangsdetektor meldet dem Mikrorechner den Zeitpunkt der Netzphase $\varphi = 0$, worauf dieser nach einer zuvor berechneten Verzögerungszeit der

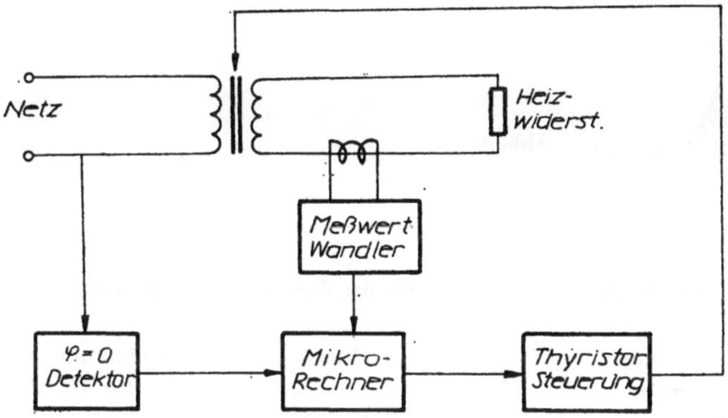

Abb. 3. Blockschaltbild zur Temperatursteuerung

Thyristorsteuerung direkt den Zündimpuls liefert. Für die Umsetzung eines berechneten Ausgabewertes für den Strom in eine Verzögerungszeit wird eine in einem ROM abgespeicherte Tabelle verwendet, die die der Verzögerungszeit entsprechenden Zahlenwerte der „Schließwinkel" des Thyristors in Abhängigkeit vom Effektivwert-Quadrat des Stromes enthält.

Mit Abb. 4 gilt bei sinusförmigem Netz für den Ausgabewert des Effektivwert-Quadrates $J_A{}^2$ in einer Halbwelle:

$$t_P J_A{}^2 = \int_0^{t_z} \hat{J}_N{}^2 \sin \omega t \, dt, \tag{10}$$

und die Tabellenwerte t_z sind aus der transzendenten Gl. (11) für äquidistante Werte von $\frac{J_A{}^2}{J_N{}^2}$ zu berechnen

$$t_P \frac{J_A{}^2}{J_N{}^2} = \frac{t_z}{2} - \frac{t_P}{4\pi} \sin 2\pi \frac{t_z}{t_P} \tag{11}$$

Die absolute Genauigkeit dieser Tabelle ist natürlich wegen der verschiedenen realen Störungen nicht sehr hoch. Das muß auch nicht sein, da ja die Abweichungen infolge von Netzverzerrungen, Gegeninduktivität des Transforformators und Amplitudenschwankungen durch die Regelung kompensiert werden. Voraussetzung für eine genaue Regelung ist die feine zeitliche Auflösung der Werte für die Zündzeitpunkte t. Für die Unterdrückung von Einschwingvorgängen bei Sollwertänderungen ist es wichtig, daß tatsächlich ein linearer Zusammenhang besteht zwischen Ausgabewert J_A^2 und Istwert J_M^2.

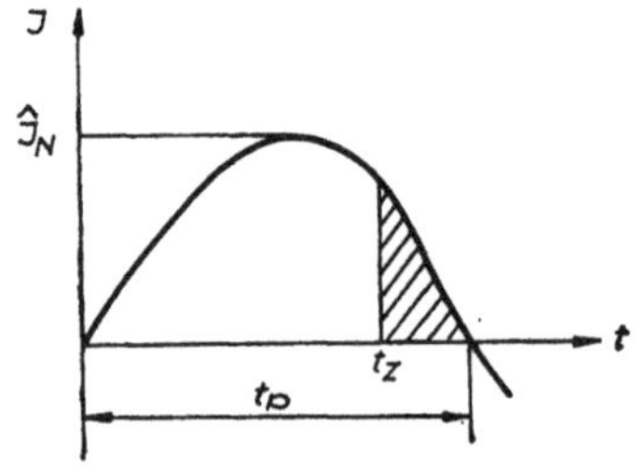

Abb. 4.

Das wird durch eine Anpassung der Tabelle an das reale elektrothermische System erreicht.

Da die Genauigkeit des Regelungssystems durch die Eigenschaften des Meßwertwandlers begrenzt wird, ist hier ein Mindestaufwand erforderlich, der im vorliegenden Fall aus einem 12-bit-ADU besteht. Die häufig verwendete Tiefpaßfilterung des Meßsignals vor dem ADU würde zwar die für die Bestimmung

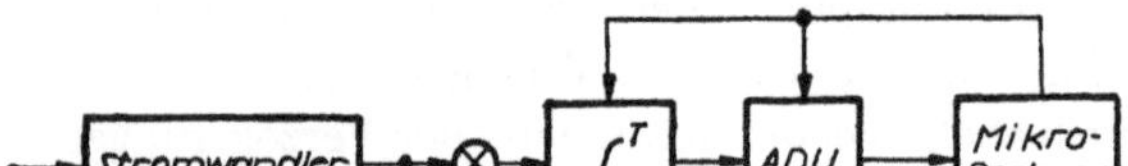

Abb. 5. Integrate-and-dump-Stufe

des Effektivwertes nötige Eliminierung des Integrationsanteils mit wenig Hardware-Aufwand ermöglichen, die nur begrenzt mögliche „Entfaltung" der Meßwerte wäre jedoch softwaremäßig sehr aufwendig. Eine sehr zweckmäßige Lösung stellt eine Integrate-and-dump-Stufe dar, weil dann mit jeder Halbwelle ein Meßwert direkt zur Verfügung steht, siehe Abb. 5.

Da das Rücksetzen des Integrators über den Mikrorechner netzsynchron erfolgt, sind die Meßwerte von der Netzfrequenz abhängig. Eine Korrektur erfolgt durch den Faktor $\frac{10\,\text{ms}}{t_P}$ der vor Beginn eines Heizzyklus vom Mikrorechner ermittelt wird. Die genaue Bestimmung der Netzfrequenz ist auch erforderlich für die Berechnung der Sollwerte für das Durchlaufen einer vorgegebenen Rampensteilheit, d. h. für den Faktor $\frac{\Delta T}{\Delta t}$ aus Gl. (3), da $\Delta t = \Delta t_P$ gilt.

5.4. Realisierung des Verfahrens

5.4.1. Hardware

Für die Realisierung des oben beschriebenen Verfahrens wurde ein 8-bit-Mikroprozessorsystem vom Typ U 880 verwendet. Der Nulldurchgangstrigger belegt den Kanal 0 der CTC für die Interrupterzeugung. Der Zero-clock-Ausgang 2 der in Reihe geschalteten Kanäle 1 und 2 liefert über einen Opto-Koppler die Zündzeitpunkte an die Leistungselektronik. Im Heizkreis werden max. 5 kW umgesetzt.

5.4.2. Software

Das Programm unterteilt sich in einen Vorbereitungsblock und den Echtzeitblock für die Heizphase. In der Vorbereitungsphase werden die Parameter des gewünschten Temperaturverlaufs eingegeben und daraus für die einzelnen Abschnitte die Faktoren $\frac{\Delta T}{\Delta t}$ bestimmt.

Außerdem werden die Messung der Netzfrequenz und die Berechnung des Faktors $\frac{10\ \text{ms}}{t_P}$ vorgenommen. Weiterhin wird in dieser Phase durch Messung von Strom und Spannung der elektrische Widerstand des Heizelements bestimmt. Diese beiden Werte werden zur Korrekturgröße N zusammengefaßt. Die Messung der Netzfrequenz erfolgt mit Hilfe der CTC im Zeitgeber-Modus. Damit wird bei Verwendung des Vorteilers 1/16 und einem Prozessor-Takt von 2,4 MHz eine zeitliche Auflösung von 6,7 μs erreicht. Das ist unter Berücksichtigung dessen, daß das Phasenjitter der Netz-Nulldurchgänge bis zu 20 μs beträgt, ausreichend. Allerdings müssen wegen der ca. $\frac{2{,}4\ \text{MHz} \cdot 10\ \text{ms}}{16} = 1500$ Zählimpulse zwei Zählkanäle in Reihe geschaltet werden, wodurch sich eine Schwierigkeit beim Auslesen des Zählergebnisses zwischen zwei Netzinterrupts ergibt. Beim softwaregesteuerten Stop eines Zählkanals ist es nämlich nicht möglich, mit Sicherheit zu entscheiden, ob nach dem Stop des Zählers noch ein Übertrag über den Zero-clock-Ausgang erfolgt ist oder nicht, es sei denn, man

```
ØØØ1              .
ØØØ2              .
ØØØ3  INTF:       ADR(IFN).
ØØØ4              .
ØØØ5              .
ØØØ6              LD HL,INTF
ØØØ7              LD A,L             INTERRUPT-VEKTOR
ØØØ8              OUT (CTC),A
ØØØ9              LD A,H
ØØ1Ø              LD I,A
ØØ11              LD A,3Ø7
ØØ12              OUT (CTC),A
ØØ13              LD A,1
ØØ14              OUT (CTC),A        KANAL Ø ERZEUGT INTERRUPT
ØØ15              IM2
ØØ16              EI
ØØ17              HALT
ØØ18              JR -2
ØØ19              .
ØØ2Ø              .
ØØ21  IFN:        LD A,41            UMSCHALTEN KANAL1 AUF VORTEILER 256
ØØ22              OUT (CTC+1),A
ØØ23              PUSH AF
ØØ24              POP AF             FUELLBEFEHLE (MEHR ALS 16TAKTE)
ØØ25              IN A,(CTC+1)
ØØ26              CPL                UNTERES BYTE DES ZAEHLERGEBNISSES
ØØ27              LD L,A
ØØ28              IN A,(CTC+2)
ØØ29              CPL                HOEHERWERTIGES BYTE
ØØ3Ø              LD H,A
ØØ31              LD A,7
ØØ32              OUT (CTC+1),A      KANAL1 TIMER MIT VORTEILER 16
ØØ33              LD A,1Ø7
ØØ34              OUT (CTC+2),A      KANAL2 ALS ZAEHLER
ØØ35              LD A,377
ØØ36              OUT (CTC+1),A
ØØ37              OUT (CTC+2),A      RUECKSETZEN BEIDER ZAEHLKANAELE
ØØ38              .
ØØ39              .
ØØ4Ø  VERARBEITUNG DES ZAEHLERGEBNISSES.
ØØ41              .
ØØ42              .
ØØ43              RETI
```

Abb. 6. Programm

wertet mehrere umständliche „Test"-Abfragen aus. Das Problem wurde durch das in Abb. 6 angegebene Programm umgangen.

Durch die Programmzeilen 21–24 wird erreicht, daß zwischen den Programmzeilen 25–29 mit Sicherheit kein Übertrag auftritt und das in HL befindliche Zählergebnis ein Maß für die Periodendauer der Netzfrequenz ist. Das Zählergebnis muß noch um das 1/16-fache der zwischen Einlesen und Start der CTC (Zeilen 25 u. 36) liegenden Takte korrigiert werden und außerdem über mehrere Durchläufe (gültige Ergebnisse ab 2. Durchlauf) gemittelt werden.

Für die Heizphase ergibt sich der in Abb. 7 dargestellte Programmablauf.

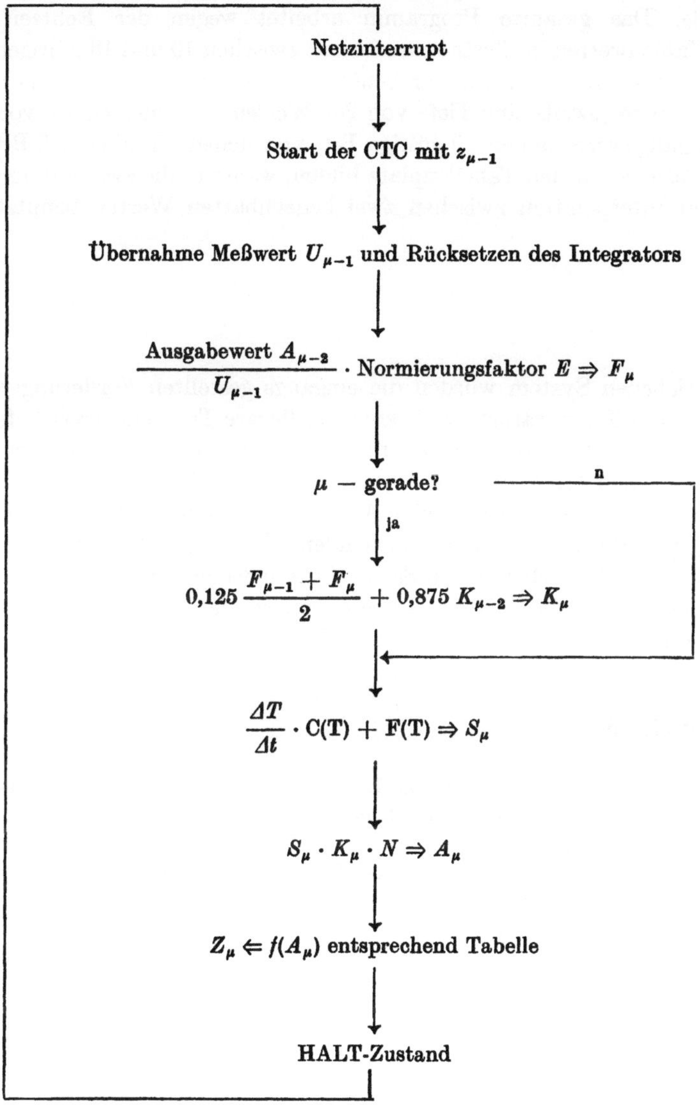

Abb. 7. Ablaufdiagramm

Die Verzweigung bei ungeraden μ bewirkt eine Kompensation von Unsymmetrien der Hardware oder des Versorgungsnetzes zwischen positiver und negativer Halbwelle. Das gesamte Programm arbeitet wegen der Echtzeitforderung mit Zahlenwerten im Festkommaformat zwischen 10 und 16 gültigen Bit, nur die Zustandsgröße Temperatur benötigt 32 Bit. Die Tabellen $C(T)$, $F(T)$ und $Z(A)$ haben jeweils eine Tiefe von 256 Werten mit einer Breite von 16 Bit. Die Eingangswerte haben 10 gültige Bit, von denen die oberen 8 Bit eine Low-oder-Adresse für den Tabellenplatz bilden, während die zwei unteren Bit zur linearen Interpolation zwischen zwei benachbarten Werten benutzt werden.

5.5. Ergebnisse

Mit dem beschriebenen System wurden die eingangs gestellten Forderungen erfüllt. Im gesamten Temperaturbereich konnten lineare Temperaturverläufe realisiert werden mit Steilheiten zwischen 20 °C/s und 2000 °C/s. Netzspannungsschwankungen zwischen 185 V und 250 V wurden ausgeregelt.

Auf der Basis dieses Systems wurde eine Anordnung erfolgreich erprobt, die es ermöglicht, Graphitröhrchen mit abweichendem Temperaturverhalten einzusetzen. Dazu ist es erforderlich, einen Sensor für mindestens zwei feste Temperaturen einzubauen und die Software so zu erweitern, daß bei einem Probelauf Korrekturwerte für $C(T)$ und $F(T)$ ermittelt werden.

5.6. Literaturverzeichnis

[1] Falk, H., Schmelovsky, K.-H., Hausfeld, L.: Verfahren und Anordnung zur Realisierung eines vorgegebenen Temperaturverlaufs.
Patentschrift WP G 01 N/232 400/4

[2] Falk, H., Hausfeld, L., Schmelovsky, K.-H.: Verfahren und Anordnung zur Einstellung einer elektrischen Größe.
Patentschrift WP G 05 F/232 401/2

6. Signalerkennungsverfahren für binäre phasenumgetastete Signale

A. Link

6.1. Aufgabenstellung

Die Signalerkennung spielt in der Funktechnik eine immer größere Rolle. Das hat seine Ursache vor allem darin, daß die vorhandenen Funkkanäle (Sende- und Empfangsfrequenzen) wegen der ständig steigenden Anzahl von notwendigen Funkverbindungen mehrfach genutzt werden müssen.

Bei der Anwendung des Selektivrufverfahrens [1] wird an die vorhandenen Funkempfänger ein Selektivrufdekoder angeschlosssen, der nur die für seine Funkstelle bestimmten Anrufe auswertet und signalisiert. Bei diesem Verfahren ist das ausgesendete hochfrequente Signal mit einem Anrufsignal moduliert, das aus fünf aufeinander folgenden Tonfrequenzen besteht. Nach der Demodulation des empfangenen Signals erfolgt dann die Signalerkennung im nachgeschalteten Selektivrufdekoder. Das ständige Überwachen einer Anruffrequenz erfordert damit das Einschalten des gesamten Empfängertraktes einschließlich des Demodulations- und Dekodierungsblocks. In Netzen des öffentlichen beweglichen Landfunkdienstes nach [2] wird die bewegliche Empfangsstelle über einen Selektivruf angerufen, der über einen speziellen hochfrequenten Rufkanal ausgesendet wird. Dieser Selektivruf übermittelt eine digitale Information, deren Empfang und Erkennung die Einstellung des Empfängers auf diese Ruffrequenz und die Demodulation des hochfrequenten Signals erfordert.

Hier soll ein Signalerkennungsverfahren vorgestellt werden, das nicht die Demodulation des hochfrequenten Nutzsignals voraussetzt. Es wurde für einen Empfänger entwickelt, bei dem Demodulation und Bitregeneration mikroprozessorgestützt erfolgen. Bei Vorhandensein des gewünschten Nutzsignals am Empfängereingang liefert die nach dem entwickelten Signalerkennungsverfahren funktionierende Schaltung ein sogenanntes Kennungssignal, was den nachgeschalteten Demodulations- und Bitgenerationstrakt aktiviert. Der Mikroprozessor als Kernstück des Demodulations- und Bitregenerationstraktes muß dem Empfänger daher nur zu den Zeiten zur Verfügung stehen, in denen auch wirklich das gewünschte Nutzsignal am Eingang anliegt.

Das weiter unten erklärte Signalerkennungsverfahren kommt bei der Informationsübertragung mit Hilfe von binären phasenumgetasteten Signalen zur Anwendung. Für phasenmodulierte Signale gilt bekanntlich die Darstellung

$$x(t) = X \cos [\omega t + \varphi(t)] = X \cos \varphi(t) \cos \omega(t) - X \sin \varphi(t) \sin \omega t .$$

Bei der binären Phasenumtastung erfolgt mit jedem neuen Informationselement der Dauer T eine Phasenumtastung um 180°, d. h. $\varphi(t) = \pm \frac{\pi}{2}$. Es fehlt damit im ausgesendeten Leistungsspektrum der Schwingung $x(t)$ die Restkomponente der unmodulierten Trägerschwingung.

Unter Signalerkennung soll hier eine solche Signalerkennung des empfangenen Signals verstanden werden, die ohne Kenntnis der unmodulierten Trägerphase ωt und ohne Kenntnis der Bitphase $\varphi(t)$ ein nur für das auf bestimmte Art modulierte Signal $x(t)$ charakteristisches Signal liefert, dessen Vorhandensein wiederum eine Abschätzung von Trägerphase und Bitphase des anliegenden Signals zuläßt.

Naturgemäß wird daher ein solches charakteristisches Signal nicht nur zur Aktivierung der nachfolgenden Demodulations- und Bitregenerationsschaltungen genutzt, sondern dient auch als Ausgangswert für die im Demodulations- und Bitregenerationsprozeß notwendigen Schätzungen von Träger- und Bitphase.

6.2. Ermittlung eines charakteristischen Signals aus einem binären phasenumgetasteten Signal

Auszugehen ist von einem Signal

$$x(t) = X \cos [\omega t + \varphi(t)] . \tag{1}$$

$\varphi(t)$ schwankt dabei zeitlich zwischen den Werten +90° und −90° entsprechend der zu übertragenden binären Information. Da die Frequenz $f = \frac{\omega}{2\pi}$ und die Phase $\varphi(t)$ unbekannt sind, wird der Ansatz gemacht, dieses Signal mit einem Oszillatorsignal zu mischen, dessen Frequenz sich linear im möglichen Frequenzbereich des Empfangssignals (1) ändert.

Mit

$$x_{\mathrm{VCO}}(t) = X_{\mathrm{VCO}} \cos \left(\omega_0 t + \frac{a}{2} t^2 + \varphi_0\right) \tag{2}$$

als Oszillatorsignal errechnet sich am Mischerausgang unter Vernachlässigung der Summenkomponente

$$y(t) = Y \cos \left[\Delta\omega t - \frac{a}{2} t^2 + \varphi(t) - \varphi_0\right] \tag{3}$$

Hierbei bezeichnet $\Delta\omega$ die Anfangsverstimmung

$$\Delta\omega = \omega - \omega_0 \tag{4}$$

und $\frac{a}{2\pi}$ die Frequenzänderung pro Zeiteinheit des Oszillatorsignals. φ_0 ist der willkürliche Phasenwinkel zwischen beiden aufgeschriebenen Signalen.

Im weiteren werden die Integrationswerte A_ν dieses Mischerausgangssignals über das Zeitintervall $\frac{T}{n}$ betrachtet

$$A_\nu = \frac{n}{T} \int\limits_{\nu\frac{T}{n}}^{(\nu+1)\frac{T}{n}} y(t)\,\mathrm{d}t, \tag{5}$$

ν und n ganzzahlig.

Mit

$$\lambda_\nu = \frac{\mathrm{d}}{\mathrm{d}t}\left(\frac{a}{2}t^2\right)_{\nu\frac{T}{n}} = a \cdot \nu \frac{T}{n} \tag{6}$$

und angenommener konstanter Phasenlage $\varphi(t) = \varphi_M$ im Integrationsintervall darf für die Werte A_ν näherungsweise geschrieben werden

$$A_\nu = \frac{\sin \frac{\lambda_\nu}{2}\frac{T}{n}}{\frac{\lambda_\nu}{2}\frac{T}{n}} \cos\left[\left(\nu + \frac{1}{2}\right)\lambda_\nu \frac{T}{n} + \varphi_a\right], \tag{7}$$

$$\varphi_a = \frac{1}{2}\frac{\Delta\omega^2}{a} - \varphi_0 + \varphi_M. \tag{8}$$

Für ausreichend kurze Integrationsintervalle unterscheiden sich benachbarte λ_ν-Werte nach Gleichung (6) nur geringfügig voneinander. Ohne großen Fehler darf das Produkt zweier benachbarter Integrationswerte daher geschrieben werden:

$$A_\nu A_{\nu+1} = \frac{\sin^2 \frac{\lambda_\nu}{2}\frac{T}{n}}{\left(\frac{\lambda_\nu}{2}\cdot\frac{T}{n}\right)^2} \cos\left[\left(\nu + \frac{1}{2}\right)\lambda_\nu \frac{T}{n} + \varphi_a\right] \cos\left[\left(\nu + \frac{3}{2}\right)\lambda_\nu \frac{T}{n} + \varphi_a\right]. \tag{9}$$

Wird anstelle des Oszillatorsignals nach Gl. (3) das entsprechende Quadratursignal benutzt, errechnet sich unter denselben Voraussetzungen für das Produkt zweier benachbarter Werte

$$A_\nu{}^* A_{\nu+1}^* = \frac{\sin^2 \frac{\lambda_\nu}{2} \frac{T}{n}}{\left(\frac{\lambda_\nu}{2} \frac{T}{n}\right)^2} \sin\left[\left(\nu + \frac{1}{2}\right) \lambda_\nu \frac{T}{n} + \varphi_a\right] \sin\left[\left(\nu + \frac{3}{2}\right) \lambda_\nu \frac{T}{n} + \varphi_a\right]. \tag{10}$$

Das Produkt der benachbarten Integrationswerte ist nach Gleichung (9) und auch nach Gleichung (10) von der Phase φ_a und von der Frequenzdifferenz zum Integrationszeitpunkt $\frac{\lambda_\nu}{2\pi}$ multipliziert mit dem Integrationsintervall abhängig. Bemerkenswerter Weise verschwindet diese Phasenabhängigkeit, wenn das Produkt der benachbarten Integrationswerte gleichzeitig mit beiden Oszillatorsignalen erzeugt wird und die Signale entsprechend Gleichung (9) und (10) addiert werden. Aus den Gleichungen (9) und (10) wird durch Addition erhalten:

$$A_\nu A_{\nu+1} + A_\nu{}^* A_{\nu+1}^* = \frac{\sin^2 \frac{\lambda_\nu}{2} \frac{T}{n}}{\left(\frac{\lambda_\nu}{2} \frac{T}{n}\right)^2} \cos\left(\lambda_\nu \cdot \frac{T}{n}\right). \tag{11}$$

Dieser Ausdruck kann mit der Abkürzung

$$\alpha = \frac{\lambda_\nu}{2} \frac{T}{n} \tag{12}$$

der besseren Überschaubarkeit wegen in die Form

$$f(\alpha) = \frac{\sin^2 \alpha}{\alpha^2} \cos 2\alpha \tag{13}$$

gebracht werden. Er zeigt, wie auch die Abb. 2 illustriert, ein ausgeprägtes Maximum für den Fall, daß die momentane Frequenzdifferenz $\frac{\lambda_\nu}{2\pi}$ gleich Null ist. Das Summensignal nach Gleichung (11) gestattet damit bei bekanntem Zeitverlauf der Oszillatorfrequenz auf die Frequenz des Eingangssignals nach Gleichung (1) zu schließen.

Wichtig ist nun, den Einfluß der Phasenmodulation auf dieses Summensignal zu untersuchen, d. h., $\varphi(t)$ möge sich zu einem bestimmten Zeitpunkt um 180° ändern.

Der Zeitpunkt dieses Phasensprungs innerhalb des Integrationsintervalls wird bei $(\nu + 1)\frac{T}{n}$ angetragen, wobei dann s alle Werte zwischen Null und Eins annehmen kann

$$0 \leqq s \leqq 1. \tag{14}$$

Ausgehend von Gleichung (5), errechnet sich analog zu Gleichung (11)

$$A_\nu A_{\nu+1} + A_\nu{}^* A_{\nu+1}^* = \frac{\sin \frac{\lambda_\nu}{2} \frac{T}{n}}{\frac{\lambda_\nu}{2} \frac{T}{n}} \frac{\sin \frac{\lambda_\nu}{2} \frac{T}{n} (1 - s)}{\frac{\lambda_\nu}{2} \frac{T}{n}} \cos \left[(2 - s) \frac{\lambda_\nu}{2} \frac{T}{n}\right] - \frac{\sin \frac{\lambda_\nu}{2} \frac{T}{n}}{\frac{\lambda_\nu}{2} \frac{T}{n}} \frac{\sin \frac{\lambda_\nu}{2} \frac{T}{n} \cdot s}{\frac{\lambda_\nu}{2} \frac{T}{n}} \cos \left[(3 - s) \frac{\lambda_\nu}{2} \frac{T}{n}\right]. \tag{15}$$

Die Analyse der Gleichung (15) zeigt, daß beim Auftreten eines Phasensprungs an den Integrationsgrenzen ($s = 1$) ein zum unmodulierten Fall (kein Phasensprung) mit entgegengesetzten Vorzeichen behafteter ($A_\nu A_{\nu+1} + A_\nu{}^* A_{\nu+1}^*$)-Wert erzeugt wird. Zu jedem anderen Zeitpunkt eines Phasensprungs entstehen zwei zum unmodulierten Fall unterschiedliche ($A_\nu A_{\nu+1} + A_\nu{}^* A_{\nu+1}^*$)-Werte, die zwischen $+1$ und -1 liegen können. Im Sonderfall $s = 1/2$ und $\lambda_\nu \cong 0$ sind beide Werte nahe Null.
Damit beeinflußt die Modulation des Eingangssignals in charakteristischer Weise das erzeugte Produkt zweier aufeinanderfolgender Integrationswerte.

Diese rechnerisch durchgeführte Signalaufbereitung des binären phasenumgetasteten Signals nach Gleichung (1) zeigt die Möglichkeit, ein Signal zu erzeugen, das in charakteristischer Weise nur bei Vorhandensein dieses phasenumgetasteten Signals entsteht und eine Abschätzung von Trägerfrequenz und Modulationsphase gestattet.

6.3. Realisierung einer Schaltung zur Selektion eines binären phasengetasteten Signals

Als Beispiel für die Anwendung der zuvor rechnerisch ermittelten Signalaufbereitung soll eine Schaltungsanordnung entwickelt werden, die es gestattet, ein bestimmtes Nutzsignal zu selektieren. Dieses Nutzsignal möge dadurch gekennzeichnet sein, daß der Nutzinformation eine Präambel bestehend aus einer L, Ø-Folge vorangestellt ist. Eine solche Präambel zeichnet sich durch ein Maximum an Phasenänderungen um den Wert π aus und bietet damit die Möglichkeit einer leichten Signalerkennung nach oben angegebener Signalaufbereitung.

Weiterhin sei bekannt, daß sich die Signalfrequenz z. B. infolge des Dopplereffektes in bestimmten Grenzen ändern kann. Zur Realisierung dieser Aufgabenstellung wird entsprechend der oben ermittelten Signalaufbereitung eine Schaltungsanordnung nach Abb. 1 gewählt.

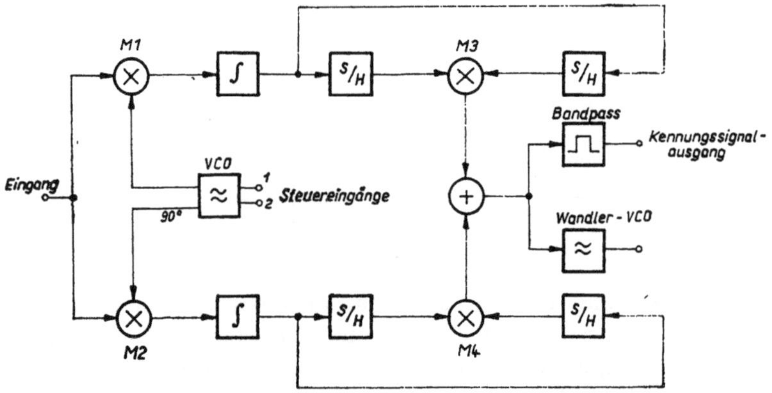

Abb. 1. Blockschaltbild einer Schaltungsvariante zur Selektion eines binären phasenumgetasteten Signals

Das sich in einer ZF-Lage befindende Nutzsignal wird mit beiden zu einander in Quadratur stehenden Signalen des spannungsgesteuerten Oszillators (VCO) gemischt. Die Frequenz des VCO ändert sich sägezahnförmig im möglichen Frequenzbereich des Nutzsignals und kann bei Entstehen des weiter unten beschriebenen Kennungssignals auf einen bestimmten Wert gehalten werden. Die dafür notwendige Steuerspannung wird an den Eingang „1“ des VCO geschaltet. Die entstehenden Mischerausgangssignale werden jeweils einem getasteten Integrator zugeführt. Die Integrationszeit dieser Integratoren wird so bemessen, daß eine bei Vorhandensein der Präambel entstehende Impulsfolge nach Gleichung (15) eine maximale Grundwelle besitzt. Mit einer Bitlänge T, ist, wie leicht einzusehen, die Integrationszeit $T/4$ zu wählen, denn in diesem Fall nehmen die durch die Phasenumtastung entstehenden Impulse (maximal zwei Impulse) die gleiche Breite ein wie die Impulse, die zu den Zeiten ohne Phasenumtastung gebildet werden.

Die entsprechend obiger Signalaufbereitung geforderte Multiplikation der benachbarten Integrationswerte realisieren jeweils zwei zueinander um ein

Integrationsintervall versetzt gesteuerte Sample and Hold-Schaltungen. Sie übernehmen die Integrationswerte nacheinander – jede Sample and Hold-Schaltung läßt dabei immer einen Wert aus – und schalten den jeweiligen Wert für die Dauer eines doppelten Integrationsintervalls an den Multiplikatoreingang. Die an den Multiplikationsausgängen entstehenden Signale werden mit Hilfe einer Additionsstufe zum Summensignal nach Gleichung (15) vereinigt. Die Grundwelle dieses Summensignals dient als Kennungssignal, daß

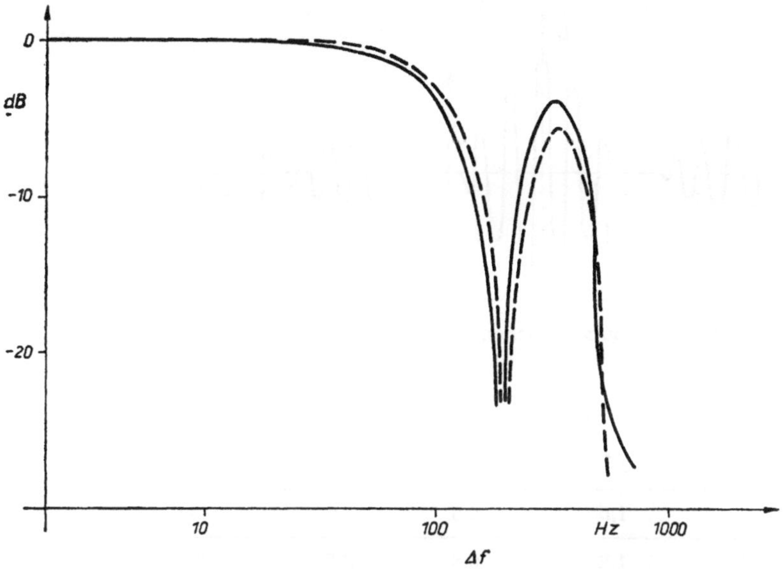

Abb. 2. Die Abhängigkeit der Kennungsamplitude von der Frequenzverstimmung für $T = 5$ ms

——— gemessene Werte, – – – – errechnete Werte

das phasengetastete Signal mit entsprechender Präambel am Emfpängereingang liegt. Es wird durch einen entsprechend bemessenen Bandpaß aus dem Summensignal herausgefiltert.

Zur Überprüfung der Schaltungsfunktion wurde die Abhängigkeit des Summensignals von der Frequenzverstimmung zwischen Oszillator- und Signalfrequenz entsprechend der Gleichung (15) aufgenommen. Gemessen wurde die Grundwelle als Funktion der Frequenzverstimmung des erzeugten Summensignals. In Abb. 2 sind die Meßergebnisse und die theoretisch ermittelten Werte für $T = 5$ ms dargestellt worden. Es ist zu erkennen, daß der Betrag der Frequenzverstimmung 90 Hz nicht übersteigen darf, damit das Summensignal sich nicht um mehr als 3 dB verringert, bezogen auf den Wert, wenn Oszillator- und Signalfrequenz übereinstimmen.

Hiermit ist dann auch klar, daß die Wobbelgeschwindigkeit a einen bestimmten Wert nicht überschreiten darf, wenn das Summensignal mit entsprechendem Pegel für eine vorbestimmte Zeit vorhanden sein soll. Der Zusammenhang zwischen Wobbelgeschwindigkeit, Integrationszeit und laufender Zeit ist durch die Beziehungen (6) und (12) gegeben. Wird ein Abfall des Summensignals auf

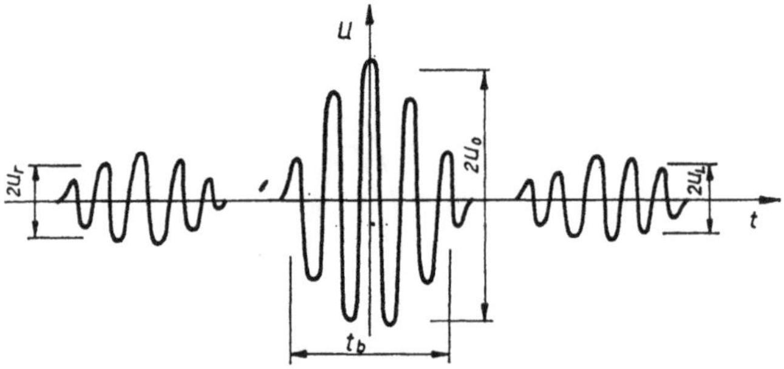

Abb. 3. Oszillogramm zum zeitlichen Verlauf des Kennliniensignals

Tab. 1. Meßwerte zum Oszillogramm nach Abb. 3

$\alpha/2\pi$ in kHz/s	1	4	10	20
U_0 in V	1,5	2,6	1,6	0,5
U_r, U_L in V	1,2	0,8	0,5	–
t_b in ms	–	100	20	10

das $\frac{1}{\sqrt{2}}$-fache seines maximalen Wertes zugelassen, errechnet sich hieraus für die Zeit t_s, in der das Summensignal diesen Pegel nicht unterschreitet

$$t_s = 0{,}24 \frac{2\pi}{a \cdot \frac{T}{n}}. \tag{16}$$

Die der Zeit t_s entsprechende maximale Frequenzverstimmung ist dann

$$\Delta f_{\max} = \frac{a \cdot t_s}{2\pi}. \tag{17}$$

Die notwendige Zeit t_s wird bei dem hier betrachteten Beispiel unter der Annahme, daß die Reaktionszeit nachfolgender Schaltungen auf das durch den Bandpaß herausgesiebte Kennungssignal zu vernachlässigen ist, im wesentlichen durch die gewählte Bandbreite des der Additionsstufe nachgeschalteten Bandpasses bestimmt. Je schmalbandiger dieser Bandpaß ausgelegt wird, desto größer muß die Zeit t_s sein und desto kleiner ist der Wert der Wobbelgeschwindigkeit a zu wählen. Eine Vorstellung über mögliche Wobbelgeschwindigkeiten vermitteln die zum Oszillogramm der Abb. 3 gehörenden Meßwerte in Tabelle 1. Sie wurden hinter einem 20 Hz breiten Bandpaß der Mittenfrequenz 200 Hz aufgenommen.

6.4. Einleitung des Demodulationsvorgangs mit Hilfe des charakteristischen Signals

Die Demodulation eines binären phasengetasteten Signals setzt die Trägerrückgewinnung voraus, um die notwendige Bezugsphase für den Demodulationsprozeß herzustellen. Es bietet sich hier an, dafür Elemente der oben beschriebenen Signalerkennungsschaltung zu nutzen.

Beim Auftreten des charakteristischen Signals liegt die VCO-Frequenz dieser Schaltung schon in unmittelbarer Nähe der Signalfrequenz, bzw. stimmt mit der Signalfrequenz überein. Am Ausgang der Mischer M 1 und M 2 nach Abb. 1 sind dann die Signale

$$y_{M1} = Y_1 \cos \left[\lambda t + \varphi_a + \varphi(t)\right] \tag{18}$$

und

$$y_{M2} = Y_2 \sin \left[\lambda t + \varphi_a + \varphi(t)\right] \tag{19}$$

vorhanden. λ bezeichnet die momentane Frequenzdifferenz zwischen VCO- und Eingangssignalschwingung.

Die Abhängigkeit dieser Signale von den Phasenumtastungen $\varphi(t)$ wird beseitigt, indem jedes Signal mit einer zu diesen Umtastungen synchronen Rechteckwelle multipliziert wird. Wie leicht einzusehen, errechnet sich bei idealer Übereinstimmung der Phasenlage von Rechteckwelle und $\varphi(t)$

$$y_{M1} = -\sin\left(\lambda t + \varphi_a\right), \tag{20}$$

$$y_{M2} = \cos\left(\lambda t + \varphi_a\right). \tag{21}$$

Diese zu $\varphi(t)$ synchrone Rechteckwelle liefert der Mikroprozessor. Er wertet die den Wechsel einer Phasenlage anzeigenden Impulse des charakteristischen Signals, die ihm über den Wandler-VCO entsprechend Abb. 1 zugeführt werden, aus und synchronisiert die eigene Zeitbasis auf die Taktfrequenz der Bitfolge, die als Präambel zu dieser Zeit ausgesendet wird. (Mehr zu diesem Synchronisationsverfahren kann dem Beitrag in Abschnitt 5 entnommen werden.)

Es kann nun leicht gezeigt werden, daß die VCO-Schwingung der Signalerkennungsschaltung mit der Phase des anliegenden Eingangssignals derart zu verriegeln ist, daß sie als Bezugsphase für den Demodulationsprozeß dienen kann, wenn an den Steuereingang „2“ dieses VCO eine Steuerspannung geschaltet ist, die entsprechend der Vorschrift

$$U_{St} = E y_{M2} \,\mathrm{SGN}\,(y_{M1}) \tag{22}$$

oder

$$U_{St} = E y_{M1} \,\mathrm{SGN}\,(y_{M2}) \tag{23}$$

gebildet wurde. E bezeichnet in diesen Gleichungen den Maximalwert der Steuerspannungen. Es gilt nämlich für die momentane VCO-Frequenz

$$\lambda = U_{St} S_{VCO} + \varepsilon, \tag{24}$$

wenn mit S_{VCO} die Steuersteilheit des VCO und mit ε die VCO-Frequenzdifferenz für $U_{St} = 0$ beschrieben wird. Da $\lambda = \frac{d\Phi_{VCO}}{dt}$, gilt für die zeitliche Änderung der VCO-Phase

$$\frac{d\Phi_{VCO}}{dt} = U_{St} S_{VCO} + \varepsilon. \tag{25}$$

Mit Gleichung (22) z. B. errechnet sich dann bei richtiger Polung der Steuerspannung der Ausdruck

$$\frac{d\Phi_{VCO}}{dt} = -S_{VCO} E y_{M2} \,\mathrm{SGN}\,(y_{M1}) + \varepsilon, \tag{26}$$

der die Phasenregelung des VCO in einem Regelkreis 1. Ordnung beschreibt.

Die Darstellung von Gleichung (26) in der Phasenebene liefert, daß bei beliebigem Anfangsphasenwinkel Φ_{VCO} die stabile Phasenlage der VCO-Schwingung in der Regelschleife in jedem Fall unter stetiger Verringerung von $\frac{d\Phi_{VCO}}{dt}$ eingenommen wird, d. h., die angelegte Steuerspannung sofort in Richtung $\lambda \to 0$ wirkt.

Die stabile Phasenlage der VCO-Schwingung fixiert eine konstante Phasendifferenz in diesem Beispiel hier bei entsprechender Dimensionierung des Regelkreises von $\frac{\pi}{2}$ oder $\frac{3}{2}\pi$ zwischen Eingangs- und VCO-Schwingung.

Der demodulierte Prozeß kann dann am Ausgang des Mischers 1 abgegriffen werden.

Die Beendigung des Phasenregelvorgangs und die Einnahme der entsprechenden stabilen Phasenlage liefert dann auch ein Umschaltkriterium für den Wandler-VCO, der nun an den Ausgang des Mischers M 1 geschaltet wird und die der Präambel entsprechende Information dort abgreift. Der Umschaltvorgang des Wandler-VCO beeinflußt den Phasenregelvorgang nicht, denn die Taktfrequenz der aufmodulierten binären Information und die Zeitbasis des Mikroprozessors sind ohne Schwierigkeit so stabil zu realisieren, daß für die Zeitdauer einiger Bitperioden keine nenneswerte Phasendifferenz zwischen ihnen entsteht. Damit ist die Empfangseinrichtung für die Demodulation der Nutzinformation vorbereitet.

Der Mikroprozessor gewinnt jetzt aus der der Präambel nachfolgenden Nutzinformation die für die Trägerrückgewinnung notwendige Taktfrequenz und realisiert die Bitregeneration. Hierzu sei ebenfalls auf den Beitrag in Abschnitt 5 verwiesen. Dieser hier beschriebene Mechanismus der Phasenregelung bleibt natürlich auch erhalten, wenn von verrauschten Eingangssignalen — dem praktisch wichtigen Betriebsfall — ausgegangen wird. Es sei aber an dieser Stelle nur angemerkt, daß in diesem Fall zur Erziehung einer möglichst optimalen Schätzung der Trägerphase die Ausgangssignale der Mischer hinter den getasteten Integratoren der Signalerkennungsschaltung abgegriffen werden.

6.5. Literaturverzeichnis

[1] H. Bendel, H. Rodewald: Ein Decoder zum selektiven Anruf von Seefunkstellen nach dem Tonfolgeverfahren, Frequenz 1969, Heft 1

[2] R. Gierer, H. Günther: Automatisierung des öffentlichen beweglichen Landfunkdienstes, Funkschau, 1975, Heft 3

7. Prüfung von mikroelektronischen Systemen unter Ausnutzung von wahrscheinlichkeitstheoretischen Hilfsmitteln

H. Hetzheim

7.1. Einleitung

Die Prüfung von mikroelektronischen Systemen hat in den letzten Jahren eine immer größere Bedeutung erlangt. Das hat seine Ursache in der rapiden Zunahme der Anzahl der Gatter pro Chip auf einige Tausend und mehr. Hinzu kommt, daß eine immer größere Anzahl von solchen Chips zu großen Digitalsystemen zusammengefaßt wird. So ergibt sich bei der Realisierung von Empfangs- und Regelmechanismen mit mikroelektronischen Mitteln eine enorm große Komplexität. Damit tritt zu den auf Seite 190 behandelten Problemen der Verknüpfung von Softwarefehlern und fehlerhafter Modellbildung noch das Problem der fehlerhaften Funktion von einzelnen Chips oder Fehlern innerhalb des Systems auf Grund von fehlerhaften Wechselwirkungen zwischen den einzelnen mikroelektronischen Bausteinen. Da jeder der Fehlertypen für sich schon sehr schwer zu finden ist, hat man bei der gleichzeitigen Behandlung aller drei Fehlertypen kaum eine Chance zum Ziele zu kommen. Das gilt besonders dann, wenn die Fehler während des Realtimebetriebes gefunden werden müssen. Es ist daher für die Funktion dieser Digitalsysteme notwendig, Prüfprogramme zu entwickeln, die das System auf seine logische Fehlerfreiheit prüfen und auch auf das Fehlen von zufälligen Fehlern testen.

Für die Aufstellung von Prüfprogrammen ist die genaue Kenntnis der A-priori-Information über das System und deren Einarbeitung in die Prüfprogramme enorm wichtig. Man kommt sonst zu Prüfzeiten von Jahren. Wichtig für die A-priori-Information sind der logische Aufbau des Systems und die physikalischen Effekte, die zu Fehlern führen können. Für die Prüfung von einzelnen mikroelektronischen Schaltkreisen bedeutet das Kenntnis der inneren logischen Struktur und Kenntnisse über das Layout und den Fertigungsprozeß. Für die Prüfung von Systemen mit mehreren mikroelektronischen Schaltkreisen bedeutet das genaue Kenntnis des funktionellen Verhaltens der einzelnen Systembausteine und Kenntnis der physikalischen Wechselwirkungen in dem System, z. B. Pegelschwankungen, Übersprechen und Leitungsreflexionen.

Auf Grund der großen Mannigfaltigkeit von Fehlermöglichkeiten und der noch in den Anfängen stehenden Prüftheorie für so große Systeme spielt die

Heuristik noch eine wesentliche Rolle. Es soll hier gezeigt werden, wie durch einige theoretische Betrachtungen die Heuristik etwas abgebaut werden kann. Die Erfahrungen, die bei der Aufstellung der Prüfbitfolgen für den Mikroprozessor U 880 D und den seriellen Interfacebaustein U 856 D gesammelt wurden, dienen hier als Leitfaden für theoretische Untersuchungen. Diese theoretischen Untersuchungen sind nicht nur für die Prüfung von mikroelektronischen Bauelementen, sondern auch für die Prüfung von Systemen aus solchen Bausteinen und allgemein für die Prüfung von großen Digitalsystemen geeignet.

Es soll hier gezeigt werden, wie ein System bezüglich der Komplexität der Prüfung in einzelne Untersysteme zerlegt werden kann. Für die Untersysteme werden Methoden zur Erstellung von optimalen Prüffolgen für die Fehlererkennung und die Fehlerlokalisation erarbeitet, die auch Wahrscheinlichkeitsaussagen ermöglichen. Auf der Grundlage der obigen Ausführungen zur Schätztheorie werden Prüfmethoden bei Berücksichtigung von zufällig auftretenden Fehlern und von inneren Zuständen für die einzelnen Untersysteme abgeleitet.

7.2. Optimierung der Aufspaltung des zu prüfenden Systems in Untersysteme

Bei der Aufstellung von Prüfbitfolgen stellt man fest, daß die zeitliche und speichermäßige Länge der Prüfbitfolgen entscheidend von der Zerlegung des zu prüfenden Systems in Untersysteme abhängt. Es ist z. B. sinnvoll, den logischen Test vor dem dynamischen Test, d. h. Test auf die Einhaltung bestimmter Signalverzögerungszeiten zu trennen. Man braucht dann den dynamischen Test nur an ganz wenigen ausgezeichneten Bitfolgen durchzuführen.

Oft ist die funktionale und strukturelle Zerlegung in einzelne Blöcke eine erste Näherung für die Zerlegung in Untersysteme. Um eine optimale Zerlegung eines kompliziert miteinander verkoppelten Systems durchzuführen, soll die Komplexitätstheorie in Zusammenhang mit der Graphentheorie herangezogen werden [1].

Das Digitalsystem wird zu diesem Zweck in einen Satz von Knoten

$$V = \{v_1, \ldots, v_n\}$$

und Kanten

$$E = \{e_1, \ldots, e_m\}$$

zerlegt. Die Knoten sollen hier die Ausgänge von logischen Verknüpfungen von verschiedenen Eingängen sein. Derartige Knoten sind vom Rechner leicht auffindbar und leicht behandelbar, wenn der Schaltkreis auf dem Rechner simuliert ist, was allgemein der Fall ist. Die Kanten sind die gerichteten Verbindungen zwischen den Knoten. Eine Kante zwischen den Knoten 1 und 2 soll als $e_{1,2} = [v_1, v_2]$ bezeichnet werden. Diese Definition soll die Abb. 1 verdeutlichen. Der Weg von einem Knoten v_n zu dem Knoten v_m läuft über eine bestimmte Folge von Kanten, d. h.

$$e_{n,m} = \{e_{n,1}, e_{1,2}, \ldots, e_{r-1,r}, e_{r,m}\}.$$

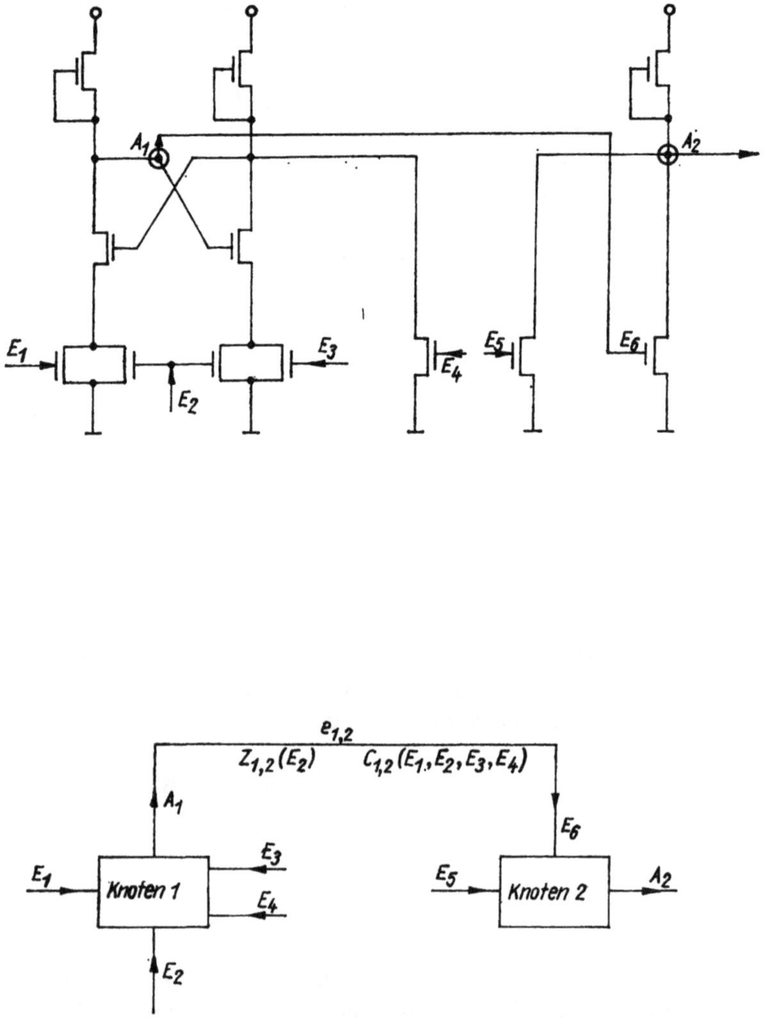

Abb. 1. Beispiel für die Darstellung eines Stromlaufplanes durch Knoten und Kanten

Die Anzahl der Kanten pro Knoten wird als Grad des Knotens bezeichnet. Mit $K_N(v_i)$ soll der Satz von allen Nachbarknoten bezeichnet werden. Das sind alle Knoten, die durch eine Kante mit dem Knoten v_i verbunden sind. Mit $K_N(\mathcal{B})$ sollen die Nachbarknoten des Gebietes $\mathcal{B}$ bezeichnet werden.

$$K_N(\mathcal{B}) = \bigcup_{v_i \in \mathcal{B}} K_N(v_i) \tag{1}$$

Als Grenzknoten von $\mathcal{B}$ sollen alle Knoten bezeichnet werden, für die gilt

$v_l \in K_N(\mathcal{B}) \wedge v_l \notin \mathcal{B}$.

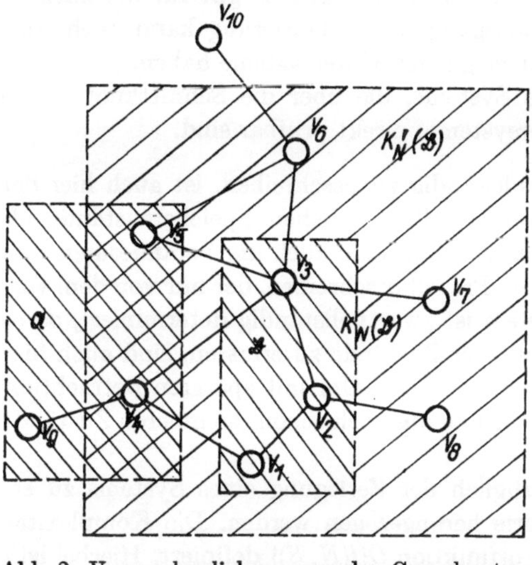

Abb. 2. Veranschaulichung von den Grenzknoten
$K_N(v_3) = [v_2, v_4, v_4, v_6, v_7]$, den Nachbarknoten $K_N(\mathcal{B}) = [v_1, v_2, v_3, v_4, v_5, v_6, v_7, v_8]$ des Gebietes $\mathcal{B} = [v_1, v_2, v_3]$, den Grenzknoten $K_N'(\mathcal{B}) = [v_4, v_5, v_6, v_7, v_8]$ und den Schnittknoten $K_s(\mathcal{A}, \mathcal{B}) = v_6$

Für den Satz der Grenzknoten des Gebietes $\mathcal{B}$ ergibt sich demnach

$$K_N'(\mathcal{B}) = K_N(\mathcal{B}) - \mathcal{B}. \tag{2}$$

Knoten, die zwei Untersysteme gemeinsam haben, werden als Schnittknoten K_s bezeichnet, d. h.

$$K_s(\mathcal{B}, \mathcal{A}) = K_N'(\mathcal{B}) \cap K_N'(\mathcal{A}). \tag{3}$$

In der Abb. 2 ist ein Beispiel für das Verständnis der Definitionen gegeben. Diese Definitionen sind für die folgenden Zerlegungsprozeduren von Interesse.

Für die optimale Zerlegung des Systems $K(V, E)$ in die Untersysteme $K_i(V_i, E_i)$ mit $V_i \in V$ und $E_i \in E$ gelten folgende Grundsätze:

1. Die Anzahl der Knoten eines Untersystems ist beschränkt d. h. Anz $\{V_i\} < N$.
2. Die Anzahl der Schnittknoten ist minimal, d. h., die Wechselwirkung zwischen den Untersystemen ist möglichst gering.
3. Die Schnittknoten mit kleinerem Grad sind denen mit höherem Grad vorzuziehen, wobei aber der Grundsatz 2 den Vorrang hat.
4. Die Untersysteme sind so anzusteuern, daß die Eingangsbelegung über die Systeme und innerhalb der Systeme über die Kanten läuft, die die Eingangsinformation am schnellsten weitergeben. Das gleiche gilt für die nachfolgenden Systeme bis zum Meßausgang. Diese Forderung kann auch Auswirkungen auf die Auswahl der möglichen Untersysteme haben.
5. Untersysteme sind nur solche Systeme, die über die Schnittknoten von außen (auch über andere Untersysteme) direkt prüfbar sind.

Um das zu prüfende System vollständig zu beschreiben, ist auch hier der Zustandsraum angebracht. Fügt man alle möglichen Speicherzustände als innere Zustände in das System ein, so kann man auch die Veränderungen an einem beliebigen Punkt als MARKOW-Prozeß beschreiben, der nur von dem vorherigen Schritt abhängt. Das System ist zwar vollständig determiniert, da es aber oft nicht möglich ist, die Fülle der Zustände zu erfassen, sind auch hier Wahrscheinlichkeitsbetrachtungen angebracht. Um mit späteren Betrachtungen konform zu sein, sollen bei der Zerlegung auch schon die inneren Zustände mit berücksichtigt werden.

Um quantitative Aussagen bezüglich der Zerlegung eines Systems zu erhalten, soll die Komplexitätstheorie herangezogen werden. Die Komplexität wird durch eine bestimmte Operatorfunktion $O\{f(N, S)\}$ definiert. Hierbei ist f eine reelle Funktion, N die Ordnung des Systems und S die Anzahl der Speicherungen beim Durchfluß der Signale. Für die Bestimmung der Operatorfunktion können eine Reihe von Kriterien benutzt werden, z. B. die Prüfzeit, Größe und Quantisierung des Patternspeichers, Speicherbedarf für Eingangspattern, Möglichkeiten der gleichzeitigen Belegung von Aus- und Eingangspins.

Hier soll als Optimierungskriterium die Prüfzeit herangezogen werden. Um bei der Berechnung der Komplexität nicht Ausgänge eines Knotens, die Eingänge für nächste Knoten sind, zweimal zu berücksichtigen, sollen nur Ausgänge in das Komplexitätsmaß eingehen. Hierbei zählen eine Ausgangsverzweigung entsprechend als zwei oder mehr Ausgänge.

Die unmittelbaren Pineingänge können hierbei als einfache Ausgänge eines Patternspeichers betrachtet werden.

Bezeichnet man mit α_i den Grad des Knotens i, mit C_{ij} die mittlere A-priori-Häufigkeit der Fehlerwirkungen durch physikalische Ursachen, wie z. B.

Temperatureffekte, Übersprechen und Pegelverschiebungen, die auf der Kante $e_{i,j}$ zur Auswirkung kommen, mit R_{ij} die Anzahl der Verbindungen des Knotens i mit dem Knoten j (auch über andere Knoten) und mit z_{ij} die Speicherdauer längs der Kante $e_{i,j}$, so ergibt sich für ein getaktetes System für die Komplexität bezüglich der Testzeit der Ausdruck:

$$O_A(v_i) = \prod_{j=1}^{\alpha_i} C_{ij} z_{ij} \left(\delta_{1,A_j} + \frac{1 - \delta_{1,A_j}}{C_{ij} z_{ij} 2^{R_{ij}}} \right) 2^{R_{ij}}. \tag{4}$$

Hierbei ist δ_{1,A_j} das Kroneckersymbol mit

$$\delta_{1,A_j} = \begin{cases} 1 & A_j \text{ ist Knotenausgang;} \\ 0 & A_j \text{ ist Knoteneingang.} \end{cases}$$

Der Faktor $2^{R_{ij}}$ ergibt sich aus den zwei Belegungsmöglichkeiten high und low. Da der Tristate-Zustand meist nur an den Pins anliegt, wird er hier nicht berücksichtigt. Mit diesem Ausdruck kann leicht die Komplexität eines Gebietes $\mathscr{B}$ angegeben werden.

$$O_A(\mathscr{B}) = \prod_{i=1}^{\text{Anzahl}[K_N(\mathscr{B})]} O_A(v_i). \tag{5}$$

Wenn das Gesamt-System $\mathscr{G}$ in m Untersysteme $\mathscr{B}_1, \ldots, \mathscr{B}_m$ zerlegt worden ist, so ergibt sich als Gesamtkomplexität der Ausdruck

$$O_A'(\mathscr{G}) = \sum_{l=1}^{m} O_A(\mathscr{B}_l) + \prod_{r=1}^{\text{Anzahl}\left[\sum_{l=1}^{m} (K_N(\mathscr{B}_l) - \mathscr{B}_l)\right]} O_A(v_r). \tag{6}$$

Im unzerlegten System wäre die Komplexität mit

$$O_A(\mathscr{G}) = \prod_{i=1}^{\text{Anzahl}[K(\mathscr{G})]} O_A(v_i) = \prod_{l=1}^{m} O_A(\mathscr{B}_l) \tag{7}$$

wesentlich größer. Für den obigen Ausdruck für die Komplexität von Untersystemen ist vorausgesetzt, daß jedes digitale Untersystem verbunden ist, d. h., es gibt keine isolierten Punkte in einem Untersystem, die nur mit einem anderen Untersystem verbunden sind. Wie in [1] gezeigt, ist jedes Untersystem verbunden, wenn die Anzahl der Schnittknoten minimal ist. Das ist leicht einzusehen, da in einer anderen Zerlegung der isolierte Knoten zu einem anderen Untersystem gezählt werden kann und es damit eine Zerlegung mit weniger Schnittknoten gibt.

Mit Hilfe der bisher aufgestellten Betrachtungen kann ein rekursiver Algorithmus zur optimalen Zerlegung des Digitalsystems in Untersysteme abgeleitet werden. Für den Beginn des rekursiven Zerlegungsalgorithmus müssen folgende Voraussetzungen erfüllt sein:

- Es muß die Anzahl der Untersysteme und ihre maximale Größe bekannt sein.
- Es müssen die Anfangsknoten der einzelnen Untersysteme bekannt sein. Das sind die Knoten, mit denen der Aufbau der einzelnen Untersysteme beginnt.
- Es müssen Sätze von Knoten gegeben sein, die den Vorrat für die sukzessive Vergrößerung der einzelnen Untersysteme bilden.

Mit diesen Voraussetzungen ist die Möglichkeit für eine Synthese der Untersysteme in einzelnen Schritten gegeben. Dazu werden bei jedem Syntheseschritt den einzelnen Untersystemen diejenigen Knoten aus dem Vorrat zugeordnet, die eine minimale Anzahl von Schnittknoten ergeben. Hierbei müssen noch die inneren Systemzustände, wie Speicherzustände, und die Fehlerhäufigkeit längs der Kanten als Faktoren mitberücksichtigt werden. Ihre Einarbeitung vollzieht sich entsprechend dem Ausdruck für die Komplexität von Gleichungen (4), (5) und (6). Für die Fehlerlokalisation ist noch darauf zu achten, daß die Synthese der Untersysteme einen hierarchischen Prüfaufbau ergibt. Als Anfangsknoten sind die Knoten zu wählen, die die einfachste prüfbare Struktur des Systems ansprechen.

Eine optimale Zerlegung des Systems ist dann erreicht, wenn die Wechselwirkungen zwischen den einzelnen Untersystemen minimal sind. Wenn die Gewichtsfaktoren für die Untersysteme gleich sind, dann ist eine optimale Zerlegung erreicht, wenn die Anzahl der Schnittknoten minimal ist.

Bei den einzelnen Synthesezuständen für die Untersysteme hat man zu berücksichtigen, daß ein Ausgang eines Untersystems ein Eingang für das gleiche Untersystem in einem der darauffolgenden Synthesschritte sein kann. Beschreibt man die Ausgänge eines Untersystems in den einzelnen Synthesezuständen als eine Transformation der Eingangsgrößen, die innerhalb der einzelnen Untersysteme erzeugt werden, und der Steuergrößen von anderen Untersystemen, so gelangt man zu der in Abb. 3 angegebenen Darstellung. Die Eingänge $x(k)$ im Zustand k des Untersystems setzen sich zusammen aus Eingängen, die innerhalb des Untersystems erzeugt werden und Steuereingängen von anderen Untersystemen. Die Ausgänge $y(k)$ im Zustand k des Untersystems setzen sich zusammen aus Ausgängen, die wieder Eingänge für das Untersystem sind, und Steuerausgängen für andere Untersysteme.

Die Steuerausgänge sind repräsentativ für die Wechselwirkung zwischen den einzelnen Untersystemen. Die Eingangssteuervektoren brauchen nicht betrachtet zu werden, da sie immer von einem Ausgangssteuervektor abgeleitet sind. Somit ergeben sich die Schnittknoten nur über die Ausgangsvektoren, und man erhält für die Schnittknoten zwischen den Untersystemen r und s im Zustand k den Ausdruck

$$K_s[\mathscr{B}_r(k), \mathscr{B}_s(k)] = \left[K_N'(\mathscr{B}_r(k)) - K_N'(x_r(k-1))\right] \cap \mathscr{B}_s(k).$$

Summiert man über alle möglichen Untersysteme und alle möglichen Zustände des Systems auf, so ergibt sich für die Schnittknoten des Gesamtsystems

$$\dot{K}_s(\mathscr{B}) = \sum_{i=1}^{m} \sum_{k=1}^{l} \{K_N'[\mathscr{B}_i(k)] - K_N'[x_i(K-1)]\} \cap \sum_{\substack{j=1 \\ i \neq j}}^{m} \mathscr{B}_j(K). \tag{8}$$

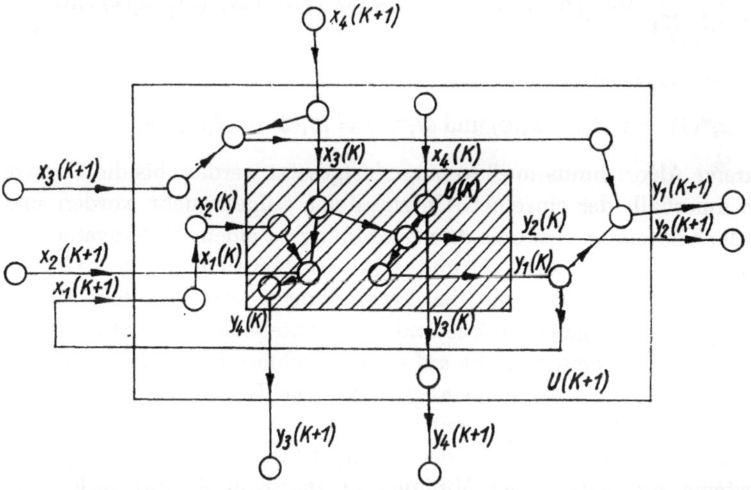

Abb. 3. Darstellung eines Synthesezustandes $U(k+1)$ des Untersystems U bei gegebenem Synthesezustand $U(k)$. Die Kreise sollen die Knoten charakterisieren. Die Linien zwischen den einzelnen Kreisen stellen die Kanten dar. Oben sind die Eingangssteuergrößen, unten die Ausgangssteuergrößen, rechts die Ausgangsgrößen, die Eingänge des gleichen Untersystems sind und links die Eingangsgrößen aufgetragen

Zur Minimierung der Komplexität des Systems hat man die Anzahl der Schnittknoten, die sich aus der Bestimmung der Anzahl aus obigem Ausdruck ergibt, zu minimieren. Es sind dabei die Faktoren C_{ij} und z_{ij} zu berücksichtigen.

Der Anfangszustand $k = 1$ muß so gewählt werden, daß möglichst wenig Knoten des Systems, wenig Schnittknoten und Untersysteme angesprochen werden. Bei diesem Schritt hat die Heuristik einen entscheidenden Anteil. Für diesen Beginn gilt für die Anzahl der Schnittknoten

$$\text{Min}\,\{\text{Anz}\,[K_s(\mathscr{B}(1))]\}$$

$$= \underset{O_A(\mathscr{G}(1))}{\text{Min}} \left\{ \sum_{\substack{i=1 \\ i \neq j}}^{m} \sum_{j=1}^{m} \text{Anz}\left[\left(K_N'(\mathscr{B}_i(1)) - K_N'(x_i(0))\right) \cap \mathscr{B}_j(1)\right] C_{ij}(1)\, z_{ij}(1) \right\} \tag{9}$$

Aus den Ausgängen vom Zustand 1 entstehen die Eingänge vom Zustand 2. Bei der Wahl des nächsten Zustandes hat man weitere Schnittknoten der Vorräte der einzelnen Untersysteme anzusprechen. Hierbei haben mehrere Untersysteme einen gemeinsamen Vorrat an Knoten, die Schnittknoten werden können. Für den nächsten Schritt, den Zustand $k = 2$ ergibt sich

$$\begin{aligned}\operatorname{Min}\left\{\operatorname{Anz}\left[K_s(\mathscr{B}(2))\right]\right\} \\ = \underset{O_A(\mathscr{G}(2))}{\operatorname{Min}} \left\{\sum_{\substack{i=1\\ i\neq j}}^{m} \sum_{j=1}^{m} \operatorname{Anz}\left[\left(K_N'(\mathscr{B}_i^*(2)) - K_N'(x_i^*(1))\right) \cap \mathscr{B}_j^*(2)\right] C_{ij}(2)\, z_{ij}(2)\right\} \\ + \operatorname{Min}\left\{\operatorname{Anz}\left[K_s(\mathscr{B}(1))\right]\right\}. \qquad (10)\end{aligned}$$

Hierbei sind $x_i^*(1) = x_i(1) - x_i(0)$ und $\mathscr{B}_i^*(2) \overset{!}{=} \mathscr{B}_i(2) - \mathscr{B}_i(1)$, $\mathscr{B}_i(1) \subset \mathscr{B}_i(2)$.

Dieser rekursive Algorithmus muß so lange fortgesetzt werden, bis die Vorräte der Knoten innerhalb der einzelnen Untersysteme aufgebraucht worden sind und somit alle Knoten des Systems ihre Zuordnung zu einem Untersystem gefunden haben. Die Faktoren $C_{ij}(k)$ und $z_{ij}(k)$ ergeben sich aus den Größen c_{i,j_1} bis $c_{i_l j_l}$ bzw. $z_{i_1 j_1}$ bis $z_{i_l j_l}$, die die Verbindungen zwischen dem Untersystem i und j zu einem gewissen Zustand k charakterisieren. Die Auffindung der Knoten ist im allgemeinen leicht auf einem Rechner durchführbar, da die Simulationsprogramme für Systeme allgemein keine Booleschen Ausdrucke bearbeiten, sondern die Signalwege mit all ihren Verzweigungen enthalten.

Hat man nach Anwendung des Zerlegungsalgorithmus das System optimal in Untersysteme hinsichtlich der Minimierung der Komplexität zerlegt, so müssen nun zur Fehlerlokalisation und zur Fehlererkennung entsprechend angepaßte Methoden benutzt werden.

7.3. Fehlerlokalisation und Fehlerentdeckung mit Hilfe der Wahrscheinlichkeitsberechnung für das Ansprechen der einzelnen Elemente des Systems

Für die Prüfung der Untersysteme soll eine Hierarchie der Prüfschritte aufgebaut werden. Wenn bei jedem Prüfschritt eine maximale Anzahl von noch nicht in vorherigen Schritten geprüften Elementen gleichzeitig angesprochen wird, so hat man einen Algorithmus zur Fehlerentdeckung. Wenn bei jedem Prüfschritt immer nur eine minimale Anzahl von noch nicht geprüften Elementen geprüft werden, dann liegt ein Algorithmus der Fehlerlokalisation vor. Diese beiden Algorithmen sind auch auf die einzelnen Untersysteme als besondere komplexe Elemente des Gesamtsystems anwendbar. Berechnet man die Wahrscheinlichkeit für die Unabhängigkeit oder die Abhängigkeit der Prüfausgänge des Untersystems von den einzelnen Elementen, so hat man ein Ordnungsprinzip für die Hierarchie bei der Fehlerlokalisation oder Fehlerentdeckung.

Zur Berechnung dieser Wahrscheinlichkeiten muß man die Wahrscheinlichkeit für die Eingänge des Untersystems kennen. Wenn die Eingangsgrößen des Untersystems unabhängig voneinander sind, gilt für die Wahrscheinlichkeit der Eingangsgrößen

$$P(x_0, x_1, \ldots, x_n) = \prod_{i=1}^{n} P(x_i).$$

Wenn die Eingangsgrößen untereinander abhängig sind, so ergibt sich für die Wahrscheinlichkeit aus dem BAYESschen Satz

$$P(x_0, \ldots, x_i, \ldots x_n) = P(x_0) \prod_{i=1}^{n} P(x_i \mid x_0, x_1, \ldots, x_{i-1}).$$

Im allgemeinen kann man die bedingten Wahrscheinlichkeiten vermeiden, wenn man die BOOLEschen Gleichungen für die Eingangsvariablen auflöst [2] und neue Variable einführt. Oft ist das aber ein zu hoher Aufwand. Weiterhin muß die A-priori-Wahrscheinlichkeit für die Annahme der Werte 0 und 1 für die Eingangsgrößen eingehen.

Für die Unabhängigkeit eines Systemausgangs $f(x_0, \ldots, x_i, \ldots, x_n)$ ergibt sich mit Hilfe des BOOLEschen Differentials [3] der Ausdruck

$$\frac{\partial f(x_0, \ldots, x_i, \ldots, x_n)}{\partial x_i} = f(x_0, \ldots, x_i = 1, \ldots, x_n) \nsim f(x_0, \ldots, x_i = 0, \ldots, x_n) = 0. \tag{11}$$

Damit muß für die Unabhängigkeit der BOOLEschen Größe $f(x_0, \ldots, x_i, \ldots, x_n)$ von x_i gelten

$$f(x_0, \ldots, x_i = 1, \ldots, x_n) = f(x_0, \ldots x_i = 0, \ldots, x_n).$$

Entsprechend gilt für die Abhängigkeit von $f(x_0, \ldots, x_i, \ldots, x_n)$ von x_i die Beziehung

$$\frac{\partial f(x_0, \ldots, x_i, \ldots, x_n)}{\partial x_i} = 1. \tag{12}$$

Setzt man voraus, daß die Eingangsgrößen voneinander unabhängig sind und a priori gleichwahrscheinlich die Werte 0 und 1 annehmen, so ergibt sich die Wahrscheinlichkeit für die Unabhängigkeit bzw. Abhängigkeit von x_i aus der

Anzahl der Werte von $\{x_j\}$ $i \neq j$ mit $j = 0, \ldots, n$, die die Bedingung (11) bzw. (12) erfüllen, geteilt durch die Gesamtanzahl der Möglichkeiten, nämlich 2^{n+1}.

Wenn die Eingangsgrößen voneinander abhängig sind, müssen die A-priori-Wahrscheinlichkeiten und die bedingten Wahrscheinlichkeiten für die Bildung der Wahrscheinlichkeit für die Abhängigkeit bzw. Unabhängigkeit benutzt werden.

Da es im allgemeinen schwer ist, die Booleschen Gleichungen und deren Ableitungen mit dem Rechner aufzustellen und zu behandeln, soll das System mit der rechnerisch günstigeren zweidimensionalen Booleschen Darstellung [4] beschrieben werden.

Bei der zweidimensionalen Booleschen Darstellung werden die Funktionen AND, OR, NAND und NOR dargestellt durch die matrixartige Form

$$x_1 \wedge x_2 \wedge x_3 \triangleq |x_1 \mid x_2 \mid x_3|,$$

$$x_1 \vee x_2 \vee x_3 \triangleq \begin{vmatrix} x_1 \\ x_2 \\ x_3 \end{vmatrix},$$

$$\overline{x_1 \wedge x_2 \wedge x_3} \triangleq \begin{vmatrix} \bar{x}_1 \\ \bar{x}_2 \\ \bar{x}_3 \end{vmatrix},$$

$$\overline{x_1 \vee x_2 \vee x_3} \triangleq |\bar{x}_1 \mid \bar{x}_2 \mid \bar{x}_3|.$$

Man kann durch fortschreitende Verfolgung der Signalwege von den Eingängen zu den Ausgängen diese zweidimensionale Boolesche Darstellung leicht aufbauen. Wenn das System Schleifen enthält, so muß man taktweise die offene Schleife betrachten. Durch eine einfache Prozedur [4] kann man das System in AND- und OR-Blöcke zerlegen. Bei dieser Prozedur hat man die Produkte aller Größen, die in den horizontalen Wegen innerhalb der Spalten, deren Länge durch einen senkrechten Strich auf der linken Seite angezeigt werden, zu addieren. Aus dieser so gewonnenen Summe von Produkten kann man sofort die Kombinationen ablesen, die dazu führen, daß $f(x_0, \ldots, x_i = 1, \ldots, x_n)$ und $f(x_0, \ldots, x_i = 0, \ldots, x_n)$ Null oder Eins sind und damit $f(x_0, \ldots, x_i, \ldots, x_n)$ unabhängig von x_i ist. Man muß dazu die Möglichkeiten untersuchen, die die einzelnen Summanden zu Eins oder alle Summanden gleichzeitig zu Null machen. In den restlichen Kombinationen gilt

$$\frac{\partial f(x_0, \ldots, x_i, \ldots, x_n)}{\partial x_i} = 0.$$

Zur Veranschaulichung des Algorithmus zur Erstellung von optimalen Prüffolgen soll das folgende Beispiel betrachtet werden.

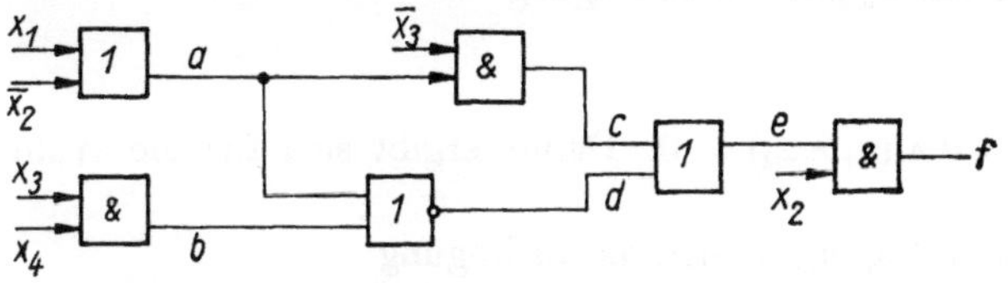

Abb. 4. Schaltungsbeispiel

Nach Anwendung der zweidimensionalen Booleschen Darstellung ergibt sich

$$f = \begin{vmatrix} e \\ x_2 \end{vmatrix}, \quad e = |c \mid d|, \quad d = \begin{vmatrix} \bar{x}_1 \\ x_2 \\ \bar{x}_3 \mid \bar{x}_4 \end{vmatrix}, \quad c = \begin{vmatrix} \bar{x}_3 \\ x_1 \mid \bar{x}_2 \end{vmatrix}$$

und damit

$$f = \begin{vmatrix} \bar{x}_3 & \bar{x}_1 \\ x_1 \mid x_2 & x_2 \\ x_2 & \bar{x}_3 \mid \bar{x}_4 \end{vmatrix}.$$

Damit ergibt sich für f die Darstellung von ODER-Blöcken

$$f = (\bar{x}_3 \wedge \bar{x}_1) \vee (\bar{x}_3 \wedge \bar{x}_4) \vee (\bar{x}_3 \wedge x_2) \vee (x_1 \wedge \bar{x}_2 \wedge \bar{x}_3 \wedge \bar{x}_4) \vee x_2.$$

Wenn f von x_1 abhängig ist, muß $f(x_1 = 0, x_2, x_3, x_4) \neq f(x_1 = 1, x_2, x_3, x_4)$ sein, d. h., alle ODER-Blöcke, die x_1 nicht enthalten, müssen Null sein, und die x_1 enthalten, müssen ihren Wert wechseln, wenn x_1 wechselt.
Damit gilt für f abhängig von x_1

$$x_2 = 0 \wedge (\bar{x}_3 \wedge \bar{x}_4) = 0 \wedge \bar{x}_3 \neq (\bar{x}_2 \wedge \bar{x}_3 \wedge \bar{x}_4). \tag{13}$$

Die Bedingung ist erfüllt mit

$$x_2 = 0 \wedge \bar{x}_3 = 1 \wedge \bar{x}_4 = 0$$

Damit ist die Wahrscheinlichkeit für die Abhängigkeit von f von x_1 gleich $1/2^3$, d. h., nur eine Kombination ist möglich, mit der x_1 getestet werden kann.

Für die Abhägigkeit von x_2 ergibt sich als Bedingung

$$[(\bar{x}_3 \wedge \bar{x}_1) \vee (\bar{x}_3 \wedge \bar{x}_4)] = 0 \wedge (x_1 \wedge \bar{x}_3 \wedge \bar{x}_4) = 0. \tag{14}$$

Diese Bedingung ist erfüllt mit $\bar{x}_3 = 0 \vee \bar{x}_3 \wedge \bar{x}_4 \wedge x_1 = 1$, und für die Wahrscheinlichkeit ergibt sich $5/2^3$.

Für die Abhängigkeit von x_3 gilt die Bedingung

$$x_2 = 0 \wedge [\bar{x}_1 \vee \bar{x}_4 \vee (x_1 \wedge \bar{x}_4)] = 1,$$

die erfüllt ist mit $x_2 = 0 \wedge (x_1 \wedge x_4) = 0$. Damit ergibt sich für die Wahrscheinlichkeit $3/2^3$.

Für die Abhängigkeit von x_4 ergibt sich die Bedingung

$$(\bar{x}_3 \wedge \bar{x}_1) \vee (\bar{x}_3 \wedge x_2) \vee x_2 = 0 \wedge [\bar{x}_3 \vee (x_1 \wedge \bar{x}_2 \wedge \bar{x}_3)] = 1 \qquad (15)$$

die erfüllt ist mit $\bar{x}_1 = 0 \wedge x_2 = 0 \wedge \bar{x}_3 = 1$. Die Wahrscheinlichkeit ist somit $1/2^3$.

Je größer die Wahrscheinlichkeit für die Abhängigkeit der Ausgangs- von den Eingangsbelegungen ist, desto unempfindlicher ist der Test gegenüber fehlerhaften Eingangsbelegungen. Damit hat man bei der Fehlerlokalisation mit der maximalen Wahrscheinlichkeit zu beginnen und nach fallenden Wahrscheinlichkeiten zu ordnen. Bei der Fehlerentdeckung müssen die Testsätze nach steigenden Wahrscheinlichkeiten geordnet werden. In dem obigen Beispiel ergibt sich für die Fehlerlokalisation als Testreihenfolge

$$\bar{x}_3 = 0, \qquad x_1 = 0 \wedge x_2 = 0,$$

$$\bar{x}_1 = 0 \wedge x_2 = 0 \wedge \bar{x}_3 = 1, \qquad \bar{x}_2 = 1 \wedge \bar{x}_3 = 1 \wedge \bar{x}_4 = 0.$$

Bei der Fehlerentdeckung gilt die umgekehrte Reihenfolge der Tests.

Da bei den zu prüfenden Untersystemen die Eingangssignale meist aus den Ausgangssignalen von anderen Untersystemen bestehen, muß man mit fehlerhaften Eingangssignalen rechnen. Man kann daher die Eingangssignale nur mit einer gewissen Wahrscheinlichkeit als richtig betrachten. Auch Pegelfehler können über diese Wahrscheinlichkeitsaussage erfaßt werden. Die Wahrscheinlichkeit dafür, daß eine logische Größe den Wert 1 annimmt, werde gekennzeichnet durch $x' = P(x = 1)$.

Wie auch in [5] angegeben, ergeben sich daraus sofort die Beziehungen

$$\bar{x}' = 1 - x', \qquad (x_1 \vee x_2 \vee \cdots \vee x_m)' = 1 - \prod_{i=1}^{n} (1 - x_i'),$$

$$(x_i \wedge x_i)' = x_i', \qquad (x_1 \wedge x_2 \wedge \cdots \wedge x_n)' = \prod_{i=1}^{n} x_i'.$$

Bei der Behandlung von Mehrfachfehlern spielt die Antivalenzrelation eine wesentliche Rolle. Es wurde dazu aus den obigen Wahrscheinlichkeitsrelationen eine Beziehung für die Wahrscheinlichkeitsrelation von Antivalenzbeziehungen abgeleitet. Sie hat die Form

$$P_n = (x_1 \mathbin{\tilde{+}} x_2 \mathbin{\tilde{+}} \cdots \mathbin{\tilde{+}} x_2)' = P_{n-1}(1 - 2x_n') + x_n' \tag{16}$$

mit

$$P_n = \sum_{i=1}^{n} x_i' + (-2)^1 \sum_{\substack{i=1\\i<j}}^{n} \sum_{j=1}^{n} x_i'x_j' + (-2)^2 \sum_{i=1}^{n} \sum_{\substack{j=1\\i<j<l}}^{n} \sum_{l=1}^{n} x_i'x_j'x_k'$$

$$+ \ldots + (-2)^{n-1} \sum_{\substack{i_1=1\\i_1<i_2<\cdots<i_n}}^{n} \cdots \sum_{i_n=1}^{n} x_{i_1}x_{i_2} \cdots x_{i_n}. \tag{17}$$

Nimmt man in dem obigen Beispiel an, daß die Eingangsbelegungen mit gleicher Wahrscheinlichkeit die richtigen Werte haben, so ergeben sich bei den verschiedenen Tests verschiedene Wahrscheinlichkeiten für die Ausgangswerte. So ergibt sich bei einer gleichverteilten Eingangswahrscheinlichkeit von 0,9 für den Test

$$x_1 = 0 \wedge x_2 = 0 \wedge x_3 = 0 \wedge x_4 = 0 \tag{18}$$

die Ausgangswahrscheinlichkeit f' zu 0,997, d. h. eine Verbesserung gegenüber der Eingangswahrscheinlichkeit. Für den Test

$$x_1 = 0 \wedge x_2 = 0 \wedge x_3 = 1 \wedge x_4 = 1 \tag{19}$$

ergibt sich bei der gleichen Eingangswahrscheinlichkeit für die Ausgangswahrscheinlichkeit $\bar{f}' = 0{,}80$, d. h. eine Verschlechterung gegenüber der Eingangswahrscheinlichkeit. Wenn man x_3 über Fehlerlokalisation testen will, so hat die Testfolge (18) Vorrang vor der (19), da bei der ersten Testfolge die Auswirkung des möglicherweise falschen Eingangsfehlers geringer ist. Bei der Fehlerentdeckung gilt die umgekehrte Reihenfolge.

Neben den Dauerfehlern auf einer Leitung, die durch Leitungsunterbrechungen oder unbeabsichtigte Leitungsbrücken entstehen, treten auch flüchtige Fehler auf, die zu gewissen Zeiten auftreten und dann wieder verschwinden, wie z. B. Intersymbolinterferenzen. Bei diesen Fehlern kann man im allgemeinen nur mit Wahrscheinlichkeitsaussagen arbeiten. Für die Auffindung dieser Fehler muß man wissen, wie oft man einen Test wiederholen muß, um mit einer gewissen Wahrscheinlichkeit den flüchtigen Fehler zu entdecken. Hierbei hat man zu unterscheiden, ob der kurzzeitig vorhandene Fehler aufgespeichert wird oder nicht. Wenn der Fehler nur zu einer ganz bestimmten Zeit, z. B. während der Informationsübernahme, eine sich ausbreitende Auswirkung hat, so spielen nur die Testwiederholungen eine Rolle. Wenn der Fehler aufgespeichert wird, so spielt auch das Zeitintervall, innerhalb dessen ein Fehler abgespeichert werden kann, eine Rolle. Für die folgenden Betrachtungen wird angenommen, daß die Fehlerentstehung durch einen MARKOW-Prozeß beschrieben werden kann. Die Übergangswahrscheinlichkeit in einen fehlerhaften und fehlerfreien Zustand sei gleich, d. h. $p(x_i(t) \mid \bar{x}_i(t-\tau) = p(\bar{x}_i \mid x_i)$. Die A-priori-Wahrscheinlichkeit für das Auftreten eines Fehlers f_i bei der BOOLEschen Größe x_i sei p_i. Mit w_{ij} soll die Wahrscheinlichkeit bezeichnet werden, daß der Fehler f_i durch den Test t_j entdeckt wird

$$w_{ij} = P(t_j \text{ endeckt } f_i \mid f_i \text{ existiert})\, p_i.$$

Nimmt man an, daß n verschiedene Tests durchgeführt werden und k Tests f_i testen, so ergibt sich

$$w_i = 1 - \prod_{j=1}^{k \leqq n} [1 - w_{ij}]. \tag{20}$$

Die bereits oben angegebene Wahrscheinlichkeit für die Abhängigkeit der Tests der Untersysteme von den einzelnen BOOLEschen Variablen zur Ordnung der Tests bezüglich Fehlerentdeckung bzw. Fehlerlokalisation ist direkt verknüpft mit w_i. Wenn die p_i für alle i gleich sind, so bedeutet das, daß die Tests, die bei der Hierarchie der Fehlerentdeckung zuerst erfolgen, nicht so oft wiederholt werden müssen, wie die später folgenden, wenn man die flüchtigen Fehler mit der gleichen Wahrscheinlichkeit auffinden will. Wenn man einen Fehler f_i mit der Wahrscheinlichkeit Π_i auffinden will, so ergibt sich die Anzahl n der Testwiederholungen zu

$$n \geqq \log \frac{1 - \Pi_i}{w_i}. \tag{21}$$

Im zweiten Fall, wenn der flüchtige Fehler aufgespeichert wird, hat man zu untersuchen, wie die Zeitdauer der möglichen Abspeicherung in die Wahrscheinlichkeit für die Fehlerauffindung eingeht. Die maximale Testzeitdauer T bis zum Auffinden eines Fehlers bei der BOOLEschen Variablen x_i ist gegeben durch

$$T(t, i) = \inf \{\tau > 0 \mid x_{t+\tau} = x_t = x_i\}.$$

Als Verteilungsfunktion für T ergibt sich [6]

$$F(z) = P[T(t, i) \geqq z \mid x_t = x_i]. \tag{22}$$

Bestimmt man die Verteilungsfunktion in zwei Schritten, so erhält man

$$\begin{aligned} F(z + y) &= P[T(t, i) \geqq z + y \mid x_t = x_i] \\ &= P[T(t + z, i) \geqq y, \qquad T(t, i) \geqq z \mid x_t = x_i]. \end{aligned}$$

Daraus ergibt sich nach dem Bayesschen Satz

$$F(z + y) = P[T(t + z, i) \geqq y \mid x_t = x_i, \qquad T(t, i) \geqq z]$$
$$\times P[T(t, i) \geqq z \mid x_t = x_i] = F(y)\, F(z),$$

Diese Beziehung ist durch eine Exponentialfunktion erfüllt, so daß gilt

$$F(z) = e^{-f(x_i)z}. \tag{23}$$

Die Konstante $f(x_i)$ bestimmt sich aus der A-priori-Wahrscheinlichkeit des Auftretens des Fehlers bei x_i.

Wenn der flüchtige Fehler von x_i mit einer gewissen Wahrscheinlichkeit $1 - \varepsilon$ gefunden werden soll, denn muß die mittlere Speicherzeit Δ_i gegeben sein durch

$$\Delta_i = f(x_i) \log \frac{1}{\varepsilon}. \tag{24}$$

Falls diese Zeit unterschritten wird, muß der Test wiederholt werden.

7.4. Berücksichtigung der inneren Zustände und Entdeckung von Mehrfachfehlern mit Hilfe der Booleschen Matrizen

Wenn in den Untersystemen mit Mehrfachfehlern zu rechnen ist und innere Zustände (z. B. Schieberegister) eine Rolle spielen, dann bietet sich die Methode der Booleschen Matrizen zur Fehlererkennung an. Voraussetzung für die Aufstellung der Booleschen Matrizen ist, daß man die Ausgänge explizit als Funktion der Eingänge bzw. der inneren Zustände kennt. Da allgemein Simulationsprogramme für die einzelnen Mikroprozessorbausteine auf Rechnern existieren, sind die Booleschen Matrizen leicht zu erhalten. Die inneren Zustände eines Systems sind bestimmt durch die Eingänge von vorangegangenen Zeiten. Um zu Beginn einen definierten Zustand für die inneren Zustände zu erhalten, existiert bei den Mikroprozessorbausteinen ein Rücksetzeingang. Die bekannten Booleschen Matrizen [7] lassen sich auch auf die Berücksichtigung der inneren Zustände erweitern. Dazu sollen die Eingänge aufgespalten werden in solche, die nur zeitlich direkt auf die Ausgänge wirken, und solche, die über innere Zustände nach einigen Taktperioden auf die Ausgänge wirken und gleichzeitig natürlich auch direkt auf die Ausgänge wirken können.

Die direkt wirkenden Eingänge zum k-ten Takt werden durch den Vektor

$$\boldsymbol{x}(k) = [x_1(k), \ldots, x_r(k)] \tag{25}$$

dargestellt. Die Eingänge, die über innere Zustände zur Wirkung kommen, werden durch den Vektor

$$\boldsymbol{z}(k) = [z_1(k), \ldots, z_n(k)] \tag{26}$$

dargestellt. Der Ausgangsvektor ist durch

$$\boldsymbol{y}(k) = [y_1(k), \ldots, y_m(k)] \tag{27}$$

dargestellt.
Für die inneren Zustände, die unmittelbar einen Einfluß auf den Ausgangsvektor $\boldsymbol{y}$ haben, lautet der Vektor

$$\boldsymbol{s}(k) = [s_1(k), \ldots, s_l(k)].$$

Damit gilt für $\boldsymbol{y}$ die Beziehung

$$\boldsymbol{y}(k) = G\big(\boldsymbol{x}(k), \boldsymbol{s}(k)\big). \tag{28}$$

Diese inneren Zustände $\boldsymbol{s}(k)$ hängen ihrerseits von anderen inneren Zuständen $\boldsymbol{s}^*(k)$ ab, die keinen direkten Einfluß auf $\boldsymbol{y}(k)$ haben. Es gilt somit für $\boldsymbol{s}(k)$

$$\boldsymbol{s}(k) = F[\boldsymbol{z}(k-1), \boldsymbol{s}^*(k-1)],$$

$$\boldsymbol{s}^*(k-1) = g[\boldsymbol{z}(k-2), \boldsymbol{s}^*(k-2)].$$

Wenn v die maximale Anzahl der Taktschritte ist, bis die Eingangsgrößen $\boldsymbol{z}(k)$ einen Einfluß auf den Ausgang haben, dann läßt sich für $\boldsymbol{s}(k)$ schreiben

$$\boldsymbol{s}(k) = f[\boldsymbol{z}(k-1), \ldots, \boldsymbol{z}(k-v)]. \tag{29}$$

Um eine anschauliche Darstellung für die BOOLEsche Matrix $\boldsymbol{B}$ zu geben, soll die BOOLEsche Matrix für die obige Schaltung (Abb. 4) angegeben werden. Die einzelnen Eingangsvektoren stehen unter der BOOLEschen Matrix. Weiterhin sind auch der Ein- und Ausgangsvektor angegeben.

Die BOOLEsche Matrix besteht in diesem Falle nur aus einer Zeile, da y ein Skalar ist.

$$(1\ 1\ 0\ 0\ 1\ 1\ 1\ 1\ 1\ 0\ 0\ 0\ 1\ 1\ 1\ 1) \begin{pmatrix} x_1 \\ x_2 \\ x_3 \\ x_4 \end{pmatrix} = y$$

$$\begin{matrix} 0&0&0&0&0&0&0&0&1&1&1&1&1&1&1&1 \\ 0&0&0&0&1&1&1&1&0&0&0&0&1&1&1&1 \\ 0&0&1&1&0&0&1&1&0&0&1&1&0&0&1&1 \\ 0&1&0&1&0&1&0&1&0&1&0&1&0&1&0&1 \end{matrix} \tag{30}$$

wobei $(0000)^{\mathsf{T}} = \boldsymbol{x}(1)$, $(0001)^{\mathsf{T}} = \boldsymbol{x}(2), \ldots, (1111)^{\mathsf{T}} = \boldsymbol{x}(16)$ die Eingangsvektoren sind.

Die einzelnen Elemente von $\boldsymbol{B}$ ergeben sich aus den Werten von $\boldsymbol{y}$, erzeugt von den einzelnen Eingangsvektoren. Um die Speicherzustände einzubeziehen, müssen die Eingangswerte

$$z_1(k-1), \ldots, z_n(k-1), \ldots, z_1(k-v), \ldots, z_n(k'-v)$$

mit berücksichtigt werden. Die BOOLEsche Matrix ist entsprechend der Erweiterung des Eingangsvektors um diese Größen auch zu erweitern.

Damit sind die Speicherzustände über die Eingangsgrößen zu verschiedenen Zeitpunkten ausgedrückt. Man kann nun eine BOOLEsche Funktion, die auch innere Zustände enthält, auf diese Weise nach diesen inneren Zuständen ableiten, so daß für die Fehlerentdeckung eines inneren Zustandes, der von $z_\mu(k-\nu)$ abhängt, gilt:

$$\frac{\partial y_i[x_1(k), \ldots, x_\nu(k), z_1(k-1), \ldots, z_n(k-1), \ldots, z_\mu(k-\nu), \ldots, z_n(k-v)]}{\partial z_\mu(k-\nu)}$$

$$= y_i[x_1(k), \ldots, z_\mu(k-\nu) = 0, \ldots, z_n(k-v)]$$

$$\nleftrightarrow y_i[x_1(k), \ldots, z_\mu(k-v) = 1, \ldots, z_n(k-v)] = 1 \tag{31}$$

y_i ist die i-te Komponente des Ausgangsvektors $\boldsymbol{y}$.

Auf die BOOLEsche Matrix übertragen bedeutet das, daß einer der Werte von $\boldsymbol{B}$, die in den Spalten von $\boldsymbol{B}$ stehen, die durch den Eingangsvektor $[x_1(k), \ldots, z_\mu(k-\nu), \ldots, z_n(k-v)]$ und den Eingangsvektor $[x_1(k), \ldots, \bar{z}_\mu(k-\nu), \ldots, z_n(k-v)]$ gebildet werden, verschieden sein muß, wenn der innere Zustand, der durch $z_n(k-\nu)$ repräsentiert wird, getestet werden soll. Nimmt man eine Umbezeichnung bei dem erweiterten Eingangsvektor vor und bezeichnet $z_1(k-1)$ als x_{r+1} und indiziert die x-Größen weiter bis $x_{r+v+n} = x_\lambda = z_n(k-v)$, so erhält man einen sehr einfachen Algorithmus zur Fehlerbestimmung aus dem Vergleich der Spalten der Matrix $\boldsymbol{B}$. Wenn die Differenz von den zwei Spalten B_i und $B_{i+2\varrho}$ der Matrix $\boldsymbol{B}$ verschieden von Null ist, dann ist das ein Test für die Eingangsvariable x_ϱ bzw. ein Test des durch die verzögerte Eingangsvariable beschriebenen inneren Zustandes bei $\varrho > \nu$. Die Größe i ergibt sich danach aus

$$i = \nu + s \cdot 2^\varrho + 2^{\varrho-1}$$

mit

$$\varrho = 1, 2, \ldots, \lambda; \qquad s = 0, 1, \ldots, \lambda - \varrho; \qquad \nu = 1, 2, \ldots, 2^{\varrho-1}.$$

Für die rechentechnische Behandlung ist dieser Algorithmus sehr einfach. Man muß nur die BOOLEsche Matrix abspeichern und dann die einzelnen Spalten vergleichen, um die Testsätze aufzustellen. Bei der Fehlerentdeckung hat man mit den Testsätzen zu beginnen, die am häufigsten vorkommen.

Für die Fehlerlokalisation hat man mit den Testsätzen zu beginnen, die am wenigsten gleichzeitig andere Variable testen. Für die Wiederholung der Tests bei flüchtigen Fehlern ist die Häufigkeit des Auftretens von Testmöglichkeiten für ein bestimmtes x_ϱ und die gleichzeitige Testung von mehreren x_ϱ von Wichtigkeit.

Für das obige Beispiel ergeben sich für den Test von x_1 durch den Vergleich der Spalten 1/9, 2/10, 3/11, 4/12, 5/13, 6/14, 7/15, 8/16 die Testsätze 2 und 10. Für x_2 ergeben sich aus dem Vergleich der Spalten 1/5, 2/6, 3/7, 4/8, 9/13, 10/14, 11/15, 12/16 die Testsätze 3, 7; 4, 8; 10, 14; 11, 15; 12 und 16. Für x_3 findet man die Testsätze 1, 3; 2, 4; 9 und 11. Für x_4 ergeben sich die Testsätze 9 und 10. Man erhält hiermit wie oben die Aussage, daß für eine Fehlerentdeckung zuerst x_2 dann x_3 und zuletzt x_4 oder x_1 getestet werden muß. Bei dem Test von x_2 hat man mit dem Test 10, d. h. $\begin{pmatrix} x_1 \\ x_2 \\ x_3 \\ x_4 \end{pmatrix} = \begin{pmatrix} 1 \\ 0 \\ 0 \\ 1 \end{pmatrix}$ zu beginnen und testet damit, ob x_2 dauernd 1 ist, ob x_4 dauernd 0 und x_1 dauernd 0 ist.

Der danach folgende Test 9 testet, ob x_2 dauernd 1 und x_4 dauernd 1 ist. Danach testet der Test 7, 8, 14, 15 oder 16, ob x_2 dauernd 0, der Test 3, 4 oder 11 ob x_3 dauernd 1 und x_2 dauernd 1 ist. Schließlich wird mit 2 getestet, ob x_3 dauernd 1 und x_1 dauernd 1 ist. Bei der Fehlerlokalisation ergibt sich als eine der optimalen Testreihenfolgen 14, 1, 2, 9, 3, 10. Die so erhaltenen Testreihenfolgen sind gleich den oben in (13), (14) und (15) erhaltenen.

Die BOOLEschen Matrizen können auch für die Behandlung von Mehrfachfehlern herangezogen werden, wie in [8] gezeigt worden ist. Ausgangspunkt für die Behandlung der Mehrfachfehler sollen hier die in [9] abgeleiteten Beziehungen zwischen den BOOLEschen Differentialen und Mehrfachfehlern sein. Die in [9] abgeleiteten Beziehungen gelten für die Entdeckung von Mehrfachfehlern auf den einzelnen inneren Leitungen. Diese Beziehungen sollen hier auf die Entdeckung von Mehrfachfehlern bei den Eingangsvektoren mit Hilfe der einzelnen Komponenten der Ausgangsvektoren übertragen werden.

Die Eingangs- und Ausgangsvektoren beziehen sich hierbei auf Untersysteme oder auch nur Teile von Untersystemen.

Man gelangt so zu einer Kaskadierung des Systems. Die Eingänge des Untersystems j setzen sich aus den Ausgängen der Untersysteme $i \neq j$ zusammen. Man kann so Testsätze von Eingangsvektoren aufstellen und deren Auswirkungen auf die Ausgangsvektoren betrachten, ohne sich um die einzelnen inneren Leitungen zu kümmern. Diese werden dann automatisch mitgetestet. Auf Grund der komprimierten Betrachtung über die Eingangsvektoren, die die Ausgänge von anderen Untersystemen sind, kommen bei fehlerhaften Elementen hier mehr Mehrfachfehler zur Auswirkung als bei der Testung einzelner

Leitungsstücke. Dafür ist die Darstellung über die Eingangsvektoren auch einfacher als die Darstellung über den Test jedes einzelnen Leitungsstücks. Die zeitlich aufeinander abgestimmten Folgen von Eingangsvektoren testen wie bei den Einfachfehlern auch die inneren Zustände des Systems. In Analogie zu [9] kann für die Auffindung von Mehrfachfehlern bei dem Eingangsvektor $\boldsymbol{x}$ über die einzelnen Komponenten des Ausgangsvektors $\boldsymbol{y}$ eine Beziehung für p-fach-Fehler abgeleitet werden:

$$\Big[x_1{}^{a_1}\frac{\partial y_1}{\partial x_1} \mathbin{\tilde{+}} x_2{}^{a_2}\frac{\partial y_1}{\partial x_2} \mathbin{\tilde{+}} \dots \mathbin{\tilde{+}} x_p{}^{a_p}\frac{\partial y_1}{\partial x_p} \mathbin{\tilde{+}} \dots \mathbin{\tilde{+}} x_1{}^{a_1}x_2{}^{a_2}\frac{\partial^2 y_1}{\partial x_1\,\partial x_2} \mathbin{\tilde{+}} x_1{}^{a_1}x_3{}^{a_3}\frac{\partial^2 y_1}{\partial x_1\,\partial x_3}$$

$$\mathbin{\tilde{+}} \dots \mathbin{\tilde{+}} x_{p-1}^{a_{p-1}}x_m{}^{a_m}\frac{\partial^2 y_1}{\partial x_{p-1}\,\partial x_p} \mathbin{\tilde{+}} \dots \mathbin{\tilde{+}} x_1{}^{a_1}x_2{}^{a_2}\dots x_p{}^{a_p}\frac{\partial^p y_1}{\partial x_1\,\partial x_2\dots x\partial_p}\Big]$$

$$\vee \Big[x_1{}^{a_1}\frac{\partial y_2}{\partial x_1} \mathbin{\tilde{+}} \dots \mathbin{\tilde{+}} x_1{}^{a_1}x_2{}^{a_2}\dots x_p{}^{a_p}\frac{\partial^p y_2}{\partial x_1\,\partial x_2\dots\partial x_p}\Big]$$

$$\vee \dots \vee \Big[x_1{}^{a_1}\frac{\partial y_m}{\partial x_1} \mathbin{\tilde{+}} \dots \mathbin{\tilde{+}} x_1{}^{a_1}x_2{}^{a_2}\dots x_p{}^{a_p}\frac{\partial^p y_m}{\partial x_1\dots\partial x_p}\Big] = 1. \qquad (32)$$

Hierbei ist $x_i{}^{a_i} = \begin{cases} 0 & \text{bei} \quad x_i \neq a_i, \\ 1 & \text{bei} \quad x_i = a_i. \end{cases}$

a_i kann die Werte 0 oder 1 annehmen, je nachdem ob die Komponente i des Eingangsvektors einen Dauerfehler mit 0 oder 1 während eines bestimmten Taktintervalls hat. Wenn $\boldsymbol{x}$ aus λ Komponenten besteht, ist $p = 1, 2, \dots, \lambda$.

Um die Schwierigkeit bei der Aufstellung von Booleschen Gleichungen für y und bei der Bildung der höheren Ableitungen zu umgehen, sollen für die Booleschen Ableitungen auch hier einfache Algorithmen über die Vorstellung der Booleschen Matrizen hergeleitet werden.

Zur Vereinfachung des Algorithmus ist es günstig, die Zeilen der Booleschen Matrix einzeln zu behandeln entsprechend der Aufspaltung nach Komponenten von y in (32). Betrachtet man die Auswirkung eines Eingangsvektors auf die Komponente y_i, so ist von der Booleschen Matrix $\boldsymbol{B}$ nur die i-te Zeile, die mit D bezeichnet werden soll, von Interesse für die Fehlerentdeckung.

Wenn die Boolesche Matrix für die Ableitung $\dfrac{\partial y_i}{\partial x_\varrho}$ gebildet wird, so entsteht aus D die neue Zeilenmatrix $\boldsymbol{D}^{(\varrho)}$. Aus den Betrachtungen von oben ergibt sich für das j-te Element von $\boldsymbol{D}^{(\varrho)}$

$$D_j^{(\varrho)} = \sum_{\nu=1}^{2^{\varrho-1}} \sum_{s=0}^{\lambda-\varrho} |D_{\nu+s\cdot 2^\varrho} - D_{\nu+s\cdot 2^\varrho+2^{\varrho-1}}|\ (\delta_{\nu+s\cdot 2^\varrho,j} + \delta_{\nu+s\cdot 2^\varrho+2^{\varrho-1},j});$$
$$1 \leqq j \leqq 2^\lambda. \qquad (33)$$

Aus der Vertauschbarkeit der Reihenfolge der Ableitungen

$$\frac{\partial}{\partial x_\varrho}\left(\frac{\partial y_i}{\partial x_\gamma}\right) = \frac{\partial}{\partial x_\gamma}\left(\frac{\partial y_i}{\partial x_\varrho}\right)$$

folgt $\boldsymbol{D}^{(\varrho,\gamma)} = \boldsymbol{D}^{(\gamma,\varrho)}$. Für die zweite Ableitung $\dfrac{\partial^2 y_i}{\partial x_\varrho \partial x_\gamma}$ ergibt sich für das j-te Element der entsprechenden i-ten Matrixzeile $\boldsymbol{D}^{(\varrho,\gamma)}$ der Ausdruck:

$$\begin{aligned} D_j^{(\varrho,\gamma)} = \sum_{u=1}^{2^{\gamma-1}} \sum_{v=0}^{\lambda-\gamma} \sum_{\nu=1}^{2^{\varrho-1}} \sum_{s=0}^{\lambda-\varrho} & \big| |D_{\nu+s\cdot 2^\varrho} - D_{\nu+s\cdot 2^\varrho+2^{\varrho-1}}| \\ & \times (\delta_{\nu+s\cdot 2^\varrho, u+s\cdot 2^\gamma} + \delta_{\nu+s\cdot 2^\varrho+2^{\varrho-1}, u+s\cdot 2^{\varrho-1}}) - |D_{\nu+s\cdot 2^\varrho} - D_{\nu+s\cdot 2^\varrho+2^{\varrho-1}}| \\ & \times (\delta_{\nu+s\cdot 2^\varrho, u+s\cdot 2^\gamma+2^{\gamma-1}} + \delta_{\nu+s\cdot 2^\varrho+2^{\varrho-1}, u+s\cdot 2^\gamma+2^{\gamma-1}})\big| \\ & \times (\delta_{u+v\cdot 2^\gamma, j} + \delta_{u+v\cdot 2^\gamma+2^{\gamma-1}, j}). \end{aligned} \tag{34}$$

Die Erweiterung auf $\boldsymbol{D}^{(\varrho_1,\varrho_2,\varrho_3)}$ und Matrixzeilen, die noch höhere Ableitungen als $\dfrac{\partial y_i}{\partial x_{\varrho_1} \partial x_{\varrho_2} \partial x_{\varrho_3}}$ repräsentieren, ist unmittelbar aus der Rekursionsbeziehung

$$D_j^{(\varrho_1,\varrho_2,\ldots,\varrho_q)} = \sum_{\nu=1}^{2^{\varrho_q-1}} \sum_{s=0}^{\lambda-\varrho_q} \left| D_{\nu+s\cdot 2^{\varrho_q}}^{(\varrho_1,\varrho_2,\ldots,\varrho_{q-1})} - D_{\nu+s\cdot 2^\varrho+2^{\varrho_q-1}}^{(\varrho_1,\varrho_2,\ldots,\varrho_{q-1})} \right| (\delta_{\nu+s\cdot 2^{\varrho_q}, j} - \delta_{\nu+s\cdot 2^{\varrho_q}+2^{\varrho_q-1}, j}) \tag{35}$$

ersichtlich. Diese Darstellung hat rechentechnische Vorteile. Man braucht für die Berechnung von $D_j^{(\varrho_1,\ldots,\varrho_q)}$ nur eine Zeile der BOOLEschen Matrix abzuspeichern. Das ist für den Speicherplatzbedarf für BOOLEsche Matrizen von großen Systemen extrem wichtig, da bei λ Eingängen die Matrixzeilen 2^λ Elemente hat. Die Beziehung (32) für die Mehrfachfehler bei den Eingängen überträgt sich unmittelbar auf die einzelnen $D_j^{(\varrho_1,\ldots,\varrho_q)}$, so daß mit der Eingangsbelegung $\boldsymbol{x}(j)$ für den p-fach-Fehler dann ein Test gegeben ist, wenn

$$\begin{aligned} T_j(p) = {} & D_j^{(\varrho_1)} + \cdots + D_j^{(\varrho_p)} + D_j^{(\varrho_1,\varrho_2)} + D_j^{(\varrho_1,\varrho_3)} + \cdots + \\ & + D_j^{(\varrho_{p-1},\varrho_p)} + D_j^{(\varrho_1,\varrho_2,\varrho_3)} + \cdots + D_j^{(\varrho_1,\varrho_2,\ldots,\varrho_p)} \end{aligned}$$

eine ungerade Zahl ist.

Die Komponente x_{ϱ_q} des Eingangstestvektors $\boldsymbol{x}(j)$ ergibt sich aus dem Faktor von $2^{\lambda-\varrho_q}$, wenn $j - 1$ über eine Summe von Zweierpotenzen dargestellt wird. Dabei ist $1 \leqq \varrho_q \leqq \lambda$. Wenn $T_j(p)$ eine gerade Zahl ist, dann ist $\boldsymbol{x}(j)$ kein Testvektor bezüglich der gleichzeitigen Änderung von $x_{\varrho_1}, x_{\varrho_2}, \ldots, x_{\varrho_p}$. Die Auffindung von Testsätzen für Mehrfachfehler soll an der BOOLEschen Matrix von

(30) erläutert werden. Für die Zweifachableitung ergibt sich z. B.

$$\frac{\partial^2 y}{\partial x_1\, \partial x_3} \triangleq (0\ 1\ 0\ 1\ 0\ 0\ 0\ 0\ 0\ 1\ 0\ 1\ 0\ 0\ 0\ 0),$$

und für die dreifache Ableitung ergibt sich

$$\frac{\partial^3 y}{\partial x_1\, \partial x_2\, \partial x_3} \triangleq (0\ 1\ 0\ 1\ 0\ 1\ 0\ 1\ 0\ 1\ 0\ 1\ 0\ 1\ 0\ 1\ ).$$

Aus den 7 Ableitungen für den Dreifachfehler bei x_1, x_2, x_3 erhält man für das obige Beispiel die Testsätze $x(4)$, $x(14)$; $x(5)$, $x(11)$; $x(6)$, $x(12)$; $x(8)$, $x(12)$ und $x(3)$, $x(15)$. Nach Definition (30) ist z. B. $x(4) = (0011)^T$.

Um auch Wahrscheinlichkeitsaussagen über die Werte der einzelnen Komponenten bei den Booleschen Matrizen zu berücksichtigen, soll die Boolesche Matrix $\boldsymbol{B}$ durch die modifizierte Matrix $\boldsymbol{B}'$ ersetzt werden. Die Elemente b_{ij} von $\boldsymbol{B}'$ sind die Wahrscheinlichkeiten der Ausgangswerte y_i, wenn der Eingangsvektor die Wahrscheinlichkeitswerte $x'(j)$ hat, d. h. die Komponenten von $x'(j)$ sind die Wahrscheinlichkeitswerte dafür, daß die Eingangskomponenten von $\boldsymbol{x}(j)$ den Wert Eins annehmen. Die Matrix $\boldsymbol{B}'$ ist keine Boolesche Matrix mehr. Die einzelnen Elemente b_{ij} von $\boldsymbol{B}'$ können die Werte a_{ij} oder $1 - a_{ij}$ mit $0 \leqq a_{ij} < 0{,}5$ annehmen. Man kann somit $\boldsymbol{B}'$ als „Pseudoboolesche Matrix" bezeichnen.

Für die Gleichung mit der Booleschen Matrix (30) erhält man bei Annahme von gleicher Fehlerwahrscheinlichkeit für x_1, x_2, x_3 und x_4 von 0,9 die folgende Gleichung mit der „Pseudobooleschen Matrix"

$$\begin{pmatrix} 1{,}00 & 0{,}86 & 0{,}27 & 0{,}20 & 1{,}00 & 1{,}00 & 0{,}92 & 0{,}92 \\ 0{,}95 & 0{,}37 & 0{,}17 & 0{,}13 & 1{,}00 & 0{,}92 & 0{,}92 & 0{,}91 \end{pmatrix} \begin{pmatrix} x_1' \\ x_2' \\ x_3' \\ x_4' \end{pmatrix} = y', \tag{36}$$

Aus dieser „Pseudobooleschen Matrix" sieht man sofort, daß die Testsätze 1, 5, 6 und 7 die geringsten Auswirkungen auf den Ausgang bei Fehlern am Eingang zeigen, während der Testsatz 10 die größten Auswirkungen auf den Ausgang bei Eingangsfehlern hat.

Um aus den Elementen der „Pseudobooleschen Matrix" die Wahrscheinlichkeitswerte für die Testung der Mehrfachfehler zu bekommen, sind in (33), (34) und (35) die Minuszeichen durch Antivalenzzeichen zu ersetzen und die Betragsstriche wegzulassen. Dann kann die Beziehung (17) zur Berechnung der Wahrscheinlichkeitswerte bei Mehrfachfehlern angewandt werden.

Für die Ableitung $\frac{\partial y'}{\partial x_2'}$ erhält man aus (36), (33) und (17) demnach die entsprechende „Pseudoboolesche Matrix“

$$\begin{pmatrix} 0{,}00 & 0{,}14 & 0{,}69 & 0{,}75 & 0{,}00 & 0{,}14 & 0{,}69 & 0{,}75 \\ 0{,}05 & 0{,}61 & 0{,}78 & 0{,}80 & 0{,}05 & 0{,}61 & 0{,}78 & 0{,}80 \end{pmatrix}. \tag{37}$$

Man sieht, daß der Testsatz 10/14 am empfindlichsten auf Fehler am Eingang reagiert, während der Testsatz 12/16 nur die Ungenauigkeiten des Eingangs x_2 weitergibt. Für die Fehlerlokalisation bei x_2 ist demnach von den 5 möglichen Testpaaren der Testsatz 12/16 am günstigsten. Für die Fehlerentdeckung ist der Testsatz 10/14 am günstigsten. Man sieht, daß die größte Ungenauigkeit des Wertes bei der Spalte 10 von (36) sich bei der Spalte 10 von (37) wiederfindet.

Zur Veranschaulichung der Auswirkungen der Wahrscheinlichkeiten bei den Eingängen auf die Wahrscheinlichkeiten für die Sicherheit bei den Testsätzen für Mehrfachfehler soll der Einfachheit halber angenommen werden, daß alle Elemente b_{ij} der „Pseudobooleschen Matrix“ die Werte 0,053 oder 1-0,053 annehmen. Die Betrachtungen sollen an dem bereits oben behandelten Testsatz x (4) für den Dreifachfehler bei x_1, x_2, x_3 durchgeführt werden.

Danach ergeben sich für die Zeilen der „Pseudobooleschen Matrix“, die die entsprechenden Ableitungen repräsentieren, die Ausdrücke:

$$p\left(\frac{\partial y}{\partial x_1}\right) \triangleq \begin{pmatrix} 0{,}1 & 0{,}9 & 0{,}1 & 0{,}1 & 0{,}1 & 0{,}1 & 0{,}1 & 0{,}1 & 0{,}1 & 0{,}9 \\ 0{,}1 & 0{,}1 & 0{,}1 & 0{,}1 & 0{,}1 & 0{,}1 \end{pmatrix},$$

$$p\left(\frac{\partial^2 y}{\partial x_1\,\partial x_3}\right) \triangleq \begin{pmatrix} 0{,}18 & 0{,}82 & 0{,}18 & 0{,}82 & 0{,}18 & 0{,}18 & 0{,}18 & 0{,}18 \\ 0{,}18 & 0{,}82 & 0{,}18 & 0{,}82 & 0{,}18 & 0{,}18 & 0{,}18 & 0{,}18 \end{pmatrix},$$

$$p\left(\frac{\partial^3 y}{\partial x_1\,\partial x_2\,\partial x_3}\right) = \begin{pmatrix} 0{,}24 & 0{,}76 & 0{,}24 & 0{,}76 & 0{,}24 & 0{,}76 & 0{,}24 & 0{,}76 \\ 0{,}24 & 0{,}76 & 0{,}24 & 0{,}76 & 0{,}24 & 0{,}76 & 0{,}24 & 0{,}76 \end{pmatrix}.$$

Aus den einzelnen Antivalenzbeziehungen der 7 verknüpften Matrixelemente für $j = 4$ ergibt sich der Wahrscheinlichkeitswert für die richtige Auswirkung des Dreifachfehlers auf den Ausgang zu 0,545. Das bedeutet, daß sich bei Vernachlässigung der Gatterverstärkung die ursprünglich kleine Unsicherheit von 0,9 für den Einfachfehler wesentlich vergrößert hat.

Wenn die Komponenten des Ausgangsvektors y mit der gleichen Wahrscheinlichkeit 0 oder 1 sind, d. h. die Elemente einer Zeile der „Pseudoboolschen Matrix“ gleich sind, dann lassen sich die Wahrscheinlichkeitswerte für die Mehrfachfehler leicht berechnen. Wenn man über die Rekursionsbeziehung (16) alle Werte für $(x_1 \nleftrightarrow \cdots \nleftrightarrow x_i)'$ berechnet hat, so braucht man nur den für i berechneten Wert abzurufen. Der Wert für i ergibt sich bei der Betrachtung eines p-fach-Fehlers zu

$$i = \sum_{\mu=1}^{p} \mu \binom{p}{\mu}.$$

Die Annahme der Gleichwahrscheinlichkeit ist eine wesentliche Rechenerleichterung. Sie gestattet einen schnellen Überblick über die Auswirkung von wahrscheinlichen Fehlern.

Die Wahrscheinlichkeitsbetrachtungen spielen für die Prüfung eine wesentliche Rolle. Man ist allgemein aus zeitlichen Gründen nicht in der Lage alles zu prüfen. Es ist auch nicht ökonomisch eine solche „vollständige" Prüfung von allen möglichen logischen und zufälligen Fehlern anzustreben. Wenn man davon ausgeht, daß man nicht alles prüft, dann muß man ein Maß für die Genauigkeit der Prüfung haben. Dieses Maß liefert die Wahrscheinlichkeitsbetrachtung. Damit hat man auch einen Wert für das Verhältnis von Prüfaufwand zu Prüfgenauigkeit. Deshalb wurden hier einige Wahrscheinlichkeitsbetrachtungen durchgeführt.

Für die Behandlung der inneren Zustände, die einen großen Teil bei mikroelektronischen Systemen ausmachen, ist die in Kap. 1.2 dargestellte Methode der Zustandsvektoren benutzt worden. Auf die Prüfung angewandt bedeutet das: Jeder neue Ausgang ist durch den momentan herrschenden inneren Zustand und die Eingangsgrößen kausal bestimmt. Die Erweiterung des Eingangszustandes um die inneren Zustände erfüllen die Bedingung für einen MARKOW-Prozeß. Damit ließen sich die inneren Zustände in die Prüfbetrachtungen ohne besondere Schwierigkeiten einbeziehen, indem sie durch mehrere vorangegangene Eingangszustände dargestellt wurden.

7.5. Literaturverzeichnis

[1] LEE, G. J., VOGT, G. W. u. MICKLE, M. H.: Optimal decomposition of large-scale networks. IEEE-SMC-9, No. 7 (1979) 369—375

[2] POSTHOFF, C.: Die Lösung und Auflösung binärer Gleichungen mit Hilfe des Booleschen Differentialkalküls, EIK 14 (1978) 1/2, 53—80

[3] BOCHMANN, D.: The present state of Boolean differential calculus and its applications. IFAC Symposium Discrete Systems, Dresden (1977)

[4] CHICOIX, C. u. FLOUTIER, D.: Fault diagnosis in combinational networks with a bidimensional Boolean representation. Digital Processes 3 (1977) 49—71

[5] PARKER, K. P., u. MC CLUSKEY J. E.: Probabilistic treatment of general combinational networks. IEEE Trans. Comput. C-24 (1975) 668—670

[6] Левин, Б. Р.: Теоретические основы статистической радиотехники. Советское Радио, Москва 1969
Apostolakis, G., Garribba, S., u. Volta, G.: Synthesis and analysis methods for safty and reliability studies. Plenum Press, New-York and London 1980
[7] Hammer, P. u. Rudeanu, S.: Boolean Methods in operations research. Springer-Verlag, New York 1980
[8] Rai, S., u. Aggarwak, K. K.: An algorithm for multiple fault detection in combinational logic networks. Int. J. Electronics 44 No. 6 (1977) 647–652
[9] Ku, C. T. u. Masson, G. M.: The Boolean difference and multiple fault analysis. IEEE Trans. Comput. C-24 No. 1 (1975) 62–71

8. Mikrorechnerentwicklungssystem für Echtzeitanwendungen

W. Kirmse; A. Rompe

8.1. Konzeption

Das Entwicklungssystem basiert auf einer Hardwarekonfiguration, deren Komponenten ebenfalls im Institut entwickelt wurden. Ziel war ein autonomes System, das es auf komfortable Weise gestattet, Anwenderprogramme zu erstellen und diese einem umfangreichen Test zu unterziehen. Damit sind folgende Hauptfunktionen zu realisieren:

- Erstellung der Anwenderprogramme mittels Editor und Assembler,
- Archivierung von Quellprogrammen, Objektprogrammen und Daten sowie Erstellung von Dokumentationen,
- Bedienung peripherer Einheiten der Datenverarbeitung,
- Komfortable Kommunikation mit dem Nutzer,
- Programmiermöglichkeit für EPROM,
- Bereitstellung verschiedener Serviceroutinen durch das Betriebssystem,
- Abarbeitung von Anwenderprogrammen, einschließlich Test und Analysemöglichkeit im Test- und im Echtzeitlauf.

Durch das hier gewählte Konzept eines Einprozessorsystems ist es bedingt, daß eine CPU sowohl die Funktionen des Entwicklungssystems realisiert, als auch als eigentliche Anwender-CPU fungiert.

Nach einer kurzen Beschreibung der Systemhard- und Software sowie deren Leistungsfähigkeit werden Besonderheiten bezüglich der Testmöglichkeiten für Anwenderprogramme erläutert. In einem weiteren Abschnitt wird dann detailliert auf die fest im Entwicklungssystem installierte Echtzeittesteinheit (Real-Time-Debugging) eingegangen. Dieser wesentliche Bestandteil des Systems stellt eine Hardware-Steuerung dar, die eine durch die Software kommandierte Analyse des Echtzeitlaufes eines Anwenderprogramms bzw. des damit gesteuerten Prozesses gestattet.

Neben den durch das eigentliche Betriebssystem gegebenen Möglichkeiten der Analyse des Programmes und der Fehlersuche im Testlauf wird damit eine effektive Fehlersuche und eine genaue Untersuchung des erstellten Algorithmus im Echtzeitbetrieb möglich. Falls der zu untersuchende bzw. anzusteuernde Prozeß nicht direkt über entsprechende Hardwareinterfaces und entsprechende

Ports bzw. über den Daten- und Adreßbus mit dem Entwicklungssystem gekoppelt werden kann (z. B. große Anlagen) stehen zur Erstellung einer Prozeßsimulation ein Arithmetikprogramm und ein Arithmetikprozessor zur Verfügung.

8.2. Systemkonfiguration und Arbeitsmöglichkeiten

8.2.1. Hardware

Das Blockschaltbild der Systemhardware ist in Abb. 1 dargestellt. Es wurden Leiterplatten verwendet, die im Institut für den Aufbau von Steuerrechnern auf der Basis des 8-Bit-Mikroprozessors U 880 entwickelt wurden.

Dazu kommen speziell für dieses System eine Zusatzsteuerkarte, einige Interfaces für die Ansteuerung der Peripherie (u. a. erweiterte Tastatur, Display), eine Leiterkarte für den Anschluß eines Arithmetikprozessors und die Steuerung der Debuggingeinheit.

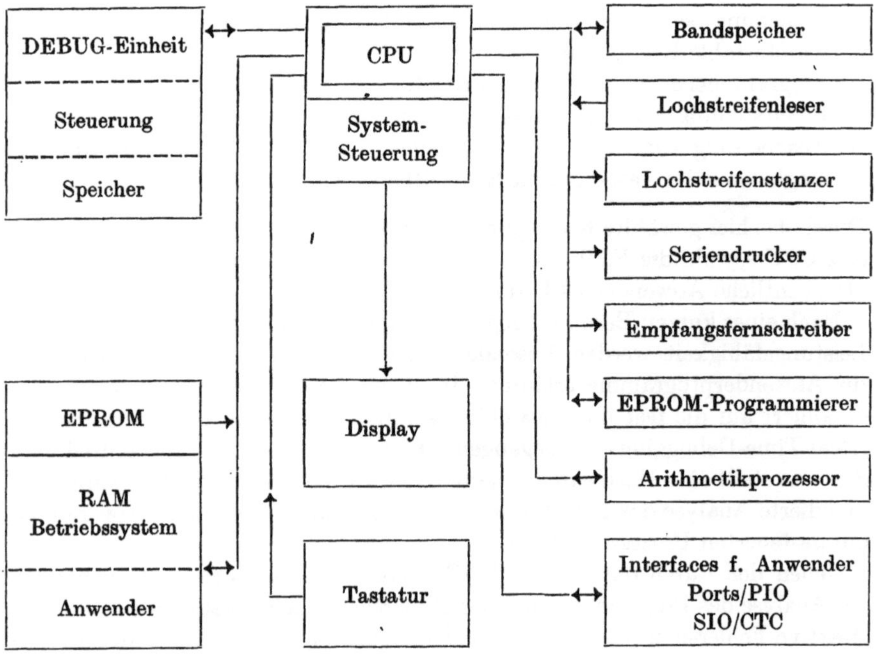

Abb. 1. Hardwarekonfiguration

Systemparamterer:

CPU	—	U 880
Systemtakt	—	2,5 MHz (wahlweise 1 MHz oder externer Takt)
Speicher	—	24 K ROM: Adressen: AØØØH—FFFFH 6 K Rahmenbetriebssystem RESI 10 K Editor/Assembler EDIAS 4 K Debuggingsoftware/Arithmetikpaket/Software f. Arithmetikprozessor 4 K frei für weitere Serviceprogramme
	—	40 K RAM: (dyn. RAM/Refresh durch CPU) 8 K Anwender-RAM Adressen: ØØØØH—1FFFH 23 K Textpuffer u. Symboltabelle für EDIAS 1 K CPU-Speicherzellen für OS RESI u. Bildspeicher 8 K DEBUG-Speicher
Tastatur	—	57 alphanumerische Tasten u. Sonderzeichen 8 spez. Steuertasten (Cursor/Editorkommandierung) max. 12 Wahlprogrammtasten 3 Tasten Systemsteuerung (RESET, BACK, STEP) max. 16 rastende Tasten (EDIAS — Steuerung/Wahlschalter f. Anwender)
Display	—	16 Zeilen × 32 Zeichen (1/2 K Bildspeicher) auf FS „Combivision"
DEBUGGING	—	je 4 K Steuer-(5 Bit) und Analysenspeicher (11 Bit) 4 Kanäle Analogausgabe
Magnetspeicher	—	aufgerüstetes Kassettengerät mit Gesamtspeicherkapazität von ca. 800 K Byte je Seite
Lochstreifenleser	—	CT 2001, 800 Zeichen/s
Seriendrucker	—	alphanumerischer Seriendrucker daro 1156
EPROM-Programmierer	—	für 1 K EPROM

Weiterhin sind Interfaceeinheiten für den Anschluß eines Lochstreifenstanzers und eines Empfangsfernschreibers inplementiert.

Die Hardwarekonfiguration ist so ausgelegt, daß ohne andere Wirtsrechner alle für die Softwareentwicklung notwendigen Arbeitsschritte ausgeführt, alle Dokumentationen erstellt und notwendige Tests vorgenommen werden können.

Dazu gehören folgende Arbeitsphasen:

- Editieren u. Übersetzen (Assemblerläufe) des Anwenderprogrammes direkt im RAM bzw. bei größeren Programmen blockweise Zwischenspeicherung auf Band,
- Testung und Fehlersuche (inhaltlich), der vom Assembler formal für richtig befundenen Programme und Korrektur über Editor/Assembler,
- Programmtestung, Analyse und Fehlersuche (Debugging) bei angeschlossenem Prozeß im Test- und Echtzeitlauf,
- Archivierung der Quellprogramme, Objektprogramme und Daten auf Magnetbandspeicher, wahlweise auch auf Lochstreifen,
- Erstellung der Programmdokumentation in Form von ausgedruckten Assemblerlistings,
- Programmierung von EPROM.

Um in der Testphase das RAM vor unbeabsichtigtem Überschreiben durch falsche Anwenderprogramme zu schützen, können die Schreibleitungen des Textpuffers inaktiviert werden. Damit ist ein im RAM editiertes Quellprogramm gesichert.

8.2.2. *Software*

Einen Überblick über die Programm- bzw. Kommandostruktur der Systemsoftware liefert Abb. 2.
Entsprechend der eingangs erwähnten Doppelfunktion der CPU befindet sich der Rechner entweder in der Arbeitsphase des Betriebssystems, in dem MONITORMODE oder unter Regie des Anwenderprogrammes in dem USERMODE.

In dem MONITORMODE können über das Rahmenbetriebssystem (OS RESI) spezielle Serviceroutinen oder größere Teilprogrammkomplexe aufgerufen werden. Die Serviceroutinen sind nur in der engeren Kommandophase (nach RESET u. CLEAR) über mnemonische Kommandos erreichbar. Mit Ausnahme des Kommandos Jump (Sprung zu beliebiger Adresse/CPU-Start mit Monitorstatus) kehrt der Rechner wieder in die Kommandophase zurück. Über maximal 12 mögliche Programmtasten werden unmittelbar an beliebiger Stelle innerhalb dem MONITORMODE größere Programmkomplexe in willkürlicher Reihenfolge ausgewählt, die entsprechend den jeweiligen Erfordernissen ebenfalls über eine Kommandounterstruktur verfügen, so z. B. eine Cursorsteuerung im Speicherprogrammkomplex MEM, die spezielle Kommandostruktur in Text- und Kommandophase des EDIAS oder die Kommandierung zur Steuerung und Auswertung des DEBUG-Vorgangs.

Der MONITORMODE wird über den Programmwahlschalter GO verlassen und das Anwenderprogramm entsprechend dem vorhandenen CPU-Status

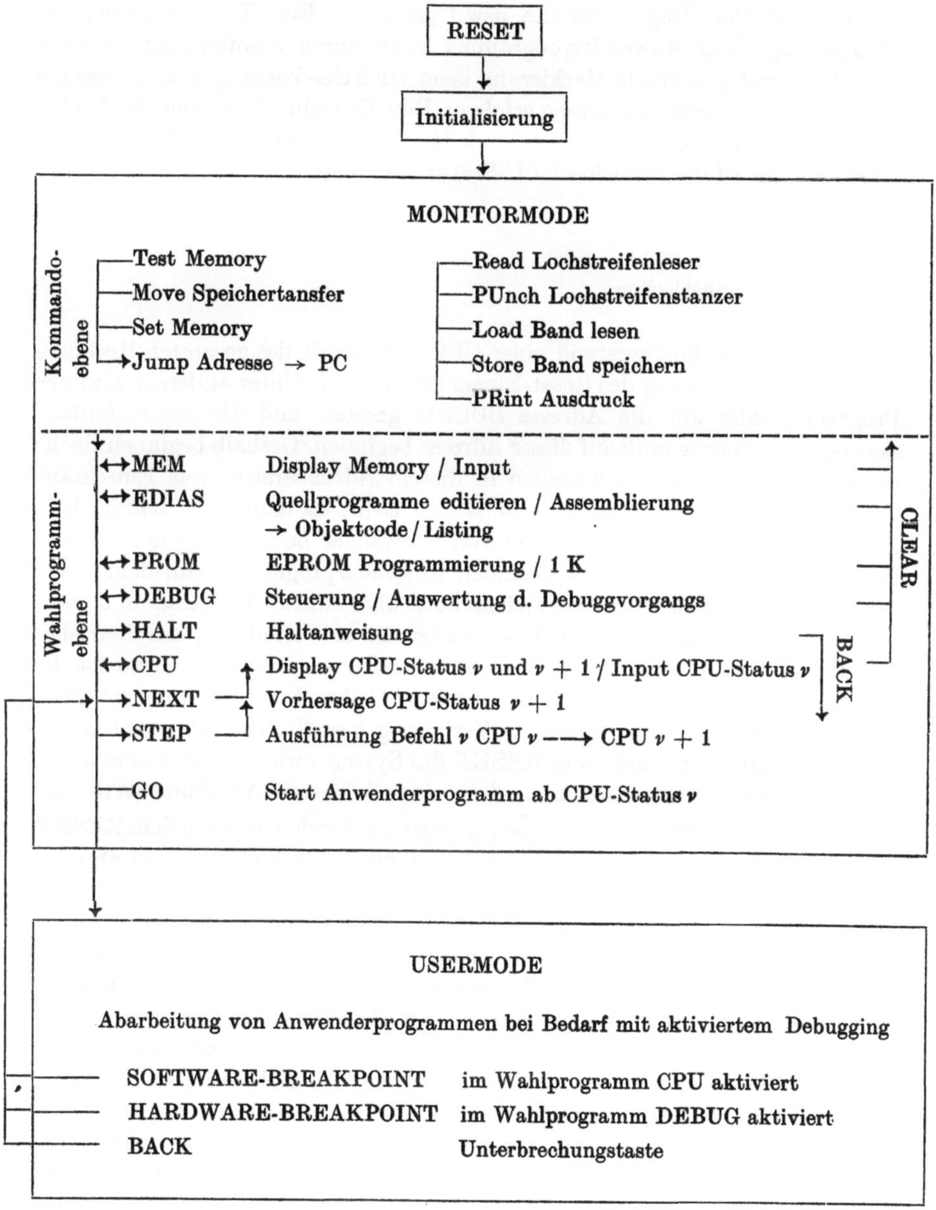

Abb. 2. Softwarekonfiguration

(Programmzähler, Registerinhalte usw.) gestartet. Eine Unterbrechung der Abarbeitung eines Anwenderprogramms kann durch 3 Softwarebreakpoints oder durch entsprechende Markierung beim DEBUG-Vorgang beim Erreichen vorgegebener Programmadressen erfolgen. Eine Unterbrechung eines laufenden Programmes ist zu beliebiger Zeit durch die Rückkehrtaste BACK möglich. In allen Fällen wird der erreichte CPU-Status angezeigt.

8.3. Systembesonderheiten

Ein definierter Anfangszustand einer CPU und damit des gesamten Rechners wird durch Aktivierung des Reset-Einganges erreicht. Unter anderem wird der Programmzähler auf die Adresse ØØØØH gesetzt, und die Systeminitialisierung per Software muß auf dieser Adresse beginnen. Deshalb beginnen Rechnerbetriebssysteme im allgemeinen in diesem Adreßbereich, was Einschränkungen für Anwenderprogramme nach sich zieht, da dann z. B. RESTART- und Interruptadressen nicht direkt vom Anwender benutzt werden können. Deshalb und weil die zu entwickelnden Anwenderprogramme auf dem dazugehörigen Mikrorechner im allgemeinen auch über einem CPU-Reset in diesem Adreßbereich gestartet werden bzw. laufen, ist es vorteilhaft, das Betriebssystem des Entwicklungsrechners in einem höheren Adreßbereich zu lokalisieren. Damit wird dem Nutzer virtuell eine CPU ohne Einschränkungen bezüglich des Anfangsadreßbereiches zur Verfügung gestellt. Das „Überspringen" der Anfangsadressen nach dem RESET des Systems wurde durch eine automatische Umschaltung (Negation) der beiden höchsten Adreßbits (A15 und A14) für die Dauer von 3 $\overline{\text{RD}}$-Zyklen realisiert. Dadurch wird nach dem RESET der erste Befehl von den Adressen CØØØH bis CØØ2H gelesen und ab dem zweiten Befehl die Umschaltung wieder aufgehoben.

Auf den so ausgewählten Adressen befindet sich ein unbedingter Sprungbefehl durch den nun beliebige Speicherbereiche erreicht werden können. Da die Unterbrechung laufender Anwenderprogramme beim Einzelschrittbetrieb, bei Hardwarebreakpointen und mit der Unterbrechungstaste mit Hilfe des nicht maskierbaren Interrupts (NMI) durchgeführt wird, erfolgt eine Umschaltung der Adressen in gleicher Weise beim Erreichen der NMI-Adresse (ØØ66H), vorausgesetzt, der NMI wurde durch das Betriebssystem selbst ausgelöst.

Der Einzelschrittbetrieb, d. h. die befehlsweise Abarbeitung von Anwenderprogrammen, wurde durch eine mit geringem Hardwareaufwand verbundene NMI-Steuerung realisiert. Der Vorteil dieser Methode, im Vergleich zu reinen Softwarebetriebsarten, besteht darin, daß ohne zusätzlichen Aufwand für die Dekodierung und Simulation (insbesondere bei Sprunganweisungen aller Art und für den Fall variabler Interrupts) alle Befehle einschießlich der Annahme maskierbarer Interrupts in allen Moden direkt ausgeführt werden können.

Bei dieser üblichen Art des Befehlssteppings ist das Ergebnis des jeweiligen Schrittes, also der neue CPU-Status (auch Speicherinhalt oder Ausgabe an die Peripherie), zunächst als endgültige anzusehen, wenn nicht durch erneutes Setzen des Programmzählers, direktes Speicherbeschreiben und dergleichen der

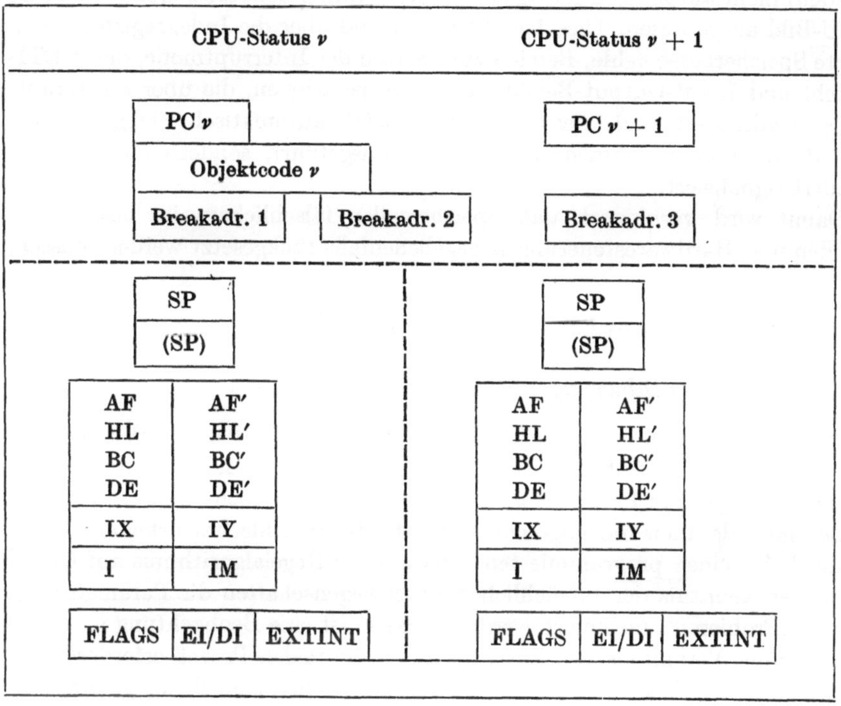

Abb. 3. Schema der CPU-Statusanzeige

Schritt rückgängig gemacht wird. Gerade in der Testphase bzw. bei der Fehlersuche kann jedoch die Kenntnis des nächsten CPU-Status, also die Wirkung des nächsten Befehls, noch bevor dieser „endgültig" ausgeführt worden ist, von Vorteil sein. Mit Hilfe einer derartigen „Vorhersage" wird nämlich eine „rechtzeitige" Korrektur möglich. Diese kann solange fortgesetzt werden, bis sich das gewünschte Ergebnis einstellt, so z. B. bei der Kontrolle des neuen PC-Standes bei bedingten und unbedingten Sprunganweisungen. Zu diesem Zweck ist, ohne Umschaltung auf das Speicherprogramm, auch eine direkte Korrektur des Befehlsobjektcodes möglich.

Die „Vorhersage" des (ν + 1)-ten CPU-Status erhält man durch Aufruf des Wahlprogrammes NEXT und automatisch beim Erreichen eines Softwareoder Hardwarebreakpointes, nach der Programmunterbrechung mittels BACK-Taste und gleichfalls nach einer Manipulation des ν-ten CPU-Status im Wahlprogramm CPU (vgl. hierzu auch Abb. 2 und 3).

Bei der Ausführung werden Befehle, deren Wirkung (falls diese geändert werden) nicht automtisch korrigiert werden kann, gesondert dekodiert und im CPU-Bild ausgewiesen. Dies betrifft direkt und über die Indexregister adressierte Speicherladebefehle, Befehle zum Setzen der Interruptmode, den RETI-Befehl und Input-Output-Befehle. Speicheroperationen, die über die Hauptregister adressiert sind, werden im Bedarfsfall automatisch rückgängig gemacht. Interruptannahmen werden nicht ausgeführt, sondern ebenfalls gesondert signalisiert.

Damit wird verhindert, daß Speicherzellen fälschlicherweise beschrieben werden und Hardwaresteuerungen gegebenenfalls rückgesetzt werden müssen.

8.4. Softwaregesteuertes Echtzeit-Debugging

8.4.1. Aufgabe des Debugging

Es ist eine allgemein bekannte Tatsache, daß das Einfahren von Programmen ohne technische Hilfsmittel nicht selten eine aufwendige und mühevolle Arbeit darstellt. Besondere Probleme gibt es aber auch dann noch, wenn sowohl das Programm als auch die angeschlossene Hardware fehlerfrei arbeiten. Wenn nämlich für einen programmierten Schätz- oder Regelalgorithmus auf Grund fehlender Kenntnis der tatsächlichen Prozeßeigenschaften die Parameter erst durch „Probieren" optimiert werden müssen, ist eine Beobachtung und Auswertung des Verhaltens von Zustandsgrößen im realen Prozeß erforderlich.

Auch für eine Verbesserung des Algorithmus selbst sind derartige Möglichkeiten zumindest zweckmäßig.

Der Einsatz eines Softwaredebugging-Systems kann diese Arbeit wesentlich effektivieren vor allem, wenn es sich um Echtzeitprobleme handelt, die nicht im Einzelschritt-Test kontrolliert werden können. Aber auch wenn es sich um das Einfahren von Algorithmen handelt, die nicht im Echtzeitbetrieb laufen, bietet ein solches System verschiedenartige Hilfe zur schnellen Fehlersuche. Bei dem hier beschriebenen System werden Datenproben aus dem laufenden Programm entnommen und ohne zeitliche Beeinträchtigung in einen speziellen Debuggingspeicher eingeschrieben. Die im Debuggingspeicher enthaltene Information erlaubt nach dem Programmlauf Rückschlüsse zur Fehlerbeseitigung. Durch Markierung charakteristischer Programmteile und die Registrierung dieser Marken während des Programmablaufes ist eine Rekonstruktion des

Programmverlaufes in stark verzweigten Programmen möglich. Eine Analogwertausgabe von Datenfolgen (z. B. Steuer- oder Rechengrößen) ist im Echtzeit- und Debuggingspeicher-Wiedergabebetrieb möglich. Mit einem zusätzlichen A/D-Wandler kann das System auch als digitaler Speicheroszillograph, bzw. zur Signalformanalyse eingesetzt werden.

Trotz gewisser Ähnlichkeiten unterscheidet sich das Debugging-System wesentlich von einem Hardware-Logik-Analysator, der vor allem auf die Hardwarefehlersuche spezialisiert ist. Beim Debugging-System erfolgt die Auswahl der abzuspeichernden Datenworte noch problemorientierter (d. h. an einzelnen ausgewählten Programmstellen) als beim Logik-Analysator, da nur die tatsächlich interessierenden Daten abgespeichert werden. Ebenso ist eine differenziertere Zuordnung der abzuspeichernden Daten in verschiedene Gruppen möglich, wobei die Gruppen (durch Marken gekennzeichnet) bestimmte Programmstellen des Programms markieren. Logik-Analysator und Softwaredebugging sind sich ergänzende Werkzeuge des Mikroelektronikers auf die er vor allem bei Echtzeitproblemen in zunehmendem Maße angewiesen ist.

Eine weitere Nutzungsmöglichkeit dieses Systems besteht darin, daß es als universelle Adreßfalle für Programmunterbrechungen an beliebig vielen Stellen benutzt werden kann. Damit wird das Setzen von Breakpoints auch im ROM-Bereich möglich.

Im folgenden Überblick sind die verschiedenen Analysemöglichkeiten des Softwaredebugging in den verschiedenen Betriebsarten dargestellt.

DEBUG-MODE

- Abspeicherung von Datenbusinhalten des zu testenden Programms, das sich innerhalb eines 4 K Adressintervalls befindet. Die Abspeicherung erfolgt in einem 4 K Byte tiefen Debug-Speicher.
- Unterscheidung der abgespeicherten Information in 7 Gruppen. Darüber hinaus ist eine Unterscheidung auf der Basis zusätzlich abgespeicherter Datenbytes möglich.
- START- und END-TRACE des Debug-Speichers
  Im START-TRACE vebleiben die ersten vier K-Byte Information im Debug-Speicher, während im END-TRACE die letzten vier K-Byte im Debug-Speicher verbleiben.
- Analoge Echtzeitausgabe von max. 4 Daten-Kanälen (Zur Darstellung auf einem Oszillographen oder X—Y-Schreiber)
- Nachträgliche analoge Darstellung von max. 4 Daten-Kanälen gleichzeitig aus den abgespeicherten Informationen.

ANALYSE-MODE
- In dieser Betriebsart werden die zu jedem Maschinenzyklus (z. B. M1, Read, Write) gehörenden Datenbusinhalte fortlaufend in den Debug-Speicher eingeschrieben.
- START- und END-TRACE
- Der ANALYSE-MODE kann an beliebigen Befehlen des Programms ein- und ausgeschaltet werden, wenn diese Befehle innerhalb des eingetellten 4 K Adressbereiches vorkommen.
- Befindet sich das System im ANALYSE-MODE, so kann an jeder beliebigen Stelle des Programms innerhalb des gewählten 4 K Adressbereiches ein Rücksetzen des Debug-Speicher-Adresszählers ausgelöst werden.

In dieser Betriebsart ist u. a. die Fehlersuche von Hard- und Softwarefehlern möglich, die ein zufälliges „Aussteigen" des Rechners verursachen. Hierbei bleiben die nach dem letzten Adresszähler-Rest in den Debug-Speicher eingeschriebenen Daten im Debug-Speicher erhalten, ohne überschrieben zu werden. Praktisch hat man die Vorgeschichte, die zum „Aussteigen" des Rechners führte, im Debug-Speicher gerettet. Das Verfahren versagt allerdings in einer geringen Zahl von Fällen, in denen das Programm zufällig wieder in den zu testenden Bereich befehlssynchron zurückspringt und damit der Debug-Speicher doch wieder überschrieben wird.

Ereigniszählung: Im DEBUG-MODE besteht die Möglichkeit, die Häufigkeit des Durchlaufens bestimmter (vom Anwender frei wählbarer) Programmstellen zu zählen. Ebenso kann die Abarbeitungszeit zwischen zwei Programmstellen bestimmt werden.

Zeitmarken: Mit Hilfe einer Zeitgebereinheit können äquidistante Zeitmarken mit frei wählbarem Zeitraster in den Debug-Speicher eingeblendet werden.

8.4.2. Funktion und Aufbau

Das Funktionsprinzip des Debugging-Systems soll anhand des Blockschaltbildes Abb. 4 erläutert werden. Drei 4 K tiefe RAM-Speicher bilden das Kernstück des Systems. Ein 5 bit breiter Markierungsspeicher (RAM I) wird durch die 12 Mikrorechneradressen $A_0 \cdots A_{11}$ adressiert. Dieses RAM wird parallel zum Programmspeicher betrieben und erlaubt so die Markierung jedes beliebigen Bytes im Programm. Eine softwaremäßig programmierbare Adressendekodierung der vier höchstwertigen Adressbit $A_{15} \cdots A_{12}$ ermöglicht, daß der

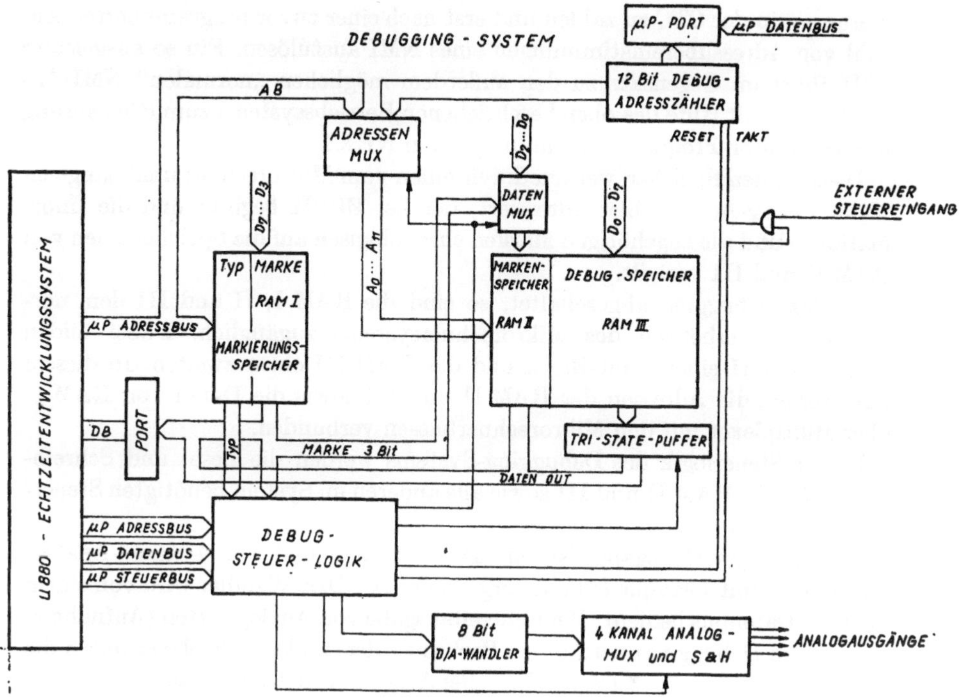

Bild 4 : ***Blockschaltbild des Debugging-Systems***

Arbeitsbereich des Markierungsspeichers in einem 4 K Raster über den gesamten vom Mikroprozessor adressierbaren Bereich von 64 K in 16 Stufen verschoben werden kann. Befindet sich beispielsweise das zu testende Programm innerhalb der ersten 4 K, so wird der Markierungsspeicher auf den Adressbereich 0000—OFFF programmiert. Im Markierungsspeicher werden 2 bit zur Steuerung der Betriebsart (DEBUG-MODE = Typ 1; ANALYSE-MODE = Typ 1 & Marke 7) sowie für das Ein- und Ausschalten der Zeitmessung verwendet. Die drei verbleibenden bit kennzeichnen die Marke der zu speichernden Information. Damit können 7 Marken (Ø bis 6) den abzuspeichernden Informationen zugewiesen werden, wobei die Marke 7 nicht verwendet werden darf, da sie mit Typ 1 den ANALYSE-MODE kennzeichnet. Die RAM II und III speichern die interessierende Information (RAM III) und die zugehörende Marke (RAM II), wenn im RAM I eine entsprechende Markierung erkannt wird. Das Erkennen einer solchen Markierung wird bei entsprechender Programmierung als Breakpoint interpretiert und zur Auslösung eines nichtmaskierten Interrupts (NMI) benutzt. Weiterhin ist es möglich, das Auftauchen der Markierungen in der CTC zu zählen und erst nach einer zuvor programmierten Anzahl von Adressübereinstimmungen eines NMI auszulösen. Ein so ausgelöster NMI führt im Gegensatz zu den außerdem möglichen „normalen“ NMI-Anmeldungen mit Hilfe des oben beschriebenen Betriebssystems zum Rücksprung in das Monitor-Programm. (Wahlprogramm NEXT)

Diese beiden Speicher werden durch einen vom Mikrorechner unabhängigen 12-bit-Debug-Adresszähler adressiert, der bei ØØØH beginnt und die Informationen und die zugehörigen Marken chronologisch auf die Speicherzeilen von RAM II und III verteilt.

Ist das Debugging abgeschaltet, so sind die RAM I, II und III dem normalen Speicherbetrieb des Mikrorechnersystems zugänglich. Dabei bilden RAM I und II einen 8-bit-Block und das RAM III einen zweiten. In diesem Fall werden die Adressen der RAM II und III sowie die Daten von RAM II über Multiplexer mit den Mikrorechnerbussen verbunden.

In der Steuerlogik des Debugging-Systems werden die Lese- und Schreibsignale für die RAM II und III sowie alle anderen im System benötigten Steuersignale erzeugt.

Zur Analogwertausgabe ist ein D/A-Wandler und ein 4-Kanal-Analogmultiplexer mit 4 sample & hold vorgesehen. Der D/A-Wandler wird von einem Port am Datenbus bedient. Bei Echtzeitausgabe von Analogwerten (Aufnahmebetrieb des Debugging) wird dieses Port sowie der Analogmultiplexer durch die Gruppennummern 0···3 freigegeben. Bei Ausgabe von Analogdaten im Wiedergabebetrieb aus dem RAM III erfolgt die dazu notwendige Datenselektion durch ein Auswerteprogramm, das die vorgesehenen Daten auf die gewünschten Kanäle schaltet.

DEBUG-MODE

Die oben beschriebene Schaltungsanordnung des Debugging-Systems ermöglicht, an jeder beliebigen Stelle des zu testenden Programms, die innerhalb des vorgewählten 4-K-Adressbereiches liegt, den Inhalt des Datenbusses abzuspeichern und durch eine Marke zu kennzeichnen. Wird ein beliebiges Befehlsbyte im Testprogramm durch Typ 1 markiert, so wird in jedem folgenden Maschinenzyklus bis zum nächsten M1-Zyklus das gültige Datenbyte abgespeichert. Damit wird erreicht, daß z. B. bei Markierung des letzten Bytes eines Speicherreferenzbefehls[1]) nur die interessierenden Datenbytes im Debug-Speicher abgespeichert werden und somit Speicherplatz gespart wird. Dieser Sachverhalt soll an einigen Beispielen illustriert werden. Dabei wird vorausgesetzt, daß der Markierungsspeicher RAM I nur in den vorgesehenen Zellen

[1]) Speicherreferenzbefehle sind alle diejenigen Befehle, die in irgendeiner Form auf den Speicher zugreifen.

die Betriebsart DEBUG-MODE (Typ 1) und die Marke enthält. Alle anderen Zellen haben den Inhalt Null. Nach dem Lauf des Programms ergeben sich dann im RAM II und III die im folgenden beschriebenen Inhalte. (Abb. 5)

a) Es soll der Einbyte-Befehl LDA, H betrachtet werden. Da dieser Befehl nur einen Maschinenzyklus aufweist, also keine Daten transferiert werden (außer dem OP-Code), wird nur die Marke ins RAM II übertragen. Abb. 2a). Das RAM II bleibt unbeschrieben, also ØØH.

b) Der Einbytebefehl PUSH AF (Speicherreferenzbefehl) hat 3 Maschinenzyklen. Im ersten wird die Marke in das RAM II überschrieben, ohne daß die Debug-Adresse erhöht wird. Im ersten Schreibzyklus wird der Akkuinhalt ins RAM III eingeschrieben und die Debug-Adresse um eins erhöht. Im letzten Lesezyklus werden die Flags ins RAM III eingeschrieben und die Debug-Adresse wiederum erhöht. (Abb. 5)

In den Beispielen c, d und e wird jeweils der 3 Byte-Befehl LDA, (n m) betrachtet. Dabei steht die Markierung Typ 1 und Marke im Beispiel c am OP-Code. Daher wird der Inhalt des Datenbusses in allen folgenden Maschinenzyklen ins RAM III abgespeichert, so daß die Adresse n, m und der Inhalt der

PROGRAMMSPEICHER			DEBUG-SPEICHER				
	Mikrorechner Adressen	Mnemonik	RAM I				
			Betriebsart	Marke	Debug-Adresse [HEX]	RAM II [HEX]	RAM III
a)	3BØØ	LD A, H	Typ 1	1	ØØØ	ØØ1	ØØ
b)	3BØ1	PUSH AF	Typ 1	2	ØØ1	ØØ2	AKKU
					ØØ2	ØØ3	Flags
c)	3BØ2	LD A, (n m)	Typ 1	3	ØØ3	ØØ3	n
	3BØ3	n			ØØ4	ØØØ	m
	3BØ4	m			ØØ5	ØØØ	(n m)
d)	3BØ5	LD A, (n m)					
	3BØ6	n	Typ 1	4	ØØ6	ØØ4	m
	3BØ7	m			ØØ7	ØØØ	(n m)
	3BØ8	LD A, (n m)					
e)	3BØ9	n					
	3BØA	m	Typ 1	5	ØØ8	ØØ5	(n m)

Abb. 5. Wirkungsweise der verschiedenen Debug-Möglichkeiten anhand von Beispielen

Zelle (n m) ins RAM III eingeschrieben werden. In den Besipielen d und e stehen die Markierungen im zweiten bzw. im dritten Befehlsbyte. Somit werden neben der Marke nur das zweite Adressbyte und der Zelleninhalt (n m) im Beispiel d und im letzten Fall nur noch der Zelleninhalt (n m) ins RAM III eingeschrieben.

Zeitmessung

Für die Zeitmessung ist ein CTC-Kanal vorgesehen, der von einem 1-µs-Takt angesteuert wird. Die Zeitmessung wird durch den Typ 2 gestartet und durch Typ 3 gestoppt. Die Start- bzw. Stopp-Markierungen müssen auf die der Start- und Stoppadressen des Programms entsprechenden Zellen des Markierungsspeichers geschrieben werden. Nach Ablauf des Programms kann der CTC-Zählerstand über das Display zur Auswertung angezeigt werden.

ANALYSE-MODE

Diese Betriebsart wird eingeschaltet, wenn Typ 1 Gruppe 7 im Markierungsspeicher eingeschrieben sind.

In diesem Fall wird ab den auf den markierten Maschinenzyklus folgenden Zyklen der Inhalt des Datenbusses fortlaufend ins RAM III abgespeichert. In dieser Mode werden u. a. auch OP-Codes und Adressen (die im Verlauf der Befehlsabarbeitung auf dem Datenbus erscheinen) in den Debugging-Speicher eingeschrieben. Zu beachten ist, daß wenn die Markierung Typ 1 Marke 7 auf dem ersten Byte eines OP-Codes liegt, dieser selbst noch nicht ins RAM III eingeschrieben wird.

Der ANALYSE-Mode kann jederzeit durch die Markierung Typ 3 abgeschaltet werden.

Befindet sich das System im ANALYSE-MODE, so kann der Debug-Adresszähler an beliebiger Programmstelle auf ØØØH zurückgeführt werden, wenn im Markierungsspeicher Typ 2 in der entsprechenden Zelle gesetzt wird. In diesem Fall wird die Zeitmessung nicht gestartet.

Ist das RAM III mit Informationen vollgeschrieben, so wird es im s. g. START-TRACE abgeschaltet. Der Debugging-Vorgang ist beendet, auch wenn das Programm weiterläuft. Im END-TRACE wird das RAM III, nachdem es vollgeschrieben wurde, wieder von der Anfangsadresse ØØØ an überschrieben. Damit stehen nach Beendigung des Programmlaufs die Aktivitäten des DB der letzten 4 K im Debug-Speicher.

Die Wahl zwischen START- und END-TRACE erfolgt softwaremäßig vor dem Programmstart und gilt in allen Betriebsarten. Der Debugadresszähler kann durch ein externes Steuersignal abgeschaltet werden. Damit ist eine prozeßabhängige Steuerung des Debugvorgangs möglich. Der Debug-Adress-

Zählerstand kann über ein Port in den Mikrorechner eingelesen werden, um eine Endmarkierung der im Debug-Speicher befindlichen Informationsfolge zu ermöglichen.

8.4.3. Debuggingsoftware

Ein Debugvorgang verläuft in drei Abschnitten, der Vorbereitung des Systems, dem eigentlichen Debuglauf und schließlich der Darstellung der im Debugspeicher gesammelten Informationen. Um die dabei erforderlichen Operationen für den Anwender möglichst übersichtlich und einfach zu gestalten, wurde eine Betriebssoftware vorgesehen, die die notwendige Organisation erledigt. Soll ein Debugging durchgeführt werden, so erscheint zur Vorbereitung auf dem Display eine Übersicht der vom Anwender zu wählenden Betriebsvarianten, wie z. B. START- bzw. END-TRACE, Raster f. Zeitmarkeneinblendung, Breakpoint, u. s. f. Weiterhin müssen die Programmadressen und die dazu gewünschten Marken — in Form einer Tabelle — eingegeben werden, an denen Debuggingaktivitäten, wie Daten abspeichern, Analogwerte ausgeben, Zeitmessungen durchführen, ausgelöst werden sollen. Die gewünschte Aktivität (Betriebsart) wird in der oben erwähnten Tabelle in einer mnemonischen Form eingegeben. Auch ist in der Tabelle eine Spalte für Anwenderkommentare vorgesehen, um eine gute Übersicht zu gewährleisten. In Abb. 6 ist ein Beispiel für das Debug-Vorbereitungsbild des Rechners dargestellt.

Debug-Vorbereitung

START-TRACE		Zeitmarkeneinblendung on (off) Raster in 100 μs (ms)	
Programm-adresse	Betriebsart	Marke	Kommentar
3BØ8	Debug	4	Ergebnis der Rechnung A
3B2Ø	Debug	Ø	Out-OP der Rechnung
3B55	Start Zeitm.	5	Zeitmessung im Pro-
3BA2	Ende Zeitm.	6	gramm X
3BA8	Analyse	7	
3BBØ	Adr. Z. Reset		
3BC8	Ende Analyse		
3CØØ	Debug	2	Ergebnis — Rechnung B

Abb. 6. Beispiel für Debugvorbereitung

Der Debuggingvorgang wird mit dem zu testenden Programm gestartet. Nach dem Programmdurchlauf können zur Auswertung der abgespeicherten Informationen verschiedene Darstellungen und Zahlenformate gewählt werden.

In nebeneinanderliegenden Spalten werden die durch die Marken unterscheidenden Informationen angezeigt. Für jede Spalte (Informationsgruppe) einzeln kann das Zahlenformat zwischen hexadezimal, dezimal, oktal und binär frei gewählt werden. In Abhängigkeit von der Wahl des Datenformats können 4 oder 8 Kanäle gleichzeitig angezeigt werden. Ebenso kann bei Dezimaldarstellung die 2-Byte-Zusammenfassung einer Zahl genutzt werden.

Die Darstellung der Zahlenkolonnen kann wahlweise chronologisch oder komprimiert (ohne Zwischenräume) erfolgen. Zeitmarken werden als horizontale Linien in das Display eingeblendet.

Die Daten von 4 Kanälen können gleichzeitig an 4 Analogausgängen periodisch dargestellt werden.

8.5. Literaturverzeichnis

[1] Roth, Michael: Mikroprozessoren. Wissenschaftliche Zeitschrift der TH-Ilmenau und Hochschulsektion der KDT 1978

9. Sachwortverzeichnis

Berichtigungen

S. 67 Fußnote zu Formel (131): $\varphi(z)$ = Fehlerintegral

S. 114 13. Zeile von oben

lies: … Spule um … statt: … Spule von …

S. 118 2. Zeile von oben

lies: … experimentellen Werten … statt: … exp. Werten …

S. 166 14. Zeile von oben

lies: $c_{i_1 j_1}$ bis $c_{i_l j_l}$ statt: c_{i,j_1} bis $c_{i_l j_l}$

S. 169 2. Formelzeile von oben

$$\text{lies: } f = \left| \begin{array}{l|l} \bar{x}_3 & \bar{x}_1 \\ x_1 \mid \bar{x}_2 & x_2 \\ x_2 & \bar{x}_3 \mid \bar{x}_4 \end{array} \right| \qquad \text{statt: } f = \left| \begin{array}{l|l} \bar{x}_3 & \bar{x}_1 \\ x_1 \mid x_2 & x_2 \\ x_2 & \bar{x}_3 \mid \bar{x}_4 \end{array} \right|$$

763 033 3 (6663) K.-H. Schmelovsky, Zustandsschätzung und adaptive Regelung mit mikroelektronischen Mitteln

Bei Fragen zur Produktsicherheit wenden Sie sich bitte an:
If you have any questions regarding product safety,
please contact:

Walter de Gruyter GmbH
Genthiner Straße 13
10785 Berlin
productsafety@degruyterbrill.com